职业教育食品类专业**新形态**系列教材

食品微生物学

柯旭清　韩潇　主编

化学工业出版社

·北京·

内容简介

《食品微生物学》全面贯彻党的教育方针，落实立德树人的根本任务，有机融入党的二十大精神。本书共分五个项目：项目一认识微生物，包括细菌、放线菌、酵母菌、霉菌、病毒的形态、构造和特征，以及对其进行观察的技能训练；项目二培养微生物，包括微生物营养、代谢、培养基的制备、微生物生长繁殖及其规律、影响微生物生长的环境因素，以及微生物的培养等技能训练；项目三识别微生物，包括微生物的分离、纯化、鉴定和保藏，以及乳酸菌分离等技能训练；项目四微生物与食品制造，包括微生物的遗传与变异、菌种选育、发酵剂和微生物在发酵食品中的应用，以及固定化酵母产啤酒等技能训练；项目五微生物与食品安全，包括污染食品的微生物来源和途径、食品的腐败变质和控制措施，以及食品微生物指标、致病菌的检验等技能训练。本书配套《食品微生物学技能训练工单》以及电子课件（可从www.cipedu.com.cn下载），数字资源可扫描二维码学习参考。

本书可作为职业教育食品智能加工技术、食品营养与健康、食品质量与安全、食品检验检测技术、酿酒技术等专业教学使用，也可作为相关专业企事业单位参考用书。

图书在版编目（CIP）数据

食品微生物学/柯旭清，韩潇主编．—北京：化学工业出版社，2023.11

职业教育食品类专业新形态系列教材

ISBN 978-7-122-43925-3

Ⅰ.①食… Ⅱ.①柯…②韩… Ⅲ.①食品微生物-微生物学-高等学校-教材 Ⅳ.①TS201.3

中国国家版本馆CIP数据核字（2023）第141188号

责任编辑：迟 蕾 李植峰　　文字编辑：药欣荣
责任校对：宋 玮　　装帧设计：王晓宇

出版发行：化学工业出版社（北京市东城区青年湖南街13号 邮政编码100011）
印 装：河北鑫兆源印刷有限公司
787mm×1092mm 1/16 印张15¾ 字数395千字 2024年2月北京第1版第1次印刷

购书咨询：010-64518888　　售后服务：010-64518899
网 址：http：//www.cip.com.cn
凡购买本书，如有缺损质量问题，本社销售中心负责调换。

定 价：46.00元

版权所有 违者必究

编写人员名单

主　　编 柯旭清　韩　潇

副 主 编 田艳花　张艳丽　曾慧君

编写人员（按姓名汉语拼音排序）

葛　雯　芜湖职业技术学院

韩　潇　长江职业学院

柯旭清　贵州轻工职业技术学院

田艳花　山西药科职业学院

薛宝玲　内蒙古农业大学职业技术学院

曾慧君　武汉食品化妆品检验所

张艳丽　郑州职业技术学院

前言

食品微生物学是职业院校食品类专业的基础核心课程，其内容主要包括：微生物学的基础理论和实验操作技术，微生物在食品发酵加工过程中的应用，以及食品安全中微生物的检测与控制。本书深入贯彻落实国务院《国家职业教育改革实施方案》，全面推进“三教”改革，创新人才培养模式，本着“知识够用、学以致用”的原则而编写的。

本书的编写突出了如下特点：

1. 突出职业教育的特点，培养适应生产、建设、管理、服务一线的高素质技能型专门人才。本书将食品企业生产岗位与微生物技术相联系的操作项目，结合高职教学的特点设计成技能训练，根据技能训练对微生物理论的需求编制相应的基础知识，以培养学生的技术应用能力为核心构建课程和教学内容体系，基础理论教学以“必需”“够用”为度。

2. 注重基本技能的训练，在内容安排上遵循微生物技术的基本规律，将微生物的操作技能与理论知识点相互结合，将无菌操作、微生物的培养、分离纯化、鉴定等技术融入技能训练中。在技能训练安排上根据微生物操作技术难易程度、流程繁简方式，采取先易后难、先简后繁、循序渐进、反复训练的设计原则，使学生在学习过程中不断获得新技能，提升学习的探索兴趣和成就感。

3. 有机融入课程思政内容。教材每个项目下均设置【思政小课堂】，有针对性地引导与强化学生的职业素养培养，践行党的二十大强调的落实立德树人根本任务，培养德智体美劳全面发展的社会主义建设者和接班人，坚持为党育人、为国育才，引导学生爱党报国、敬业奉献、服务人民。

4. 配有电子课件，可从 www.cipedu.com.cn 下载；数字资源可扫描二维码参考学习。

本书共分五个项目：绪论，由柯旭清编写；项目一认识微生物，由韩潇、曾慧君编写；项目二培养微生物，基础知识部分由薛宝玲编写、技能训练部分由柯旭清编写；项目三识别微生物，基础知识部分由葛雯编写、技能训练部分由柯旭清编写；项目四微生物与食品制造，由张艳丽编写；项目五微生物与食品安全，由田艳花编写。

本书既可作为高职院校食品智能加工技术、食品质量与安全、食品营养与健康、食品检验检测技术、酿酒技术、食品贮运与营销等食品类专业，以及农产品加工与质量检测、绿色食品生产技术、食品生物技术、食品药品监督管理、保健食品质量与管理等相关专业的学生教材，也可作为食品企业的管理人员、操作人员和检测人员及食品工业的研究人员的参考书。

本书在编写过程中，参考了相关的资料和文献，在此对相关作者表示诚挚的谢意。由于编者的学识水平有限，书中可能会存在不当之处，恳请广大读者和同行专家提出批评意见和建议，深表感谢。

编者

2023.7

目 录

绪　论

一、微生物的概念及特点

1．微生物的概念

微生物是一切肉眼看不见或看不清的微小生物的总称，它包括细菌、病毒、酵母菌与霉菌、藻类、原生动物等。

微生物个体微小，常用微米（μm）或纳米（nm）作计量单位，在光学显微镜或电子显微镜下可见。微生物结构简单，常见为单细胞或简单多细胞，病毒因没有完整的细胞结构而单独成一类。微生物进化地位低，细菌（含古菌）、放线菌、蓝细菌、支原体等属于原核生物，真菌（酵母菌、霉菌、蕈菌）、原生动物、藻类等属于真核生物，病毒、亚病毒等属于非细胞类。

微生物是一把十分锋利的“双刃剑”，它在给人类带来巨大利益的同时也带来“残忍”的破坏。例如面包、啤酒、酸乳、泡菜、抗生素、疫苗等是利用微生物生产出来的，被污染的空气、水、土壤也是依赖于微生物的活动得到净化和恢复，微生物是地球上物质进行循环的重要一环，没有微生物的存在所有生命将无法繁殖下去。微生物给人类带来的灾难有时是毁灭性的，1347年，由鼠疫杆菌引起的瘟疫几乎摧毁了整个欧洲，有1/3的人死于这场灾难，当前的艾滋病（AIDS）、癌症等正威胁着人类的健康和生命，近年来发生的严重急性呼吸综合征（SARS）、埃博拉出血热（EBHF）、禽流感、新型冠状病毒肺炎等疾病都是微生物引起的。正确了解和使用微生物这把“双刃剑”造福于人类是我们学习和应用微生物学的目的，也是每一位微生物学工作者义不容辞的责任。

2．微生物的历史

人类对微生物的认识，相对于对动植物的认识要晚许多。因微生物个体很小、构造简单，虽然数量无比庞大、分布极其广泛并始终包围在人体内外，但人类对它却长期缺乏认识，而其群体外貌不显、种间杂居混生以及形态与其作用的后果之间很难被人认识。例如，在发霉的花生、玉米等种胚的附近，常易生长一类会产生剧毒的真菌毒素——黄曲霉毒素的黄曲霉菌，若经常食用这类霉变的食物，就会诱发肝癌等疾病，倘若没有微生物学知识，人们无论如何也不会相信自己竟是被这类极不显眼的微生物所害。另外，如艾滋病，从感染病毒至发病一般要经过12～13年的潜伏期，若没有现代微生物学知识，谁会知道病人的死因就是极其微小的人类免疫缺陷病毒（HIV）。

尽管如此，人类还是很早地广泛应用微生物。我国在8000年前已经出现曲蘖酿酒，4000多年前我国酿酒已十分普遍，当时的埃及人也已学会烤制面包和酿制果酒。2500年前我国人民发明酿酱、酿醋，知道用曲治疗消化道疾病。公元6世纪（北魏时期），我国贾思勰的巨著《齐民要术》详细地记载了制曲、酿酒、制酱和酿醋等工艺。在农业上，虽然还不知道根瘤菌的固氮作用，但已经在利用豆科植物轮作以提高土壤的肥力。这些事实说明，尽管人们还不知道微生物的存在，但是已经在同微生物打交道了，在应用有益微生物的同时，还对有害微生物进行预防和治疗。为防止食物变质，采用盐渍、糖渍、干燥、酸化等方法。在我国乾隆嘉庆年间就开始用人痘预防天花。人痘预防天花是我国在世界医学上的一大贡献，这种方法先后传到俄罗斯、日本、朝鲜、土耳其及英国，1798年英国医生琴纳（J enner）提出用牛痘预防天花。

微生物学作为一门学科，是从有显微镜开始的，微生物学发展经历了三个时期：形态学时期、生理学时期和现代微生物学的发展。

(1) 形态学时期 微生物的形态观察是从安东·范·列文虎克（Antonie van Leeuwenhock 1632—1723）发明的显微镜开始的，它是真正看见并描述微生物的第一人，他的显微镜在当时被认为是最精巧、最优良的单式显微镜，他利用能放大50～300倍的显微镜，清楚地看见了细菌和原生动物，而且还把观察结果报告给英国皇家学会，其中有详细的描述，并配有准确的插图。1695年，列文虎克把自己积累的大量成果汇集在《安东·列文虎克所发现的自然界的秘密》一书里。他的发现和描述首次揭示了一个崭新的生物世界——微生物世界。这在微生物学的发展史上具有划时代的意义。

(2) 生理学时期 继列文虎克发现微生物世界以后的200年间，微生物学的研究基本上停留在形态描述和分类阶段。直到19世纪中期，以法国的巴斯德（Louis Pasteur，1822—1895）和德国的科赫（Robert Koch，1843—1910）为代表的科学家才将微生物的研究从形态描述推进到生理学研究阶段，揭露了微生物是腐败发酵和人畜疾病的原因，并建立了分离、培养、接种和灭菌等一系列独特的微生物技术，从而奠定了微生物学的基础，同时开辟了医学和工业微生物等分支学科。巴斯德和科赫是微生物学的奠基人。

巴斯德：原是化学家，曾在化学上做出过重要的贡献，后来转向微生物学研究领域，为微生物学的建立和发展做出了卓越的贡献。其主要集中在下列三个方面：①彻底否定了“自然发生”学说；②免疫学——预防接种；③证实发酵是由微生物引起的。一直沿用至今天的巴斯德消毒法（60～65℃作短时间加热处理，杀死有害微生物的一种消毒法）和家蚕软化病问题的解决也是巴斯德的重要贡献，它不仅在实践上解决了当时法国酒变质和家蚕软化病的实际问题，而且也推动了微生物病原学说的发展，并深刻影响医学的发展。

科赫：著名的细菌学家，由于他曾经是一名医生，因此对病原细菌的研究做出了突出的贡献。①具体证实了炭疽病菌是炭疽病的病原菌。②发现了肺结核病的病原菌，这是当时死亡率极高的传染性疾病，因此科赫获得了诺贝尔奖。③提出了证明某种微生物是否为某种疾病病原体的基本原则——科赫原则：首先在患病机体里存在着一种特定的病原菌，并可以从该机体里分离得到纯培养；然后用得到的纯培养接种敏感动物，表现出特有的性状；最后从被感染的敏感动物中又一次获得与原病原菌相同的纯培养。由于科赫在病原菌研究方面的开创性工作，自19世纪70年代至20世纪20年代成了发现病原菌的黄金时代，所发现的各种病原微生物不下百余种，其中还包括植物病原菌。

科赫除了在病原菌方面的伟大成就外，在微生物基本操作技术方面的贡献更是为微生物学的发展奠定了技术基础，这些技术包括：①用固体培养基分离纯化微生物的技术，这是进行微生物学研究的基本前提，这项技术一直沿用至今；②配制培养基，也是当今微生物研究的基本技术之一。这两项技术不仅是具有微生物研究特色的重要技术，而且也为当今动植物细胞的培养做出了十分重要的贡献。

巴斯德和科赫的杰出工作，使微生物学作为一门独立的学科开始形成，并出现以他们为代表而建立的各分支学科，如细菌学（巴斯德、科赫等）、消毒外科技术、免疫学、土壤微生物学、病毒学、植物病理学和真菌学、酿造学以及化学治疗法。微生物学的研究内容日趋丰富，使微生物学发展更加迅速。

(3) 现代微生物学的发展 20 世纪上半叶微生物学事业欣欣向荣。微生物学沿着两个方向发展，即应用微生物学和基础微生物学。在应用方面，对人类疾病和躯体防御功能的研究，促进了医学微生物学和免疫学的发展。青霉素的发现（Fleming，1929）和瓦克斯曼（Waksman）对土壤中放线菌的研究成果导致了抗生素科学的出现，这是工业微生物学的一个重要领域。环境微生物学在土壤微生物学研究的基础上发展起来。微生物在农业中的应用使农业微生物学和兽医微生物学等也成为重要的应用学科。应用成果不断涌现，促进了基础研究的深入，于是细菌和其他微生物的分类系统在 20 世纪中叶出现了，对细胞化学结构和酶及其功能的研究发展了微生物生理学和生物化学，微生物遗传和变异的研究导致了微生物遗传学的诞生。微生物生态学在 20 世纪 60 年代也形成了一个独立学科。

20 世纪 80 年代以来，在分子水平上对微生物研究迅速发展，分子微生物学应运而生。在短短的时间内取得了一系列进展，并出现了一些新的概念，较突出的有生物多样性、进化、三原界学说；细菌染色体结构和全基因组测序；细菌基因表达的整体调控和对环境变化的适应机制；细菌的发育及其分子机制；细菌细胞之间和细菌同动植物之间的信号传递；分子技术在微生物原位研究中的应用。经历约 150 年成长起来的微生物学，在 21 世纪将为统一生物学的重要内容而继续向前发展，其中两个活跃的前沿领域将是分子微生物遗传学和分子微生物生态学。

微生物产业在 21 世纪将呈现全新的局面。微生物从发现到现在短短的 300 年间，特别是 20 世纪中叶，已在人类的生活和生产实践中得到广泛的应用，并形成了继动、植物两大生物产业后的第三大产业。这是以微生物的代谢产物和菌体本身为生产对象的生物产业，所用的微生物主要是从自然界筛选或选育的自然菌种。21 世纪，微生物产业除了更广泛地利用和挖掘不同环境（包括极端环境）的自然资源微生物外，基因工程菌将形成一批强大的工业生产菌，生产外源基因表达的产物，特别是药物的生产将出现前所未有的新局面，结合基因组学在药物设计上的新策略将出现以核酸（DNA 或 RNA）为靶标的新药物（如反义寡核苷酸、肽核酸、DNA 疫苗等）的大量生产，人类将完全征服癌症、艾滋病以及其他疾病。此外，微生物工业将生产各种各样的新产品，例如降解性塑料、DNA 芯片、生物能源等，在 21 世纪将出现一批崭新的微生物工业，为全世界的经济和社会发展做出更大贡献。

我国是具有 5000 年文明史的古国，是最早认识和利用微生物的几个国家之一，特别是在制酒、酱油、醋等微生物产品及用种痘、麦曲等进行防病治疗等方面具有卓越的贡献。将微生物作为一门科学进行研究，我国起步较晚。中国学者开始从事微生物学研究在 20 世纪之初，那时一批到西方留学的中国科学家开始较系统地介绍微生物知识，从事微生物学研究。1910—1921 年间，伍连德用近代微生物学知识对鼠疫和霍乱病原的探索和防治，在中国最早建立起卫生防疫机构，培养了第一支预防鼠疫的专业队伍，在当时这项工作居于国际先进地位。20 世纪 20～30 年代，我国学者开始对医学微生物学有了较多的试验研究，其中汤飞凡等在医学细菌学、病毒学和免疫学等方面的某些领域做出过较高水平的成绩，如沙眼病原体的分离和确认是具有国际领先水平的开创性工作。20 世纪 30 年代开始在高校设立酿造科目和农产品制造系，以酿造为主要课程，创建了一批与应用微生物学有关的研究机构，魏岩寿等在工业微生物方面做出了开拓性工作。戴芳澜和俞大绂等是我国真菌学和植物病理学的奠基人；陈华癸和张宪武等对根瘤菌固氮作用的研究开创了我国农业微生物学；高尚荫创建了我国病毒学的基础理论研究和第一个微生物学专业。总的来说，在 1949 年之前，我国微生物学的力量较弱且分散，未形成我国自己的队伍和研究体系，也没有我国自己的现代微生物工业。

1949 年以后，微生物学在我国有了划时代的发展，一批主要进行微生物学研究的单位建立起来了，一些重点大学创设了微生物学专业，培养了一大批微生物学人才。现代化的发酵工业、抗生素工业、生物农药和菌肥工作已经形成一定的规模，特别是改革开放以来，我国微生物学无论在应用还是基础理论研究方面都取得了重要的成果，如我国抗生素的总产量已跃居世界首位，我国的两步法生产维生素 C 的技术居世界先进水平。进入 21 世纪，我国学者瞄准世界微生物学科发展前沿，进行微生物基因组学的研究，现已完成痘苗病毒天坛株的全基因组测序，又对我国的辛德毕斯毒株（变异株）进行了全基因组测序。1999 年又启动了从我国云南省腾冲地区热海沸泉中分离得到的泉生热袍菌全基因组测序，取得了可喜进展。我国微生物学进入了一个全面发展的新时期。从总体来说，我国的微生物学发展水平除个别领域或研究课题达到国际先进水平，为国外同行承认外，还有部分领域与国外先进水平相比，尚有相当大的差距。因此，如何发挥我国传统应用微生物技术的优势，紧跟国际发展前沿，赶超世界先进水平，还需付出艰苦的努力。

3. 微生物的生物学特性

微生物和动植物一样具有生物最基本的特征：新陈代谢和生命周期，但微生物也有其自身的特点，即种类多、分布广、繁殖快、易培养、代谢能力强、易变异。

(1) 种类多 据估计，微生物的总数在 50 万至 600 万种之间，其中已记载的仅约 20 万种（1995 年），但这个数据每年都在增长，目前还没有较为准确的统计数据。微生物种类多主要体现在物种、生理代谢类型、代谢产物、基因、生态类型等因素的多样性。

(2) 分布广 微生物因其体积小、重量轻和数量多等，在自然界的分布极为广泛，土壤、水域、大气等几乎到处都有微生物的存在。微生物可以到处传播以致达到“无孔不入”的地步，只要条件合适，它们就可“随遇而安”。不论在动植物体内外，还是土壤、河流、空气、平原、高山、深海、污水、垃圾、海底淤泥、冰川、盐湖、沙漠，甚至油井、酸性矿水和岩层下，都有大量与其相适应的各类微生物在活动着。

(3) 繁殖快 微生物具有极高的生长和繁殖速度。在适宜条件（pH、温度、营养）下，大肠杆菌能在 12.5～20min 繁殖一代，24h 可繁殖 72 代，菌体数目可达 47×10^{22} 个。由于营养、空间和代谢产物等条件的限制，微生物的几何级数分裂速度充其量只能维持数小时，因此在液体培养基中，细菌细胞的浓度一般仅达 10^{8}～10^{9} 个/mL 微生物。

微生物的这一特性在发酵工业中具有重要的实践意义，主要体现在它的生产效率高、发酵周期短上。例如，酿酒酵母繁殖速度虽为 2h 分裂 1 次，但在单罐发酵时，仍可为 12h“收获”1 次，每年可“收获”数百次，这是其他任何农作物所不可能达到的“复种指数”。它对缓解当前全球面临的人口剧增与粮食匮乏也有重大的现实意义。

微生物生长旺、繁殖快的特性对生物学基本理论的研究也带来极大的优越性，它使科学研究周期大为缩短、空间减少、经费降低、效率提高。当然，若是一些危害人、畜和农作物的病原微生物或会使物品腐败变质的有害微生物，它们的这一特性就会给人类带来极大的损失或祸害，因而必须认真对待。

(4) 易培养 大多数微生物都能在常温常压下利用简单的营养物质生长，并在生长过程中积累代谢产物。因此，利用微生物发酵生产食品、医药、化工原料都比化学合成法优点多，它们不需要高温、高压设备，有些发酵产品如酒、酱油、醋、乳酸在较简单的设备里就可以生产，并且所利用的原料比较粗放，不但生产白酒、乙醇和柠檬酸等可以利用廉价的山芋干等淀粉类为原料，就是许多精细的抗生素也是利用豆饼粉和玉米粉为原料生产的。

(5) 代谢能力强 微生物个体的体积小，表面积大，具有极大的表面积和体积比值。因此，它们能够在有机体与外界环境之间迅速交换营养物质与废物。从单位质量来看，微生物代谢强度比高等动物的代谢强度大几千倍到几万倍。

(6) 易变异 大多数微生物是单细胞生物，在其繁殖过程中易发生变异，人们利用微生物易变异的特点进行菌种选育，可以在短时间内获得优良菌种，提高产品质量。人们利用物理的、化学的诱变剂处理微生物后，容易使它们的遗传性质发生变异，从而可以改变微生物的代谢途径，进一步获取更多的微生物代谢产物。

由于微生物具有生物的一般特性，又具有其他生物所没有的特点，因而微生物也就成为人们研究许多生物学基本问题最理想的实验材料。但其易变异的特点，也给医学界对疾病的防治带来许多的困难。

二、微生物技术

1. 微生物学的分支学科

微生物学的主要分支学科见图 0-1。

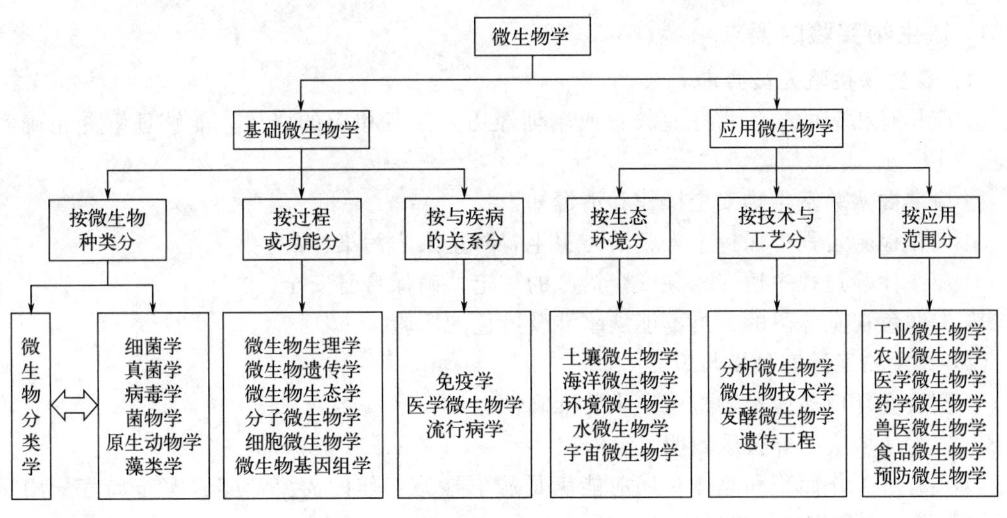

图 0-1 微生物学的主要分支学科

2. 微生物技术的内容

(1) 无菌操作技术 微生物通常是肉眼看不到的微小生物，并且充斥着我们的环境，在空气、水、手、衣服、桌面、实验器材的表面都存在大量的微生物。在进行微生物技术操作过程中要注意避免环境微生物对作业系统的污染，同时也要防止作业系统的微生物污染环境，特别是对人体有害的微生物。因此，在进行微生物技术操作时必须做到无菌操作。

无菌操作是指在微生物技术的操作过程中防止杂菌污染纯培养物而采取的一系列措施。它是微生物操作技术中最基本的一项技术，是保证微生物研究和应用过程正常进行的关键。

无菌操作技术的关键控制点：

① 杀死规定作业系统（如试管、锥形瓶、培养皿等）中的一切微生物，使作业系统内形成无菌环境。例如在进行器皿和器械的准备时，应当用报纸、牛皮纸等包扎器皿和器械，并用湿热法或干热法灭菌；在进行微生物的接种、取样前，要将接种针放在火焰上灼烧。

② 在作业系统与环境之间隔绝一切微生物通过，如试管、锥形瓶等用棉花塞或硅胶塞封口，打开时需要在酒精灯火焰上方进行操作，同时注意试管塞等不能随意放置。

③ 在无菌室、超净操作台或空气流动较小的清洁环境中进行接种或其他不可避免的敞开作业时，防止不需要的微生物侵入作业系统。

④ 要避免操作系统内的微生物进入环境，造成不必要的污染，如实验结束后，应当把一些使用完毕的菌种、培养物等放置在高压蒸汽灭菌锅内进行彻底灭菌。

(2) 微生物基本操作技术 微生物在一定条件下的形态结构、生理生化、遗传变异，以及微生物的进化、分类、生态等生命活动规律及其应用的研究方法有其独特之处，随着对微生物的不断研究，已形成整套的微生物操作技术。微生物基本操作技术主要包括微生物观察技术、微生物培养技术、微生物控制技术、微生物分离技术、微生物鉴定技术、微生物保藏技术、微生物选育技术等。

三、微生物实验室守则与安全

1. 微生物实验的要求

(1) 微生物检验人员要求

① 应具有相应的微生物专业教育或培训经历，具备相应的资质，能够理解并正确实施检验。

② 应掌握实验室生物安全操作和消毒知识。

③ 应在检验过程中保持个人整洁与卫生，防止人为污染样品。

④ 应在检验过程中遵守相关安全措施的规定，确保自身安全。

⑤ 有颜色视觉障碍的人员不能从事涉及辨色的实验。

(2) 微生物实验室环境与设施

① 实验室环境不应影响检验结果的准确性。

② 实验区域应与办公区域明显分开。

③ 实验室工作面积和总体布局应能满足从事检验工作的需要，实验室布局宜采用单方向工作流程，避免交叉污染。

④ 实验室内环境的温度、湿度、洁净度及照度、噪声等应符合工作要求。

⑤ 食品样品检验应在洁净区域进行，洁净区域应有明显标志。

⑥ 病原微生物分离鉴定工作应在二级或以上生物安全实验室进行。

(3) 微生物实验室设备

① 实验设备应满足检验工作的需要，常用设备有以下几种。

a. 称量设备：天平等；

b. 消毒灭菌设备：干热/干燥设备、高压灭菌、过滤除菌、紫外线等装置；

c. 培养基制备设备：pH 计等；

d. 样品处理设备：均质器（剪切式或拍打式均质器）、离心机等；

e. 稀释设备：移液器等；

f. 培养设备：恒温培养箱、恒温水浴等装置；

g. 镜检计数设备：显微镜、放大镜、游标卡尺等；

h. 冷藏冷冻设备：冰箱、冷冻柜等；

i. 生物安全设备：生物安全柜；

j. 其他设备。

② 实验设备应放置于适宜的环境条件下，便于维护、清洁、消毒与校准，并保持整洁与良好的工作状态。

③ 实验设备应定期进行检查和/或检定（加贴标志）、维护和保养，以确保工作性能和操作安全。

④ 实验设备应有日常监控记录或使用记录。

(4) 微生物检验用品

① 检验用品应满足微生物检验工作的需求。

② 检验用品在使用前应保持清洁和/或无菌。

③ 需要灭菌的检验用品应放置在特定容器内或用合适的材料（如专用包装纸、铝箔纸等）包裹或加塞，应保证灭菌效果。

④ 检验用品的储存环境应保持干燥和清洁，已灭菌与未灭菌的用品应分开存放并明确标志。

⑤ 灭菌检验用品应记录灭菌的温度与持续时间及有效使用期限。

微生物实验常规检验用品：接种环（针）、酒精灯、镊子、剪刀、药匙、消毒棉球、硅胶（棉）塞、吸管、吸球、试管、培养皿、锥形瓶、微孔板、广口瓶、量筒、玻棒及 L 形玻棒、pH 试纸、记号笔、均质袋等。

微生物实验现场采样检验用品：无菌采样容器、棉签、涂抹棒、采样规格板、转运管等。

(5) 质控菌株

① 实验室应保存能满足实验需要的标准菌株。

② 应使用微生物菌种保藏专门机构或专业权威机构保存的、可溯源的标准菌株。

③ 标准菌株的保存、传代按照 GB 4789.28 的规定执行。

④ 对实验室分离菌株（野生菌株），经过鉴定后，可作为实验室内部质量控制的菌株。

(6) 实验室生物安全与质量控制

① 实验室生物安全要求：应符合 GB 19489 的规定，见表 0-1。

表 0-1　生物安全实验室的分级

实验室分级	处理对象
一级	对人体、动植物或环境危害较低，不具有对健康成人、动植物致病的致病因子
二级	对人体、动植物或环境具有中等危害或具有潜在危险的致病因子，对健康成人、动物和环境不会造成严重危害，有有效的预防和治疗措施

续表

实验室分级	处理对象
三级	对人体、动植物或环境具有高度危险性，主要通过气溶胶使人传染上严重的甚至是致命疾病，或对动植物和环境具有高度危害的致病因子。通常有预防治疗措施
四级	对人体、动植物或环境具有高度危险性，通过气溶胶途径传播或传播途径不明，或未知的、危险的致病因子。没有预防治疗措施

② 质量控制

a. 实验室应根据需要设置阳性对照、阴性对照和空白对照，定期对检验过程进行质量控制。

b. 实验室应定期对实验人员进行技术考核。

2. 食品微生物实验室守则

① 进入实验室必须按相关规定穿戴实验服，不准在实验室内进行与实验无关的活动。

② 实验室内应保持清洁安静，勿高声谈话和随便走动，以免造成污染。

③ 使用显微镜及其他贵重仪器时，要按规范认真操作，特别爱护，并登记使用情况。

④ 严格按规程进行操作，慎防染菌。一旦出现吸菌液入口，划破皮肤，盛菌试管或锥形瓶不慎打破污染实验台和衣物时，应及时报告指导教师，及时处理，切勿隐瞒。

⑤ 酒精灯及其他明火应远离易燃物，用后立即熄灭，注意防火。如遇火险，应先关掉火源，再用湿布或沙土掩盖灭火，必要时用灭火器。

⑥ 接种工具（如接种环、接种针等）使用前后必须用火焰烧灼灭菌。

⑦ 进行高压蒸汽灭菌时，严格遵守操作规程。灭菌负责人在灭菌过程中不准离开灭菌室。

⑧ 实验所用废物、废液及废纸等物，不准随便乱丢，应放在指定地点。

⑨ 对实验仪器、设备、用品应倍加爱护，损坏时必须向指导教师报告，在损物簿上登记。对易损坏的玻璃器皿要小心使用和洗涤。对易耗材料和药品等力求节约，用后放回原处。

⑩ 实验室内的菌种和物品等未经教师许可，不得携带出室外。

⑪ 实验室内应保持整洁，实验完毕应将桌面整理清洁，用过的物品放回原处，并按组轮流打扫卫生（包括整理和擦净桌面、洗涤玻璃器皿、拖地、擦黑板等）。

⑫ 离开实验室前将手洗净（先用消毒水清洗，再用肥皂清洗，最后清水冲洗），并注意关闭火、门、窗、水、电、灯等。

3. 食品微生物实验要求

实验实训课之前，必须仔细阅读实验任务书，明确实验实训的目的要求、原理、操作步骤、操作要点及注意事项，做到心中有数，并完成实训预习报告。

① 在教师指导下，由学生自己认真准备实验用品，以增加学生动手操作的机会，加强基本技能训练。准备实验包括棉塞的制作，玻璃器皿（包括试管、吸管、培养皿、锥形瓶等）的清洗、包扎和灭菌，培养基的制备，微生物的接种操作、化学试剂的配制，以及仪器设备的安装使用。

② 实验操作要细心谨慎。严格按照要求操作，认真观察实验现象，记录实验结果。课后按要求写出实验实训报告，并在报告中进行分析讨论。

③ 每次实验应以实事求是的态度按格式要求填写实验结果与报告内容，并进行讨论和

误差分析，观察微生物个体形态要用铅笔按比例绘图，及时交指导教师批阅。

④ 爱护仪器与药品

a. 应做到试剂不乱放，瓶塞不乱盖，不浪费药品；

b. 玻璃仪器要轻拿轻放，用毕及时清洗；

c. 对精密仪器应严格遵照操作规程使用，不得任意拆卸或乱拧乱动；

d. 所用仪器若有损坏，应报告指导教师并登记；

e. 实验室一切物品，未经指导教师批准，严禁携带出实验实训室。

⑤ 注意安全

a. 使用强酸强碱、有毒有害等试剂时，应做好自我防护，防止试剂污染实验环境等；

b. 使用乙醇、乙醚等易燃试剂时，应远离火源操作；

c. 使用电器时，应注意绝缘情况，预防短路；

d. 实训中万一发生意外，应迅速报告指导教师处理。

⑥ 每次实验完毕，应将试剂、仪器清理放回原处，并整理好实验台面。注意关好水、电、煤气开关。经指导教师同意后方能离开实验实训室。

项目一
认识微生物

微生物是一切微小生物的总称，其具有个体微小的特点。微生物的类群十分庞杂，它们形态各异，大小不同，生物特性差异极大。食品中重要的微生物群由不同种属的细菌、放线菌、酵母菌、霉菌和病毒组成。因此，首先需要认识这些微生物，掌握它们的个体和群体特征及细胞结构等。本项目的学习重点是不同微生物的个体形态观察，利用显微镜进行细菌、放线菌、酵母菌、霉菌的形态观察，并将观察视野绘制在任务工单上，体现出微生物的个体形态特征。通过实训掌握微生物染色技术、微生物大小测量技术、小室培养技术等。

知识目标

① 掌握生物显微镜的构造和工作原理。

② 掌握细菌、放线菌、酵母菌、霉菌的形态、构造、特征、繁殖方式和生活史。

③ 了解病毒及噬菌体的结构、特征、繁殖方式。

④ 掌握革兰氏染色的原理。

技能目标

① 熟练操作生物显微镜进行微生物的观察。

② 熟练使用无菌操作技术制作微生物镜片，并完成革兰氏染色。

③ 熟练制作酵母菌、霉菌水浸片。

④ 熟练观察微生物的个体形态及群体形态特征。

⑤ 掌握绘制微生物个体特征图形的方法。

⑥ 熟练使用测微尺测量微生物细胞大小。

素质目标

① 树立实事求是的科学态度和作风。

② 提高对微生物的兴趣，加强自主学习。

③ 建立正确使用和爱护实验仪器的思想。

④ 培养严谨的工作态度。

⑤ 培养勤于思考、举一反三的能力。

⑥ 培养良好的个人卫生习惯。

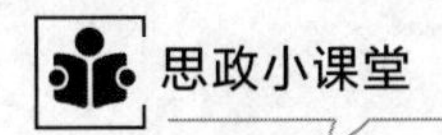

【事件】

汤飞凡，著名微生物学家、病毒学家，被尊称为“中国疫苗之父”。

1938年，汤飞凡带领工作人员成功地回收利用废琼脂，采用乙醚处理牛痘苗杂菌，改良马丁氏白喉毒素培养基。后来改进生产方法，制出大批优质牛痘疫苗，推动了全国规模的普种牛痘运动。1949年底，汤飞凡采用牛痘“天体毒种”和乙醚杀菌法，快速制出大量优质的牛痘疫苗，在简陋的条件下迅速增加了痘苗产量，中国在20世纪50年代就实行普种牛痘，卫生部1951年10月报告，全国天花发病人数减少一半。汤飞凡对于天花病毒在中国绝迹做出了突出贡献。最终，中国在1960年就消灭了天花，比全球消灭天花早17年。此后，他赶制出中国自己的鼠疫减毒活疫苗，与其他科学家一起解决了病毒毒力变异问题，制成中国自己的黄热病减毒活疫苗；寻找沙眼病原体，成功分离出沙眼病毒，这项科研成果解决了困扰世界数千年的传染病问题。

汤飞凡长期从事微生物学、病毒学和免疫学的研究。他是中国第一位投身病毒学研究的人。汤飞凡是中国微生物科学的奠基者，他领头创立了中国第一个微生物学研究基地，创建了中国第一家生物制品检定机构，领衔研发生产了国产狂犬病疫苗、白喉疫苗、牛痘疫苗等多种疫苗和世界首支斑疹伤寒疫苗。

【启示】

科学精神。科学精神就是实事求是、求真务实、开拓创新的理性精神。科学认识来源于实践，要时刻留心生活，观察生活，对科学有一颗探索的信心和热爱之心。

工匠精神。工匠精神是一种精益求精的学习态度，一个具有工匠精神的学生，会精益求精地把自己的专业技能学好，钻研到极致，而不是浅尝辄止。要把工匠精神在学习生活中发挥到极致，勤奋刻苦地学习钻研专业课知识，积极参加实训练习，脚踏实地，传承工匠精神。

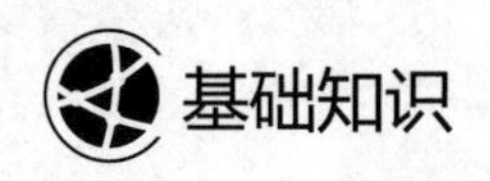

基础知识

一、显微镜的结构和使用

1. 显微镜的分类

通常，显微镜分为光学显微镜及电子显微镜。

光学显微镜是一种精密的光学仪器。光学显微镜由一套透镜配合，通过选择不同的透镜，以实现对物体细微结构的放大观察。普通光学显微镜通常能将物体放大至1000～2000倍。除常用的普通光学显微镜外，还有一些特殊的光学显微镜，如用于观察活细胞的结构和细胞内微粒运动的暗视野显微镜，观察活体细胞生活状态下的生长运动及增殖情况的相差显微镜等。

电子显微镜是利用电子束作为光源，透过磁场当作透镜来折射会聚电子束。电子显微镜用电子束代替了可见光，放大倍率可达到100万倍，可直接观察到微生物的超显微结构。

2. 普通光学显微镜的基本构造

普通光学显微镜的构造分为机械部分和光学部分，如图1-1。

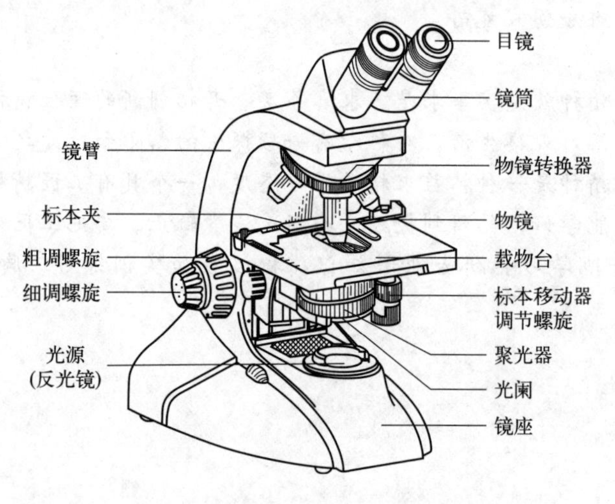

图1-1　普通光学显微镜

(1) 机械部分　普通光学显微镜的机械部分包括：镜座、镜臂、镜筒、物镜转换器、载物台、标本夹、标本移动器、粗调螺旋、细调螺旋等。

(2) 光学部分　光学部分由目镜、物镜、照明装置（聚光器、光阑、反光镜等）及光源组成。

① 目镜的功能是将物镜放大的物像再次放大（不增加分辨率）。通常，目镜由接目镜及场镜两片透镜组成。在两块透镜之间或在场镜下方有一光阑。被观测标本成像于光阑限定的范围之内。光阑上通常会有指针或（和）目镜测微尺，用于指示视野中标本的位置及测量被观测对象的大小。目镜的外壁上刻有放大倍数，可根据需要选用。

② 物镜安装在镜筒下方的转换器上。物镜由多块透镜组成，其功能为放大标本、产生倒立的实像。按照放大倍数，物镜可分为低倍镜（4×或10×）、中倍镜（20×）、高倍镜（40×）及油镜（100×）。物镜上通常标有放大倍数、数值孔径、工作距离（物镜下端至盖

玻片的距离，单位为 mm）及盖玻片的厚度等参数，见图 1-2。

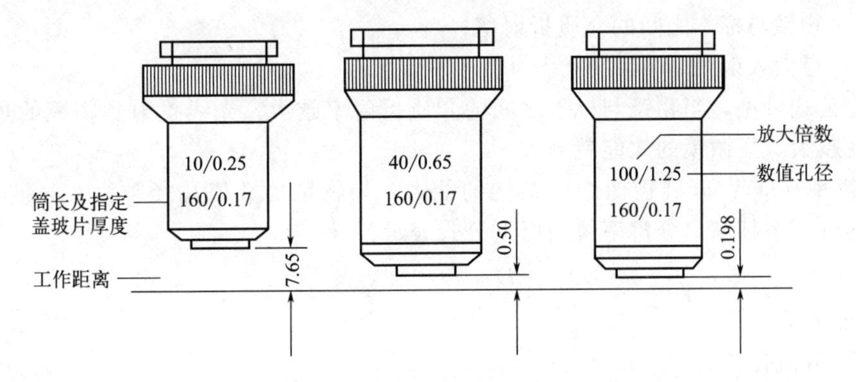

图 1-2 显微镜物镜的主要参数

在目镜保持不变的情况下，使用不同放大倍数的物镜所能达到的分辨率及放大率都是不同的，在显微观察时应根据所观察微生物的大小选用不同的物镜。例如，观察酵母菌、放线菌、真菌等个体较大的微生物形态时，可选择低倍镜或高倍镜，而观察个体相对较小的细菌或微生物的细胞结构时，则应选用油镜。一般情况下，特别是初学者，进行显微观察时应遵守从低倍镜到高倍镜再到油镜的观察程序，因为低倍数物镜视野相对大，易发现目标及确定检查的位置。

③ 聚光器又称聚光镜，是安装在载物台下的装置，其作用是将光源发出的光线汇聚成光锥照射被观测的标本。聚光镜的主要参数是数值孔径，它有一定的可变范围，一般聚光镜边框上的数字代表它的最大数值孔径，通过调节聚光镜下面可变光阑的开放程度，可以得到不同的数值孔径，以适应不同物镜的需要。通过调整聚光器来改变照明度（聚光器上附有虹彩光阑，通过调节光阑孔径的大小，可调节进入物镜光线的强弱），以提高物镜的分辨率。

④ 反光镜为普通光学显微镜的取光设备，安装在聚光器下方的镜座上，其功能为采集光线，并将光线射向聚光器。老式的光学显微镜大多采用反光镜汇聚光线；新式的光学显微镜的光源安装在显微镜的镜座内，并设有调节旋钮，通过调节电流的大小来调节光线的强弱。

3. 普通光学显微镜的光学原理

(1) 成像原理 普通光学显微镜通过目镜及物镜两组透镜来放大成像，其成像原理如图 1-3。

(2) 显微镜的性能 显微镜分辨能力的高低取决于其光学系统的各种条件。被观测物是否能呈现出清晰的细微结构，首先取决于物镜的性能，其次为目镜和聚光镜的特性。

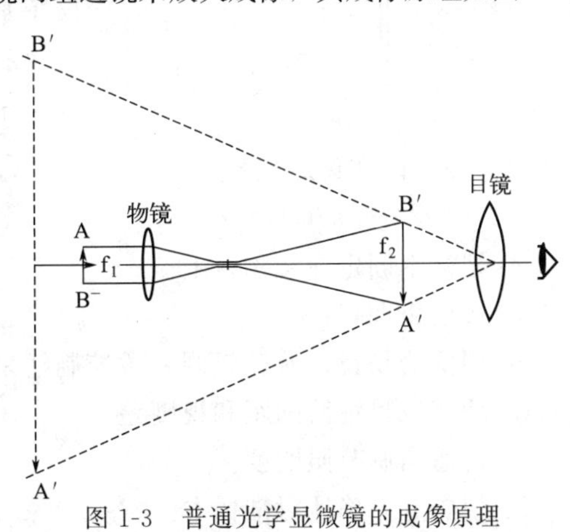

图 1-3 普通光学显微镜的成像原理

① 数值孔径（NA）：也称为镜口率，在物镜和聚光器上均标注有相应的数值孔径，数值孔径是物镜及聚光器的主要参数，也是判断它们性能的重要指标。数值孔径和显微镜的各种性能有密切的关系，它与显微镜的分辨能力成正比，与焦深成正比，与镜像亮度的平方根成正比。数值孔径可用以下公式表示：

$$NA = n \times \sin(\alpha/2)$$

式中　n——物镜与标本之间的介质折射率；

α——最大入射角。

由以上公式可见，当物镜与标本之间的介质折射率越大，光线投射到物镜的角度越大，数值孔径就越大，显微镜的效能就越大。

② 分辨率（D）：分辨物像细微结构的能力，当物镜的数值孔径越大，光波长度越短时，物镜的分辨率越高。分辨率可用以下公式表示：

$$D = \lambda/(2NA)$$

式中　λ——光波波长；

NA——数值孔径。

当D值越小时，分辨率越高，物像越清楚。根据以上公式，可通过降低波长，增大折射率，加大镜口角来提高分辨率。

③ 放大率：最终观测到的物像和原被观测物两者大小的比值，即为放大倍数。显微镜总的放大倍数为目镜与物镜放大倍数的乘积。因此，显微镜的放大率（V）与物镜放大率（V_1）及目镜放大率（V_2）的关系可以表示为以下公式：$V = V_1 \times V_2$

④ 焦深：通常，我们将焦点所处的像面称为焦平面。在显微镜下观察样本时，焦平面上的物像比较清晰，但除了能看见焦平面上的物像外，还能看见焦平面上方及下方模糊的物像，这两个面之间的距离称为焦深。物镜的焦深和数值孔径及放大率成反比，即数值孔径和放大率越大，焦深越小。

(3) 油镜的工作原理　在普通光学显微镜所使用的物镜中，一般有低倍镜（4×或10×）、中倍镜（20×）、高倍镜（40×）及油镜（100×）四种物镜。在四者中，油镜是放大倍数最大的。

在使用显微镜时，其他物镜与载玻片之间的介质是空气（故称干燥系物镜），而油镜与载玻片间的介质为油质（故称油浸系物镜）。通常，实验室使用香柏油作为介质，因香柏油的折射率 $n = 1.52$，与玻璃相同。当光线通过载玻片后，可直接通过香柏油进入物镜而不发生折射，见图1-4。

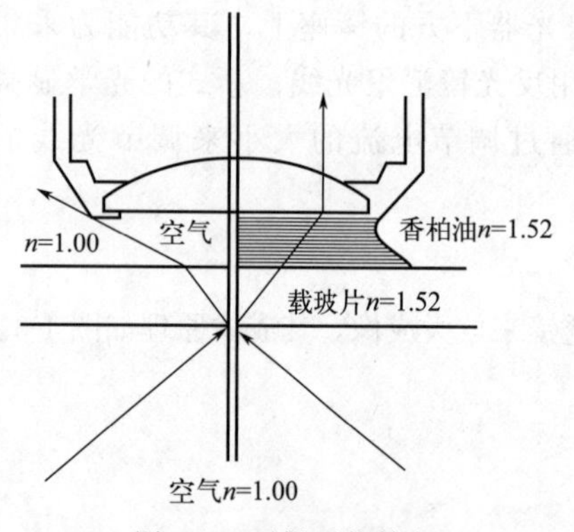

图1-4　干燥系物镜与油浸系物镜光线通路

油镜的焦距和工作距离最短，工作光圈最大。因此，在使用油镜观察时，镜头离标本的距离非常近，需特别小心。

4. 生物显微镜的使用方法

① 接通电源。

② 打开主开关。

③ 移动电压调节旋钮，使亮度适中。

④ 把标本固定在载物台上。

⑤ 放松粗调锁挡。

⑥ 用低倍物镜，旋转粗调和微控制钮来进行对焦。

⑦ 调节双目镜筒间距和视度差。

⑧ 再适当调节照明度。

⑨ 使焦点正确地对准标本。

⑩ 锁紧粗调锁挡。

⑪ 调节光阑孔径。

⑫ 依次用低、中、高倍镜观察。

⑬ 油镜观察：与普通光学显微镜方法一致。

⑭ 观察完毕，复原：先将电压调节旋钮复原，关闭主开关，切断电源，放开粗调锁挡。油镜的处理与普通光学显微镜方法一致。

⑮ 放入保存箱中。

二、细菌的形态、构造和特征

1. 细菌的形态

细菌是一类个体微小、形态简单，多以二分裂方式繁殖的单细胞原核微生物。在自然界中分布广泛，土壤、水、动植物体内外等到处都有它的踪迹，特别是温暖、湿润、肥沃的土壤，是细菌生长最活跃的场所。

在一定的环境条件下，细菌有相对稳定的形态。细菌的基本形态有球状、杆状和螺旋状三种。所以我们也可以根据外形的不同，把细菌分为球菌、杆菌和螺旋菌。

(1) 球菌 单个的球菌呈圆球形或近似圆球形，有的呈矛头状或肾状，一般直径在0.8～1.2μm，如图1-5。根据细胞繁殖时细菌分裂方向和分裂后细菌粘连程度的排列方式可分为以下几种。

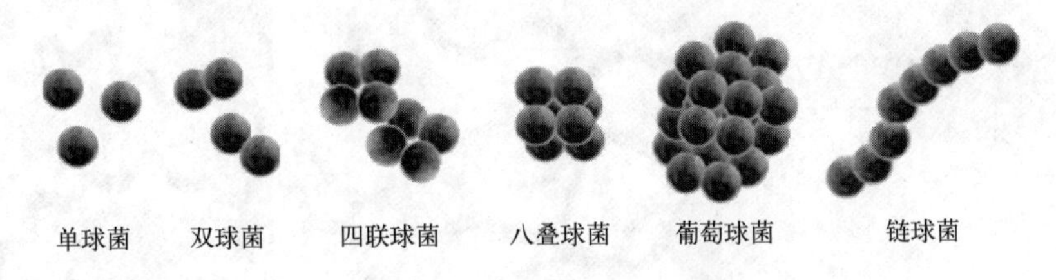

图1-5 球菌的形态

① 单球菌：细胞沿一个平面进行分裂，子细胞分散而单独存在，如尿素微球菌。

② 双球菌：菌体呈短链状，在一个平面上分裂成双排列，如肺炎双球菌、脑膜炎双球菌。

③ 四联球菌：在两个相互垂直的平面上分裂，以四个球菌排列呈方形，如四联加夫基菌。

④ 八叠球菌：在三个互相垂直的平面上分裂，八个菌体重叠呈立方体，如藤黄八叠球菌。

⑤ 链球菌：在一个平面上分裂，呈链状排列，如溶血性链球菌。

⑥ 葡萄球菌：多个平面上不规则地分裂，分裂后的细菌堆积在一起，呈葡萄状排列，如金黄色葡萄球菌。

(2) 杆菌 杆菌（图1-6）呈杆状或圆筒状，菌体两端多呈钝圆形，少数两端平齐，如炭疽杆菌；也有的两端尖细，如梭杆菌；还有的末端膨大呈棒状，如白喉杆菌。在细菌中杆菌种类最多，各种杆菌的长短、大小、粗细差异较大，一般长2～10μm，宽0.5～1.5μm。同种杆菌的粗细比较稳定，长短常因环境条件不同而有较大变化。杆菌一般分散存在，无特殊排列，有的杆菌呈链状排列，如炭疽杆菌；也有的呈分枝状，如结核分枝杆菌；还有的呈八字或栅栏状，如白喉杆菌。

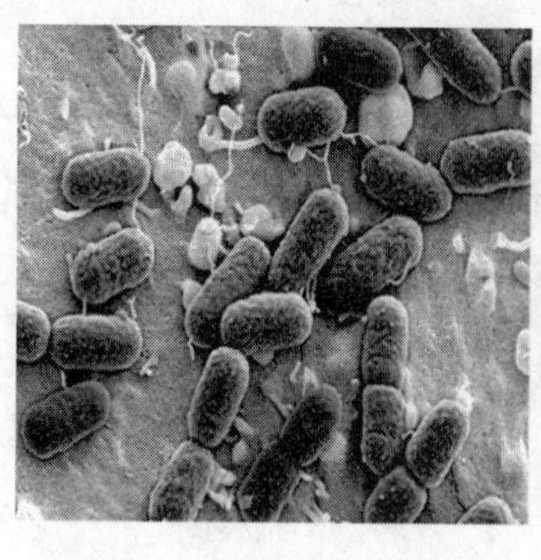

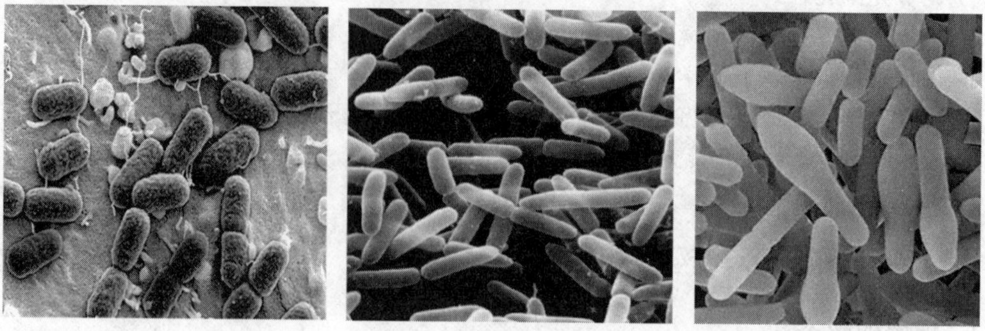

短杆菌

长杆菌

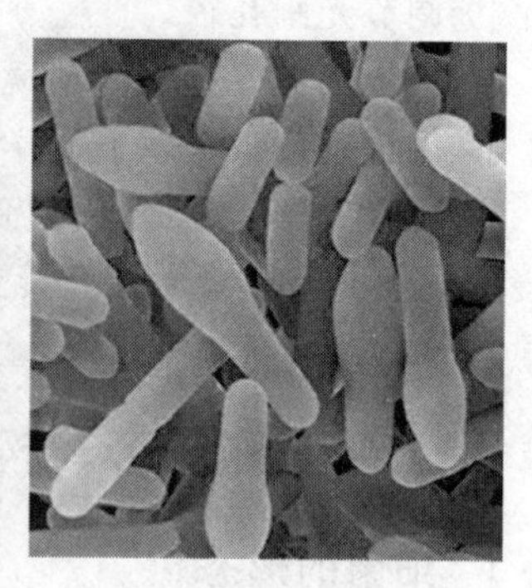

梭状杆菌

图 1-6　杆菌的形态

(3) 螺旋菌　螺旋菌（图 1-7）菌体弯曲，根据其弯曲情况分为以下几类。

① 弧菌：螺旋不满一圈，菌体呈弧形或逗号形，如霍乱弧菌、逗号弧菌。

② 螺旋菌：螺旋满 2～6 圈，螺旋状，如干酪螺菌。

③ 螺旋体：旋转周数在 6 圈以上，菌体柔软，例如梅毒螺旋体。

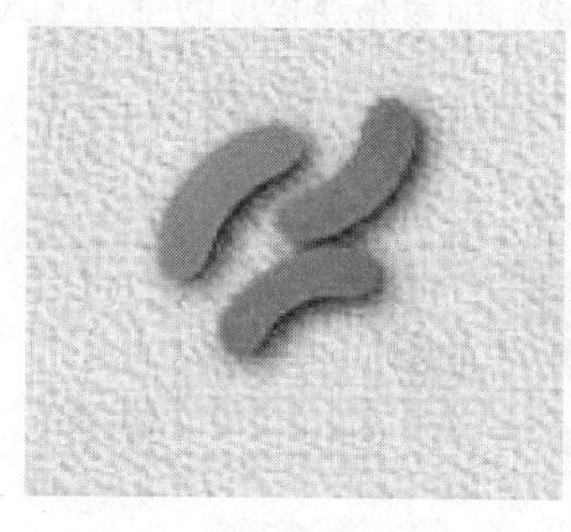

弧菌

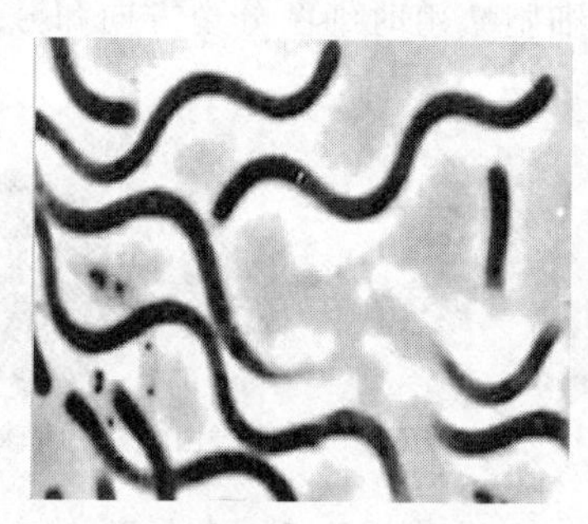

螺旋菌

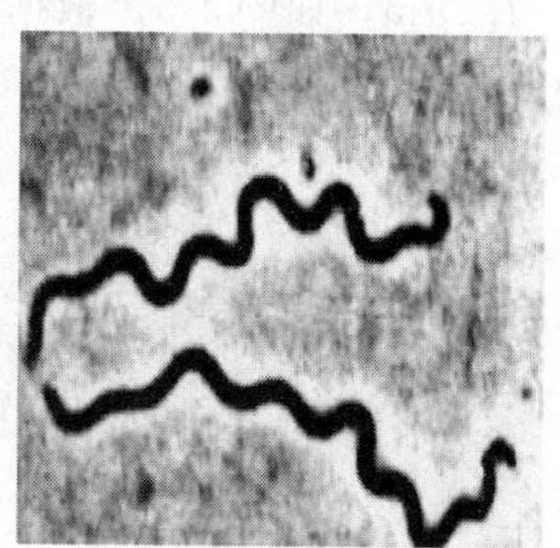

螺旋体

图 1-7　螺旋菌的形态

细菌的形态是鉴定细菌种类的重要依据之一，但是它受环境因素的影响很大，如温度、营养物质、酸碱度、气体等理化因素均可引起细菌形态的变化。一般说来，在适宜的生长条件下培养 8～18h 的细菌形态较为典型；幼龄细菌形体较长；细菌衰老时或在陈旧培养物中，或环境中有不适合于细菌生长的物质（如抗生素、抗体、过高浓度的氯化钠等）时，细菌常常出现不规则的形态，或呈梨形、气球状、丝状等多种形状。这种因环境条件改变而引起的多形性是暂时的，如果细菌重新获得适宜的环境，又可以恢复原来的形态。观察细菌形态和大小特征时，应掌握好细菌培养的时间，并注意来自机体或环境中各种因素所导致的细菌形态变化。

2. 细菌的大小

细菌个体微小，其大小可以用测微尺在显微镜下进行测量，一般通常以微米（μm）为测量单位。一般细菌的大小都不超过 100μm（0.1mm），也就是小于人的肉眼所能分辨的最小距离，因此要在光学显微镜下才能看到细菌的形态。而要清楚地观察细菌的结构，就要用到电子显微镜了。不同种类的细菌大小不一，就算是同一种细菌，也可能因为菌龄不同或受环境因素的影响而在大小上有所差异。常见细菌的大小如表 1-1。

表 1-1 常见细菌的大小

细菌名称	大小/μm	细菌名称	大小/μm
乳酸链球菌	直径 0.5～1.0	大肠杆菌	长 1.0～3.0，宽 0.4～0.7
金黄色葡萄球菌	直径 0.8～1.3	枯草芽孢杆菌	长 1.6～4.0，宽 0.5～0.8
藤黄八叠球菌	直径 1.0～1.5	德氏乳杆菌	长 2.8～7.0，宽 0.4～0.7

3. 细菌的结构

细菌的结构对细菌的生存、致病性和免疫性等均有一定作用。细菌的结构按分布部位大致可分为：表层结构，包括细胞壁、细胞膜、荚膜；内部结构，包括细胞质、核蛋白体、核质、质粒及芽孢等；外部附件，包括鞭毛和菌毛。习惯上又把一个细菌生存不可缺少的，或一般细菌通常具有的结构称为基本结构，是所有细菌细胞共有的且为生命活动所必需的，包括细胞壁、细胞膜、细胞质和核质；把某些细菌在一定条件下所形成的特有结构称为特殊结构，是可变的，只在部分细菌的细胞中发现，具有特定的功能，包括鞭毛、菌毛、荚膜和芽孢。细菌细胞的结构见图 1-8。

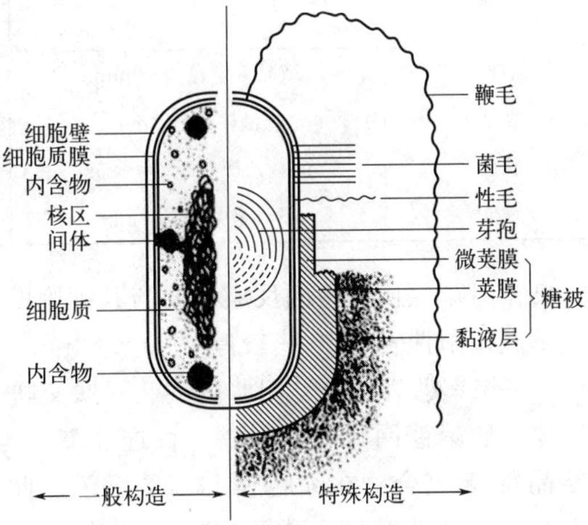

图 1-8 细菌细胞的结构

(1) 细菌细胞的一般结构

① 细胞壁 细胞壁在细菌细胞的最外层，紧贴在细胞膜之外。细胞壁是细菌细胞外部有一定硬度和韧性的网状结构，具有维持细胞一定形态、保护细胞不被破坏、保障细胞在不同渗透压条件下生长、防止胞溶等作用。细胞壁可以通过染色后在光学显微镜下观察。

细菌细胞壁中最主要的成分之一是肽聚糖，它是构成细胞壁机械强度的物质基础。肽聚糖，又称黏质复合物、胞壁质。它是由双糖单位、四肽尾还有肽桥聚合而成的多层网状大分子结构。肽聚糖骨架是由 *N*-乙酰葡萄糖胺（简写 G）和 *N*-乙酰胞壁酸（简写 M）通过 β-1,4-糖苷键交替相联而组成的线状聚糖链。就在 M 的乳酰基上，联结着一条由四个氨基酸残基组成的短肽链。短肽链的氨基酸组成因菌种而异，包括不常见的 D-谷氨酸、D-丙氨酸、L-二氨基庚二酸和其他二氨基酸；其中 L 型和 D 型氨基酸交替排列。肽聚糖骨架基本结构如图 1-9。

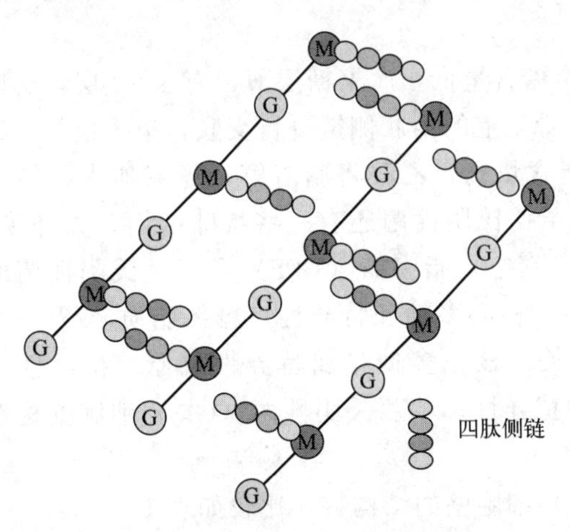

M为*N*-乙酰胞壁酸；G为*N*-乙酰葡萄糖胺

图 1-9 肽聚糖骨架基本结构

不同的细菌细胞壁的结构和成分不同，

用革兰氏染色法染色，可将细菌分成革兰氏阳性菌和革兰氏阴性菌两大类。

革兰氏染色法，是指细菌学中广泛使用的一种重要的鉴别染色法，属于复染法。革兰氏染色步骤：制片（取菌种培养物常规涂片、干燥、固定）→初染（滴加结晶紫染色 1～2min，水洗）→媒染（用碘液冲去残水，并用碘液覆盖约 1min，水洗）→脱色（用滤纸吸去玻片上的残水，将玻片倾斜，在白色背景下，用滴管流加 95%的乙醇脱色，直至流出的乙醇无紫色时，立即水洗）→复染（用番红液复染约 2min，水洗）→镜检（干燥后，用油镜观察）。菌体被染成紫色的是革兰氏阳性菌，被染成红色的为革兰氏阴性菌。革兰氏染色程序和结果如表 1-2。

表 1-2　革兰氏染色程序和结果

步骤	方法	结果	
		阳性(G^+)	阴性(G^-)
初染	结晶紫染色 1～2min	紫色	紫色
媒染	碘液覆盖约 1min	紫色	紫色
脱色	95%乙醇脱色 20～25s	保持紫色	脱去紫色
复染	番红液复染约 2min	仍显紫色	红色

细菌对革兰氏染色的反应主要与其细胞壁的结构有关。

革兰氏阳性菌细胞壁较厚，20～80nm。肽聚糖含量丰富，有 15～50 层，每层厚度 1nm，多层聚糖骨架通过四肽侧链、五肽交联桥，组成坚韧的三维立体框架，结构致密。细胞壁厚，肽聚糖网状分子形成一种透性障，当乙醇脱色时，肽聚糖脱水而孔障缩小，故保留结晶紫-碘复合物在细胞膜上，呈紫色。此外，尚有大量特殊组分磷壁酸。磷壁酸是由核糖醇或甘油残基经由磷酸二键互相连接而成的多聚物。磷壁酸分壁磷壁酸和膜磷壁酸两种，前者和细胞壁中肽聚糖的 *N*-乙酰胞壁酸连接，膜磷壁酸又称脂磷壁酸和细胞膜连接，另一端均游离于细胞壁外。磷壁酸抗原性很强，是革兰氏阳性菌的重要表面抗原；在调节离子通过黏肽层中起作用；也可能与某些酶的活性有关；某些细菌的磷壁酸，能黏附在人类细胞表面，其作用类似菌毛，可能与致病性有关。此外，某些革兰氏阳性菌细胞壁表面还有一些特殊的表面蛋白，如 a 蛋白等，都与致病性有关。革兰氏阳性菌（G^+）细胞壁构造如图 1-10。

革兰氏阴性菌细胞壁较薄，10～15nm，肽聚糖含量低，肽聚糖层薄，有 1～2 层，交联松散，脂类含量高，无五肽交联桥，由不同聚糖骨架上的四肽侧链进行交联，呈疏松的二维结构。乙醇脱色不能使其结构收缩，同时由于脂含量高，乙醇将脂溶解，缝隙加大，结晶紫-碘复合物溶出细胞壁，番红复染后呈红色。革兰氏阴性菌还有一些特殊结构，如外膜，其结构包括脂蛋白、脂质双层、脂多糖三部分。其中，脂多糖（LPS）是革兰氏阴性菌的内毒素，它由三种成分构成：脂质 A（Lipid A）、核心多糖和特异性多糖。脂质 A 为一种糖磷脂，是内毒素的毒性部分，与其致病性有关。核心多糖是属特异性抗原。特异性多糖是革兰氏阴性菌菌体抗原（O 抗原），具有种特异性。革兰氏阴性菌（G^-）细胞壁构造如图 1-11。

革兰氏阳性菌（G^+）和革兰氏阴性菌（G^-）细胞壁的结构特征比较如表 1-3。

作为细菌细胞最外层的结构，细胞壁在细菌的生长繁殖过程中起着重要的作用，主要有以下几点。

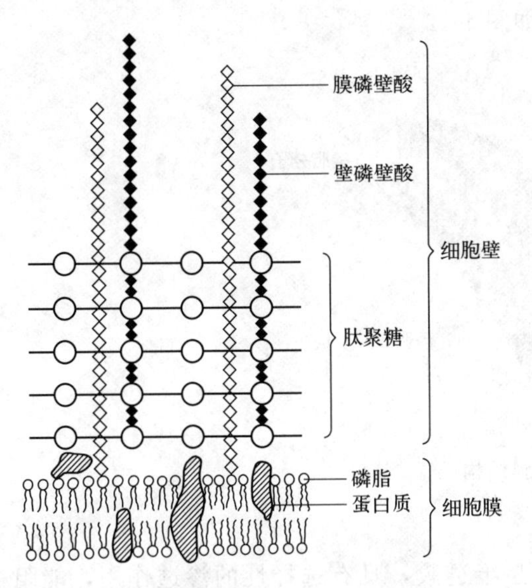

图 1-10 革兰氏阳性菌（G^+）细胞壁构造图

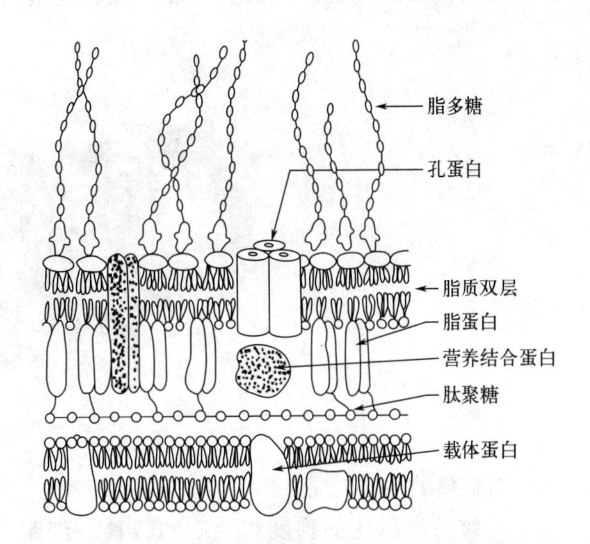

图 1-11 革兰氏阴性菌（G^-）细胞壁构造

表 1-3 革兰氏阳性菌（G^+）和革兰氏阴性菌（G^-）细胞壁的结构特征比较

结构特征	G^+菌	G^-菌	结构特征	G^+菌	G^-菌
肽聚糖	层厚，网络紧密坚固	层薄，网络较疏松	壁质间隙	很薄	较厚
类脂	极少	脂多糖	细胞状态	僵硬	僵硬或柔韧
外膜	无	有	磷壁酸	有	无

a. 赋予细胞一定的外形、提高机械强度，从而使细菌免受渗透压等外力的损伤。

b. 其是细胞生长、分裂和鞭毛运动必需的结构，失去细胞壁的原生质体上述功能也一并丧失。

c. 阻拦酶蛋白和某些抗生素等大分子物质进入细胞，保护细胞不受溶菌酶、消化酶和青霉素等的损伤。

赋予细菌特定的抗原性、致病性及对抗生素和噬菌体的敏感性。

② 细胞膜　靠在细胞壁内侧包围着细胞质的双层膜结构，使细胞具有选择吸收性能，是许多生化反应的重要部位。细胞膜主要由蛋白质和类脂构成，并以磷脂双分子层为其基本结构。细胞膜是具有高度选择性的半透膜，膜上磷脂的脂酰基不断运动，使膜上的小孔不断地打开和关闭。当小孔打开时，水和水溶性物质可以通过；当小孔关闭时，水溶性物质就不能通过。

细胞膜埋藏在磷脂双分子层中的是有各种功能的蛋白质，包括转运蛋白、能量代谢中的蛋白质以及能够对化学刺激检测和反应的受体蛋白。整合蛋白是完全与细胞膜连接而且贯穿全膜的蛋白质，所以这些蛋白质在此区域中有疏水性氨基酸埋藏在磷脂中。外周蛋白是由于磷脂带正电荷极性头，只是通过电荷作用与细胞膜松散连接的一类，用盐溶液洗涤可以从纯化的膜上除去。脂类和蛋白质均在运动，而且是彼此之间相对运动。这就是被广泛接受的称作液态镶嵌模式的细胞膜结构模型。

细菌细胞膜含有丰富的酶系，执行许多重要的代谢功能。细菌细胞膜的多功能性是区别于其他细胞膜的一个十分显著的特点，如细胞膜内侧含有电子传递与氧化磷酸化的酶系，具有执行真核细胞线粒体的部分功能。细胞膜结构如图 1-12。

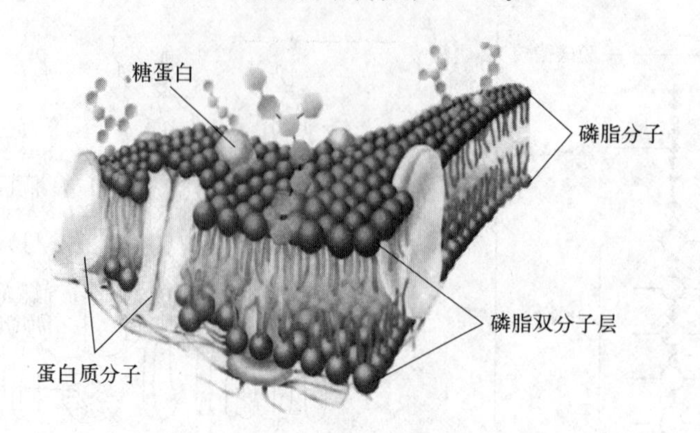

图 1-12 细胞膜结构

细胞膜的主要功能：

a. 维持渗透压的梯度和溶质的转移。细胞膜是半透膜，具有选择性的渗透作用，能阻止高分子通过，并选择性地逆浓度梯度吸收某些低分子进入细胞。由于膜有极性，膜上有各种与渗透有关的酶，还可使两种结构相类似的糖进入细胞的比例不同，吸收某些分子，排出某些分子。

b. 细胞膜上有合成细胞壁和形成横隔膜组分的酶，故在膜的外表面合成细胞壁。

c. 膜内陷形成的间体（相当于高等植物的线粒体）含有细胞色素，参与呼吸作用。中间体与染色体的分离和细胞分裂有关，还为 DNA 提供附着点。

d. 细胞膜上有琥珀酸脱氢酶、NADH 脱氢酶、细胞色素氧化酶、电子传递系统、氧化磷酸化酶及腺苷三磷酸酶（ATPase）。在细胞膜上进行物质代谢和能量代谢。

e. 细胞膜上有鞭毛基粒，鞭毛由此长出，即为鞭毛提供附着点。

③ 细胞质及其内含物　被细胞膜包围着的除核质体外的一切半透明、胶状、颗粒状物质总称为细胞质，亦称原生质。其主要成分为蛋白质、核酸、多糖、脂类、水分和少量无机盐类。细胞质中含有许多酶系，是细菌进行新陈代谢的主要场所。另外，细胞质中还含有许多内含物，主要有核糖体、贮藏物、中间代谢物、载体和质粒等，少数细菌还存在羧酶体、磁小体、伴孢晶体或气泡等构造。幼龄菌的细胞质稠密、均匀，富含核糖核酸(RNA)，嗜碱性强，易被碱性和中性染料染色，且染色均匀；老龄菌因缺乏营养，RNA 被细菌用作氮源、磷源而含量降低，使细胞染色不均匀，故通过染色是否均匀可判断细菌的生长阶段。

核糖体：分散在细胞质中沉降系数为 70S 的一种由 60%的 RNA 和 40%的蛋白质组成的核蛋白，为颗粒状结构，是合成蛋白质的场所。

贮藏物：由不同化学成分累积而成，为颗粒状结构，主要功能是贮藏糖原、藻青素、多聚磷酸类等营养物质，在大肠杆菌、固氮菌、紫硫细菌、蓝细菌等细菌体内普遍存在。

羧酶体：一些在自养细菌中含有的、对固定 CO_2 起关键作用的多角形或六角形内含物。在排硫硫杆菌、那不勒斯硫杆菌、贝日阿托菌属、硝化细菌和一些蓝细菌中均可找到羧酶体。

④ 原核和质粒　细菌的 DNA 位于细胞质中，由一个染色体构成，不同种的细菌之间染色体大小不同（大肠杆菌染色体有 4×10^6 碱基对长）。DNA 是环状、致密超螺旋，而且与真核细胞中发现的组蛋白相类似的蛋白质结合。虽然染色体没有核膜包围，但在电

子显微镜下可看到细胞内分离的核区，称为拟核。古细菌的染色体和真细菌的染色体类似，是一个单个环状的DNA分子，不包含在核膜内，而DNA分子大小通常小于大肠杆菌的DNA。

某些细菌还含有染色体外的小分子DNA，称作质粒。其上携带的基因对细菌正常生活并非必需的，但在某些情况下对细菌有利，如抗生素抗性质粒。质粒常以不同大小的环状双螺旋存在，它可以独立进行复制，也可整合到染色体上。

(2) 细菌细胞的特殊结构

① 荚膜　荚膜是某些细菌在细胞壁外包围分泌的一层松散、透明的黏液状物质，一般由糖和多肽组成。荚膜使细菌在固体培养基上形成光滑型菌落。荚膜不易着色，可用负染法染色。先用染料使菌体着色，然后用黑色素将背景涂黑，即可衬托出菌体和背景之间的透明区，这个透明区就是荚膜，如图1-13。

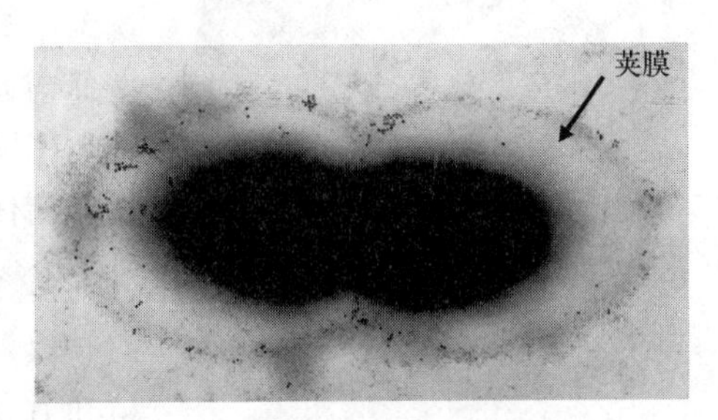

图1-13　细菌负染色显微镜图

荚膜的主要功能：

a. 对细菌具有保护作用，保护细菌免受干旱损伤。

b. 可贮藏养料，以备营养缺乏时重新利用。

c. 具有抗原性，能选择地黏附到特定细胞的表面，表现出对靶细胞的专一攻击能力。

② 鞭毛　从细胞膜和细胞壁伸出细胞外面的蛋白质组成的丝状体结构，使细菌具有运动性。鞭毛纤细而具有韧性，直径仅20nm，长度达15～20μm，可以分为三部分：基体、钩形鞘和螺旋丝。可以通过多种方式来判断某细菌是否具有鞭毛。

a. 利用电子显微镜直接观察菌种。

b. 染色后在光学显微镜下观察。

c. 采用暗视野，根据水浸片或悬滴标本中细菌的运动情况来判断。

d. 半固体培养基观察法，即在半固体直立柱中穿刺接种待鉴定细菌，如果培养一定时间后在穿刺线周围有浑浊的扩散区，说明该菌具有运动能力，即可推测其存在鞭毛；反之，则无鞭毛。

e. 平板培养基观察法，即将待鉴定菌种接种在平板培养基上，根据培养后所形成菌落的形状来判断该菌是否存有鞭毛。如果所形成的菌落形状大而薄且不规则，边缘极不平整，说明该菌有鞭毛；反之，若所形成的菌落形状圆整、边缘光滑、厚度较大，则说明该菌没有鞭毛。

鞭毛着生的方式主要有一端单生、一端丛生、两端单生和周生鞭毛等几种。在各类细菌中，弧菌、螺旋菌和假单胞菌类普遍长有鞭毛；在杆菌中，有的有鞭毛，有的没有鞭毛；在球状细菌中，仅有个别属的细菌才有鞭毛。细菌鞭毛的着生类型如图1-14。

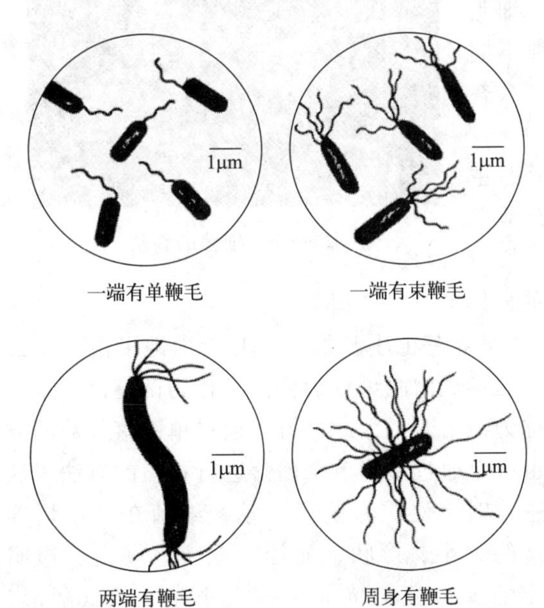

图1-14　细菌鞭毛的着生类型

③ 菌毛 细菌细胞表面发现的特殊像头发样的蛋白质表膜附属物，有几微米长。菌毛与细菌运动无关，根据形态、结构和功能，可分为普通菌毛和性菌毛两类。前者与细菌吸附和侵染宿主有关，后者为中空管子，与传递遗传物质有关。

④ 芽孢 某些细菌处于不利的环境，或耗尽营养时，在细胞内形成一个圆形、椭圆形或卵圆形的内生孢子，称为芽孢，它是厚壁、含水量低、抗逆性强的休眠体。芽孢抗热、抗干燥、抗辐射和抗化学药物，是生命世界中抗逆性最强的一种结构。芽孢的休眠体能力也十分突出，在常规条件下，一般可保持几年至几十年而不死亡。能产芽孢的细菌种类很少，在杆菌中主要是好氧性的芽孢杆菌属和厌氧性的梭菌属，如图 1-15。而在球菌和螺旋菌中只有少数菌种可形成芽孢，其中球菌中只有芽孢八叠球菌属，螺旋菌中有孢螺菌属。芽孢的生长位置不同，种类不同。但每一个营养细胞内只形成一个芽孢，当环境适宜菌体生长时，菌体由芽孢萌发为一个新的个体。

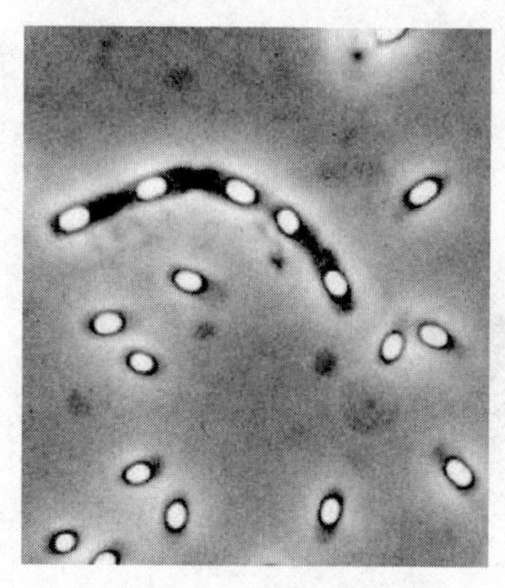

图 1-15 芽孢杆菌

4. 细菌的繁殖和群体形态

(1) 细菌的繁殖方式 细菌的繁殖方式分为无性繁殖和有性繁殖两种，大多数细菌进行无性繁殖，少数的细菌可以进行有性繁殖。最常见的无性繁殖方式是裂殖，即一个母细胞分裂形成两个子细胞，裂殖过程分为以下三个阶段。

① 核分裂 细菌核区的 DNA 首先进行复制，复制后的 DNA 分开形成两个独立的核区。与此同时，位于两个核区间的质膜由外向内收缩凹陷，将细胞质和两个核区完全分隔开。

② 形成横隔 伴随质膜的收缩，细胞壁向内生长，将凹陷的质膜分为两层。每层质膜即为子细胞的细胞膜，随后细胞壁横隔也分为两层，此时的母细胞已经分裂形成了两个相连的子细胞。

③ 子细胞分离 在形成完整的横隔后，子细胞相互分离成为两个完全独立的个体，根据菌种不同形成不同的排列形式，如单球、双球、四联、八叠或葡萄状。细菌的裂殖如图 1-16。

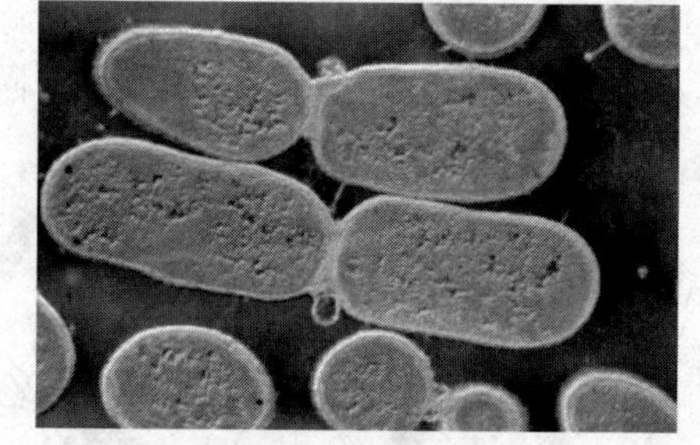

图 1-16 细菌的裂殖

(2) 细菌的菌落形态特征 细菌的群体形态主要包括固体培养基上的群体形态、半固体培养基上的群体形态和液体培养基上的群体形态三类，其中与生活、生产联系最为紧密的是固体培养基上的群体形态——菌落。

① 在固体培养基中的群体形态 细菌在固体培养基上生长发育，几天内即可由一个或几个细菌分裂繁殖为成千上万个细菌，聚集在一起形成肉眼可见的群体，称为菌落。如果一个菌落是由一个细菌菌体生长、繁殖而成，则称为纯培养。因此，可以通过单菌落计数的方法来计数细菌的数量。在微生物的纯种分离中也可以通过挑起单个菌落进行移植的方法来获得纯培养物。当固体培养基表面众多菌落连成一片时，便成为菌苔。各种细菌在一定培养条件下形成的菌落具有一定的特征，包括菌落的大小、形状、光泽、颜色、硬度、透明度等。菌落的特征对菌种的识别、鉴定有一定意义。菌落特征包括大小，形状（圆形、假根状、不规则状等），突起（扁平、隆起、凸透镜状、垫状、脐突状等），边缘（完整、

波状、裂片状、丝状、卷曲等)，表面状态(光滑、皱褶、颗粒状、龟裂状、同心环状等)，表面光泽(闪光、金属光泽、无光泽等)，质地(油脂状、膜状、黏、脆等)，颜色，透明程度等。不同细菌的菌落形态特征如图 1-17。

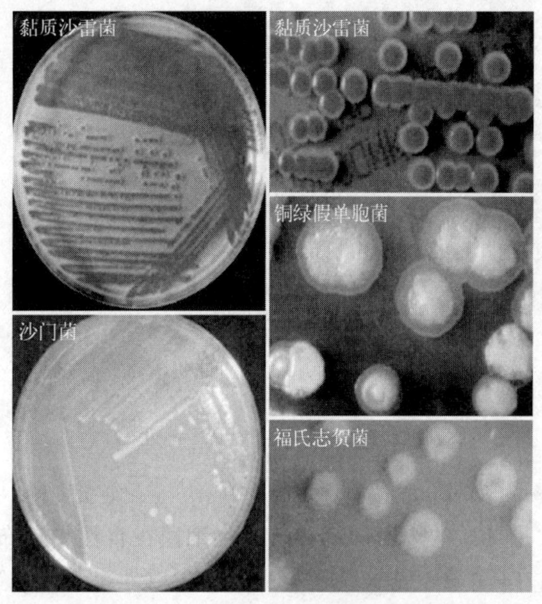

图 1-17 不同细菌的菌落形态特征

菌落特征取决于组成菌落的细胞结构和生长行为。肺炎双球菌有荚膜，菌落表面光滑黏稠为光滑型；无荚膜的菌株，菌落表面干燥皱褶为粗糙型；蕈状芽孢杆菌等的细胞呈链状排列，所形成的菌落表面粗糙、卷曲，菌落边缘有毛状突起。扫描电子显微镜观察结果表明菌落特征与其中的细胞形状和排列密切相关。有的菌落有颜色，其色素有些是不溶性的，存在于细胞内，有的是可溶性的，扩散至培养基中。

菌落的形态大小也受邻近菌落的影响。菌落靠得太近，由于营养物有限，有害代谢物的分泌与积累，生长受到抑制。因此，以划线法分离菌种时，相互靠近的菌落较小，分散的菌落较大。

即使在同一个菌落中，各个细胞所处的空间位置不同，营养物的摄取、空气供应、代谢产物的积累等方面也不一样，所以，在生理上、形态上或多或少也有所差异。例如好气菌的表面菌落中，由于个体间的争夺，使得越接近菌落表面的个体越易获得氧气，越向深层者越难；越接近培养基者营养越丰富，反之缺乏，因而造成了同一菌落中细胞间的差异。

由上可知，细菌菌落形态是细胞表面状况、排列方式、代谢产物、好气性和运动性的反映，并受培养条件，尤其是培养基成分的影响；培养时间的长短也影响菌落应有特征的表现，观察时务必注意。一般细菌需要培养 3～7d 甚至 10d 观察，同时还应选择分布比较稀疏处的单个菌落观察。

② 在半固体培养基中的群体形态　纯种细菌在半固体培养基上生长时，会出现许多特有的培养性状，因此对菌种鉴定十分重要。半固体培养法通常把培养基灌注在试管中，形成高层直立柱，然后用穿刺接种法接入试验菌种。若用明胶半固体培养基试验，还可根据明胶柱液化层中呈现的不同形状来判断某细菌是否有蛋白酶产生和某些其他特征；若使用的是半固体琼脂培养基，则从直立柱表面和穿刺线上细菌群体的生长状态和有无扩散现象来判断该菌的运动能力和其他特性。无鞭毛细菌和有鞭毛细菌在半固体培养基上的群体形态如图 1-18。

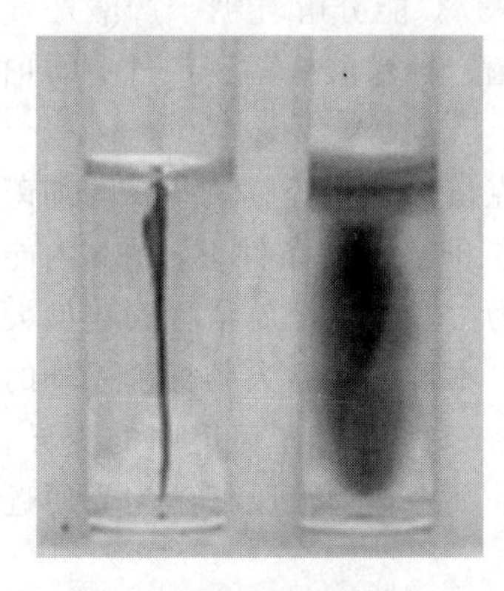

图 1-18 半固体培养基上的细菌群体形态

③ 在液体培养基中的群体形态　细菌在液体培养基中生长，因菌种及需氧性等的影响表现出不同的特征。当菌体大量增殖时，有的形成均匀一致的浑浊液；有的形成沉淀；有的形成菌膜漂浮在液体表面；有些细菌在生长时还可同时产生气泡、酸、碱和色素等。不同细菌在液体培养基中的生长如图 1-19。

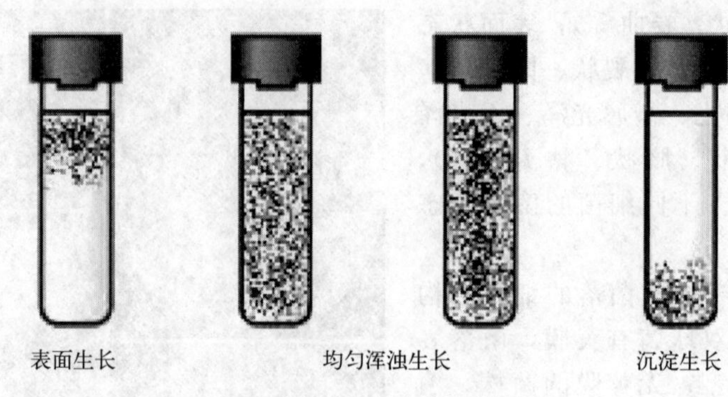

图 1-19　不同细菌在液体培养基的生长

5. 食品中常见细菌

(1) 乳酸菌　乳酸菌（lactic acid bacteria，LAB）：一类能利用可发酵碳水化合物产生大量乳酸的细菌的统称。这类细菌在自然界分布极为广泛，具有丰富的物种多样性，至少包含 18 个属，共 200 多种。除极少数外，其绝大部分都是人体内必不可少的且具有重要生理功能的菌群，广泛存在于人体的肠道中。乳酸菌不仅是研究分类、生化、遗传、分子生物学和基因工程的理想材料（在理论上具有重要的学术价值），而且在工业、农牧业、食品和医药等与人类生活密切相关的重要领域具有极高的应用价值。

乳酸菌是发酵糖类，主要产物为乳酸的一类无芽孢、革兰氏染色阳性细菌，其包含许多种属。大多数乳酸菌不运动，少数以周毛运动，菌体常排列成链。乳酸链球菌族，菌体球状，通常成对或成链。乳酸杆菌族，菌体杆状，单个或成链，有时成丝状，产生假分枝。普通的乳酸菌，活力极弱，它们只能在相对受限制的环境中存活，一旦脱离这些环境，其自身就会遭到灭亡。从分类上而言，乳酸菌作为真细菌纲目中的乳酸细菌科，形态上可分成球菌、杆菌。其中，球形乳酸菌包括链球菌、明串珠菌属、片球菌；杆状菌包括乳杆菌、双歧杆菌等。从生长温度上而言，可分成高温型、中温型。从发酵类型而言，可分成同型发酵、异型发酵。从来源上分，大体上可分为动物源乳酸菌和植物源乳酸菌。

(2) 大肠菌群　大肠菌群并非细菌学分类命名，而是卫生细菌领域的用语，它不代表某一个或某一属细菌，而指的是具有某些特性的一组与粪便污染有关的细菌。这些细菌在生化及血清学方面并非完全一致，其定义为：需氧及兼性厌氧、在 37℃ 能分解乳糖、产酸产气的革兰氏阴性无芽孢杆菌。一般认为该菌群细菌可包括大肠杆菌、柠檬酸杆菌、产气克雷伯菌和阴沟肠杆菌等。

大肠菌群主要包括肠杆菌科中埃希菌属、柠檬酸杆菌属、克雷伯菌属等。这些属的细菌均来自人和温血动物的肠道，需氧与兼性厌氧，不形成芽孢；在 35～37℃ 条件下，48h 内能发酵乳糖、产酸产气的革兰氏阴性菌。大肠菌群中以埃希菌属为主，埃希菌属俗称为典型大肠杆菌。大肠菌群都是直接或间接地来自人和温血动物的粪便。本群中典型大肠杆菌以外的菌属，除直接来自粪便外，也可能来自典型大肠杆菌排出体外 7～30d 后在环境中的变异。所以食品中检出大肠菌群表示食品受人和温血动物的粪便污染，其中典型大肠杆菌为粪便近期污染，其他菌属则可能为粪便的陈旧污染。

(3) 金黄色葡萄球菌　金黄色葡萄球菌也称“金葡菌”，隶属于葡萄球菌属，是革兰氏阳性菌的代表，为一种常见的食源性致病性微生物。该菌最适宜生长温度为 37℃，pH 为 7.4，耐高盐，可在盐浓度接近 10% 的环境中生长。金黄色葡萄球菌常寄生于人和动物的皮肤、鼻腔、咽喉、肠胃、化脓疮口中，空气、污水等环境中也无处不在。

金黄色葡萄球菌形态为球形，在培养基中菌落特征表现为圆形，菌落表面光滑，颜色为无色或者金黄色，无扩展生长特点，将金黄色葡萄球菌培养在哥伦比亚血平板中，在光下观察菌落会发现周围产生了透明的溶血圈。金黄色葡萄球菌在显微镜下排列成葡萄串状，金黄色葡萄球菌无芽孢、鞭毛，大多数无荚膜。该菌是常见的引起食物中毒的致病菌，常见于皮肤表面及上呼吸道黏膜。

三、放线菌的形态、构造和特征

1. 放线菌的形态和构造

放线菌是一类呈菌丝状生长、以无性孢子繁殖的革兰氏阳性单细胞原核微生物，是介于细菌与霉菌之间的一类微生物，因在固体培养基上菌落呈放射状而得名。

放线菌多为腐生，少数寄生，与人类关系十分密切。腐生型在自然界物质循环中起着相当重要的作用，而寄生型可引起人、动物、植物的疾病。这些疾病可分为两大类，一类是放线菌病，由一些放线菌所引起，如马铃薯疮痂病、动物皮肤病、肺部感染、脑膜炎等；另一类为诺卡氏菌病，由诺卡氏菌引起的人畜疾病，如皮肤病、肺部感染、足菌病等。此外，放线菌具有特殊的土霉味，易使水和食品变味。有的能破坏棉毛织品、纸张等，给人类造成经济损失。只要掌握了有关放线菌的知识，充分了解其特性，就可控制、利用和改造它们，使之更好地为人类服务。放线菌在光学显微镜下的菌丝体如图 1-20。

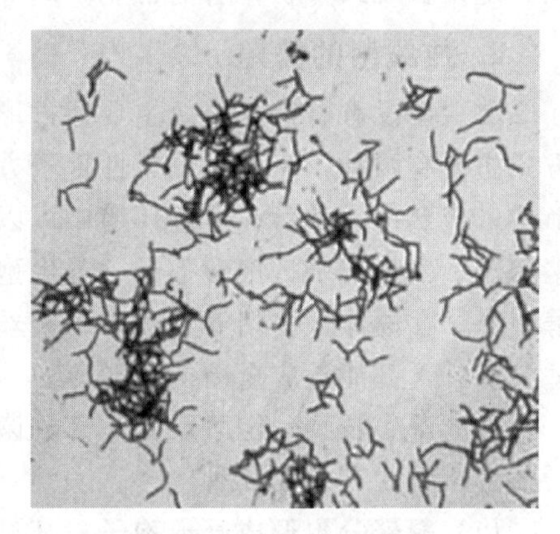

图 1-20　放线菌

放线菌菌体结构多为无隔的单细胞菌丝结构，大多数放线菌菌体由分枝发达的菌丝组成，其菌丝直径与细菌相似，小于 1μm。根据菌丝的形态和功能可将菌丝分为营养菌丝、气生菌丝、孢子丝三种。其中只有典型的放线菌（如链霉菌属）具有气生菌丝，原始的放线菌属则没有。放线菌菌丝结构见图 1-21。

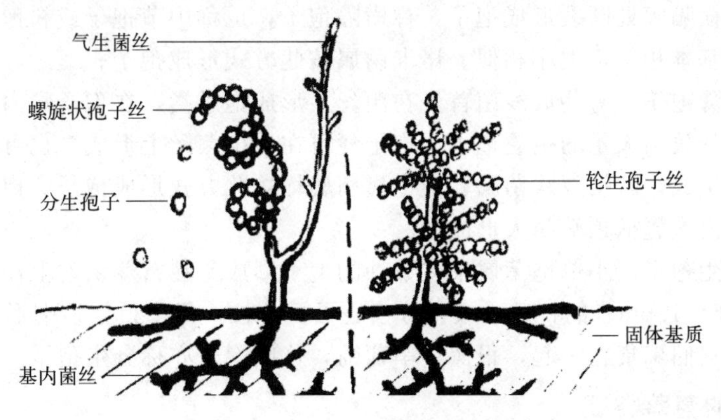

图 1-21　放线菌的菌丝结构

(1) 营养菌丝　营养菌丝，又称基内菌丝，通常生长在培养基内部或紧贴培养基表面，类似于植物的根，主要功能是吸收营养和水分。有的营养菌丝无色，有的则产生水溶性或脂溶性色素，形成不同的颜色，可作为菌种鉴定的重要依据。放线菌中多数种类的营养菌丝无隔膜、不断裂，如链霉菌属和小单孢菌属；但有一类放线菌，如诺卡氏菌型放线菌的营养菌丝生长一定时间后形成横隔膜，随后断裂成球状或杆状小体。

(2) 气生菌丝 气生菌丝是营养菌丝发育到一定阶段，向培养基外部空间伸展的菌丝，直线形或弯曲枝，有分枝，在显微镜下观察时，气生菌丝颜色较深，直径比营养菌丝要粗，分布在菌落表面。不同种类的放线菌，气生菌丝的发达程度也不相同，有些放线菌气生菌丝发达，有些则稀疏，还有的种类无气生菌丝。

(3) 孢子丝 孢子丝是气生菌丝发育到一定程度，分化出的可发育成孢子的菌丝。放线菌孢子丝的形态多样，有直线形、波曲状、钩状、螺旋状、轮生等多种，是放线菌鉴定的重要标志之一。孢子丝发育到一定阶段分化为孢子。孢子形态多样，如圆形、椭圆形、杆状、圆柱状、瓜子状、梭状和半月状等。不同孢子带有不同的色素，使孢子呈现出不同的颜色。孢子表面的纹饰因种而异，在电子显微镜下清晰可见，有的光滑，有的褶皱状、疣状、刺状、毛发状或鳞片状，有的带刺，刺又有粗细、大小、长短和疏密之分。

2. 放线菌的繁殖

放线菌没有有性繁殖，主要通过形成无性孢子的方式进行无性繁殖。放线菌的无性繁殖方式主要有两种：一种是以无性孢子方式进行无性繁殖，这是自然界中放线菌繁殖的最主要形式，成熟孢子散落在适宜环境中可以重新萌发形成新的营养体，常见的无性孢子主要有凝聚孢子、横隔孢子、孢囊孢子、分生孢子、厚垣孢子等；另一种是菌丝断裂，常见于工业发酵生产，在液体振荡培养过程中，菌丝在外力作用下发生折断，而每个脱落的菌丝片段，在适宜条件下都能长成全新的菌丝体。

放线菌生长到一定阶段，一部分菌丝形成孢子丝，孢子丝成熟后分化形成许多孢子。孢子的形成方式有以下几种：

(1) 凝聚分裂形成凝聚孢子 其过程是孢子丝孢壁内的原生质围绕核物质，从顶端向基部逐渐凝聚成一串体积相等或大小相似的小段，然后小段收缩，并在每段外面产生新的孢子壁而成为圆形或椭圆形的孢子。孢子成熟后，孢子丝壁破裂释放出孢子。多数放线菌按此方式形成孢子，如链霉菌孢子的形成多属此类型。

(2) 横隔分裂形成横隔孢子 其过程是单细胞孢子丝长到一定阶段，首先在其中产生横隔膜，然后，在横隔膜处断裂形成孢子，称横隔孢子，也称中节孢子或粉孢子。一般呈圆柱形或杆状，体积基本相等，大小相似。诺卡菌属按此方式形成孢子。

(3) 形成孢囊孢子 有些放线菌首先在菌丝上形成孢子囊，在孢子囊内形成孢子，孢子囊成熟后破裂，释放出大量的孢囊孢子。孢子囊可在气生菌丝上形成，也可在营养菌丝上形成，或二者均可生成。游动放线菌属和链孢囊菌属均按此方式形成孢子。孢子囊可由孢子丝盘绕形成，有的由孢囊柄顶端膨大形成。

(4) 形成分生孢子 小单孢菌属中多数种的孢子形成是在营养菌丝上作单轴分枝，基上再生出直而短（5～10pm）的特殊分枝，分枝还可再分枝，每个枝杈顶端形成球形、椭圆形或长圆形孢子，它们聚集在一起，很像一串葡萄，这些孢子亦称分生孢子。

3. 放线菌的菌落特征

放线菌在固体培养基上可形成与细菌不同的菌落。放线菌菌丝相互交错缠绕形成质地致密的小菌落，干燥、不透明、难以挑取，当大量孢子覆盖于菌落表面时，就形成表面为粉末状或颗粒状的典型放线菌菌落，放线菌的菌落如图 1-22。由于营养菌丝、气生菌丝和孢子常有较大颜色差异，使得菌落的正反面呈现出不同的色泽，细胞之间丝状交织，形态特征细而均匀，生长速度缓慢，常带有泥腥味。放线菌总的特征介于霉菌和细菌之间，根据菌种的不同分为两大类：

图 1-22　放线菌的菌落

① 由产生大量分枝和气生菌丝的菌种所形成的菌落。链霉菌的菌落是这类型的代表。

链霉菌菌丝较细，生长缓慢，分枝多而且相互缠绕，故形成的菌落质地致密、表面呈较紧密的绒状或坚实、干燥、多皱，菌落较小而不蔓延；营养菌丝长在培养基内，所以菌落与培养基结合较紧，不易挑起或挑起后不易破碎。当气生菌丝尚未分化成孢子丝以前，幼龄菌落与细菌的菌落很相似，光滑或如发状缠结，有时气生菌丝呈同心环状。当孢子丝产生大量孢子并布满整个菌落表面后，才形成絮状、粉状或颗粒状的典型的放线菌菌落。有些种类的孢子含有色素，使菌落正面或背面呈现不同颜色。

② 由不产生大量菌丝体的菌种形成，如诺卡菌的菌落，黏着力差，结构呈粉质状，用针挑起则粉碎。

若将放线菌接种于液体培养基内静置培养，能在瓶壁液面处形成斑状或膜状菌落，或沉降于瓶底而不使培养基浑浊；如以振荡培养，常形成由短的菌丝体所构成的球状颗粒。

4. 放线菌的代表属

(1) 链霉菌属　链霉菌属种类众多，据统计目前发现共 1000 多种，其中 50%以上的都能产生抗生素。它们具有发达的菌丝结构，菌丝体呈分枝状，无横隔，直径 0.4～1μm，长短不一，多核。菌丝体有营养菌丝、气生菌丝和孢子丝之分，孢子丝再形成分生孢子。孢子丝和孢子的形态因种而异，这是链霉菌属分种的主要识别性状之一。

链霉菌主要生长在含水量较低、通气较好的土壤中，是抗生素主要生产菌。常用的抗生素如链霉素、土霉素，抗肿瘤的博来霉素、丝裂霉素，抗真菌的制霉菌素，抗结核的卡那霉素等，均来源于链霉菌的次级代谢产物。

(2) 诺卡菌属　诺卡菌属又名原放线菌属，在培养基上形成典型的菌丝体，剧烈弯曲如树根或不弯曲，具有长菌丝。此属中多数种无气生菌丝，只有营养菌丝，以横隔分裂方式形成孢子。这个属的特点是在培养 15h 至 4d 内，菌丝体产生横隔膜，分枝的菌丝体突然全部断裂成长短近于一致的杆状或球状体或带杈的杆状体。每个杆状体内至少有一个核，因此可以复制并形成新的多核的菌丝体。孢子丝直线形、个别种呈钩状或螺旋状，具横隔膜。以横隔分裂形成孢子，孢子杆状、柱形两端截平或椭圆形等。诺卡菌属部分种可用于产生抗生素、污水处理和烃类发酵。

(3) 小单孢菌属　小单孢菌属无气生菌丝，有孢子梗，部分种能产抗生素。菌丝纤细，直径 0.3～0.6μm，无横隔，不易断裂，菌丝体侵入培养基内形成营养菌丝，但不形成气生菌丝。在菌丝上会长出孢子梗，并着生孢子。该属 30 多种，也是产抗生素较多的一个属，庆大霉素、利福霉素等抗生素由该属放线菌生成。

(4) 放线菌属　放线菌属多为致病菌，该属只有营养菌丝，无气生菌丝和孢子，属厌氧或兼性厌氧菌，直径小于 1μm，有横隔，断裂成“V”形或“Y”形。放线菌属生长对环境营养要求较高，通常要在培养基中加放血清或心、脑浸汁等进行培养。

(5) 链孢囊菌属　链孢囊菌属主要特点是形成孢子囊和不游动的孢囊孢子。该属菌的营养菌体分枝丰富，但横隔稀少，直径 0.5～1.2μm，气生菌丝成丛、散生或同心环排列。现发现该属包括 15 种以上，部分能产抗生素。多霉素、绿菌素、西伯利亚霉素等抗生素由该属放线菌生产。

四、酵母菌的形态、构造和特征

真核微生物是具有完整细胞核结构、能进行有丝分裂、在细胞质中存在线粒体等细胞器的微生物。酵母菌是一群单细胞的真核微生物，是最简单的真核细胞微生物之一，在细胞形态上与细菌相似，但结构较细菌复杂，生物学特点表现为典型真核微生物特点。酵母菌是个通俗名称，是以芽殖或裂殖来进行无性繁殖的单细胞真菌的通称，以与霉菌区分开，极少数种可产生子囊孢子进行有性繁殖。酵母菌主要分布在含糖质较高的偏酸性环境，如各种水果的表皮、发酵的果汁、蔬菜、花蜜、植物叶面、菜园果园土壤和酒曲中。

酵母菌与人类生活有密切关系。可以说酵母菌是人类的“第一家养微生物”。千百年来，人类几乎天天离不开酵母菌，如酒类生产、面包制作、酒精和甘油发酵、石油及油品的脱蜡等。有的酵母菌含有大量蛋白质，用于制作单细胞蛋白（SCP）作为饲料和食物添加剂。此外还可从酵母菌体中提取核酸、麦角甾醇、辅酶 A、细胞色素 C、维生素等多种生物活性物质。近年来，基因工程中酵母菌还用作表达外源性蛋白质功能的优良“工程菌”。腐生型酵母菌能使食物、纺织品和其他原料腐败变质；少数耐高渗的酵母菌和鲁氏酵母、蜂蜜酵母可使蜂蜜和果酱等败坏；有的酵母菌是发酵工业的污染菌，影响发酵的产量和质量；少数酵母菌是人或一些动物的病原菌，引起疾病，如白假丝酵母，又称白念珠菌，可引起呼吸道、消化道及泌尿系统等多种疾病。

1. 酵母菌的形态和大小

大多数酵母菌为单细胞，细胞的形态多种多样，一般有卵圆形、圆形、圆柱形、柠檬形或假丝状，见图 1-23。假丝状是指有些酵母菌的细胞进行一连串的芽殖后，长大的子细胞与母细胞不分离，彼此连成藕节状或竹节状的细胞串，形似霉菌菌丝，为了区别于霉菌的菌丝，称之为假菌丝（图 1-24）。酵母菌细胞的大小依其种类差别很大，一般长 5～30μm、宽 1～5μm，比细菌大几倍至几十倍。酵母菌的形状与大小可因培养条件及菌龄不同而改变，如一般的成熟的细胞大于幼龄细胞、液体培养的细胞大于固体培养的细胞。

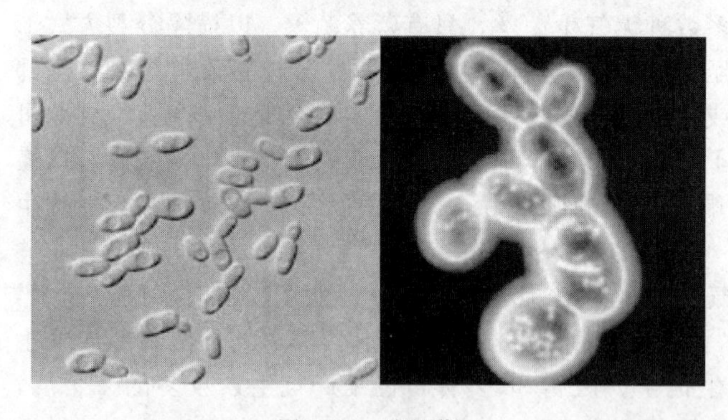

图 1-23　酵母菌

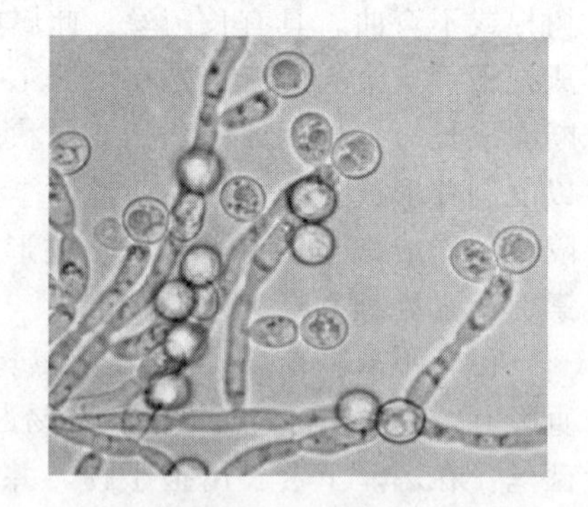

图 1-24　假丝酵母

2. 酵母菌的细胞结构

酵母菌的细胞结构（图 1-25）与其他真菌的细胞构造基本相同，主要有细胞壁、细胞膜、细胞核、细胞质及内含物。

（1）细胞壁 厚约25nm，结构坚韧，主要成分为“酵母纤维素”，呈三明治状，外层为甘露聚糖，内层为葡聚糖，中间夹着一层蛋白质（包括多种酶，如葡聚糖酶、甘露聚糖酶等）。葡聚糖与细胞膜相邻，是细胞壁的主要成分，葡聚糖是赋予细胞壁机械强度的主要成分。在芽痕周围还有少量几丁质成分。

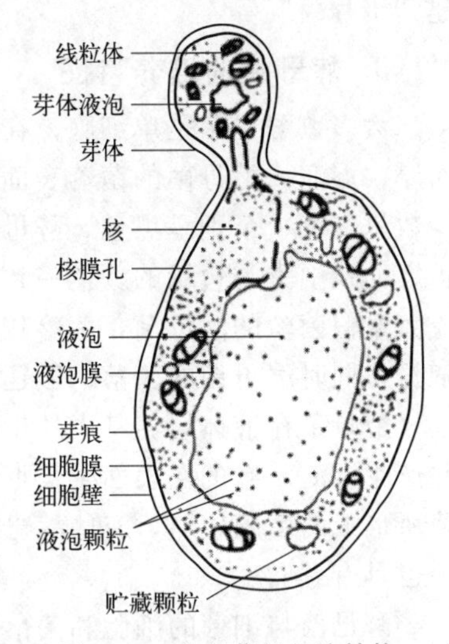

图1-25 酵母菌的细胞结构

（2）细胞膜 主要成分是蛋白质（约占干重的50%）、类脂（约占40%）和少量糖类。细胞膜是由上下两层磷脂分子及嵌入其间的甾醇和蛋白质分子所组成的。磷脂的亲水部分排在膜的外侧，疏水部分则排在膜的内侧。酵母菌细胞膜上所含的各种甾醇中，尤以麦角甾醇居多。它经紫外线照射后，可形成维生素D。据报道，发酵酵母所含的总甾醇量可达细胞干重的22%，其中麦角甾醇达细胞干重的9.66%。季氏毕赤酵母、酿酒酵母、卡尔斯伯酵母、小红酵母、戴氏酵母等也含有较多的麦角甾醇。

（3）细胞质及内含物 酵母菌同其他真核生物一样，细胞质主要是胶状物质，其中存在多种有特定结构和功能的细胞器和内含物，如核糖体、线粒体、内质网、高尔基体、液泡等。

① 核糖体：酵母菌的核糖体沉降系数为80S，由60S和40S两个亚基构成。它游离在细胞质中或附着在内质网上。

② 线粒体：多为球状或杆状，一般位于核膜及中心体的表面，直径为0.5～1μm，最长可达2μm，双层膜包围，内膜内陷为脊。其主要成分为脂类、蛋白质、少量RNA和环状DNA。线粒体中的DNA可自主复制，不受核染色体控制，决定着线粒体的某些遗传性状。线位体还是真核生物进行氧化磷酸化的中心，ATP形成的主要场所。

③ 内质网：分布在整个细胞中的由膜构成的管道和网状结构，常与核膜或细胞膜相连在一起。内质网具有进行物质传递的功能，另外还参与合成蛋白质和脂类，其合成的脂类除满足自身需要外，还提供给高尔基体、线粒体、质膜等膜性细胞结构。

④ 液泡：单层膜包裹的囊泡物，其中含有水、有机酸、无机盐、水解酶类及一些贮藏颗粒（如肝糖粒、脂肪粒、异染颗粒等）。液泡常在细胞发育后期出现，随着菌龄的增长而逐渐增大，其大小可作为衡量细胞成熟的标志。液泡的主要功能是贮藏营养物和水解酶类，参与细胞质进行物质交换，调节细胞渗透压等。

（4）细胞核 酵母菌具有真核，由多孔核膜包裹。相差显微镜可观察细胞核，碱性品红或吉姆萨染色法对固定的酵母细胞进行染色，还可观察到核内的染色体（其数目因种而不同）。酵母细胞核是其遗传信息的主要储存库，在酿酒酵母的核中存在着17条染色体。其基因序列已测出，大小为12.052Mb，有6500个基因，是第一个测出的真核生物基因组序列。

单倍体酵母细胞中DNA的分子质量为1×10^{10}Da，人细胞中DNA的分子质量比其高100倍，其只比大肠杆菌大10倍，因此很难在显微镜下加以观察。在酵母菌的线粒体、“2μm质粒”及线状质粒中也含有DNA。酵母菌线粒体DNA为一环状分子，分子质量为5.0×10^{7}Da，比高等动物的大5倍，占细胞总DNA含量的15%～23%，其复制可相对独立。2μm质粒是1967年在酿酒酵母中发现的，为闭合环状超螺旋DNA分子，长约2μm（6kb），每个细胞含60～100个，占总DNA含量的3%，可作为外源DNA片段载体，以组建"工程菌"等。

3. 酵母菌的培养特征

大多数酵母菌是单细胞，在固体培养基上形成的菌落形态特征与细菌相似，但比细菌大而厚，湿润。酵母菌的菌落表面光滑，多数不透明，黏稠，菌落颜色单调，多数呈乳白色，少数呈红色，个别呈黑色。酵母菌生长在固体培养基表面，容易用针挑起，菌落质地均匀，正反面及中央与边缘的颜色一致。不产生假菌丝的酵母菌菌落更加隆起，边缘十分圆整；形成大量假菌丝的酵母菌，菌落较平坦，表面和边缘粗糙。酵母菌菌落特征是分类鉴定的重要依据，同时酵母菌的菌落一般还会散发出一股悦人的酒香味。

酵母菌在液体培养基中的生长情况也不相同，有的在液体中均匀生长，有的在底部生长并产生沉淀，有的在表面生长形成菌膜。菌膜的表面状况及厚薄也不相同，有假菌丝的酵母菌所形成的菌膜较厚，有些酵母菌所形成的菌膜很薄，干而皱。菌膜的形成与特征对分类鉴定也具有意义。

酵母菌与细菌的细胞和菌落特征比较详见表1-4。

表1-4 酵母菌与细菌的细胞和菌落特征

特征	酵母菌	细菌
细胞形态	多为单细胞，球形、椭圆形等，有的有假菌丝	单细胞，呈球形、杆状等
细胞大小	细胞直径或宽度为1～5μm，长度为5～30μm	细胞直径或宽度为0.3～0.6μm
菌落形态	较大，厚，光滑，黏稠，易挑起，乳白色，少数红色	一般为易挑起的单细胞菌落，有各种颜色，表面特征各异
繁殖方式	一般为芽殖，少数为裂殖，有的产子囊孢子	一般为裂殖
细胞结构	具有完整的细胞核、线粒体和内质网等； 核糖体为80S； 细胞壁主要是葡聚糖和甘露聚糖等	只有拟核，无线粒体、内质网等； 核糖体为70S； 细胞壁主要是肽聚糖和脂多糖等
生长pH	偏酸性	中性偏碱
气味	多带酒香味	一般有臭味

4. 酵母菌的繁殖和生活史

酵母菌具有无性繁殖和有性繁殖两种繁殖方式，大多数酵母菌以无性繁殖为主（表1-5）。无性繁殖包括芽殖、裂殖和产生无性孢子，有性繁殖主要是产生子囊孢子。繁殖方式对酵母菌的鉴定极为重要。

表1-5 酵母菌的繁殖方式

繁殖类型	繁殖方式	繁殖特点
无性繁殖	芽殖：单端芽殖、两端芽殖、三边芽殖、多边芽殖	在成熟的酵母细胞上长出芽体，并生长发育形成新的个体
	裂殖	细胞伸长，核分裂为二，然后细胞中央出现隔膜，将细胞横分为两个相等大小的、各具有一个核的子细胞
	无性孢子：掷孢子、厚垣孢子、节孢子、分生孢子	在卵圆形的营养细胞上生出的小梗上形成的。孢子成熟后，通过一种特有的喷射机制将孢子射出
有性繁殖	有性孢子：子囊孢子	经体细胞融合形成子囊，子囊内的二倍体细胞核经减数分裂形成子囊孢子

(1) 无性繁殖

① 芽殖：芽殖是酵母菌最常见的一种无性繁殖方式。当酵母细胞成熟时，先由细胞表面产生一个小芽，接着母细胞的细胞核伸长并分裂成两个核，其中一个留在母细胞内，另一个进入小芽中，小芽长大后即自行脱落，如此循环往复进行出芽生殖。子代新酵母细胞从母细胞上脱落后可在母细胞上留下一个芽痕。酵母菌的芽殖方式有四种：单端芽殖、两端芽殖、三边芽殖和多边芽殖。

如果在适宜条件，酵母菌生长又旺盛的情况下，酵母菌出芽形成的子细胞尚未脱离母细胞前，又在子细胞上长出新的芽体，如此继续出芽，可形成串生细胞称假菌丝，有的酵母菌可以形成极为发达的假菌丝，如产朊假丝酵母。酵母菌出芽过程见图 1-26。

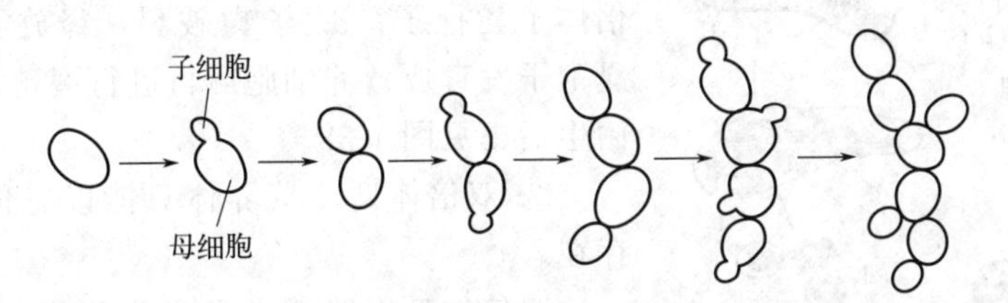

图 1-26 酵母菌的出芽过程

② 裂殖：在裂殖酵母属中，当酵母细胞的径间出现横隔之后，就会横向裂开形成两个细胞（图 1-27），同时形成芽痕，然后逐渐在原细胞和新长出的细胞间留下一道环状的瘢痕。伸长的母细胞和新生长的细胞随后又裂殖，长出新细胞，这种自我重复的过程，使得原细胞上新的痕圈不断叠加，这是少数种类酵母菌进行的无性繁殖方式。

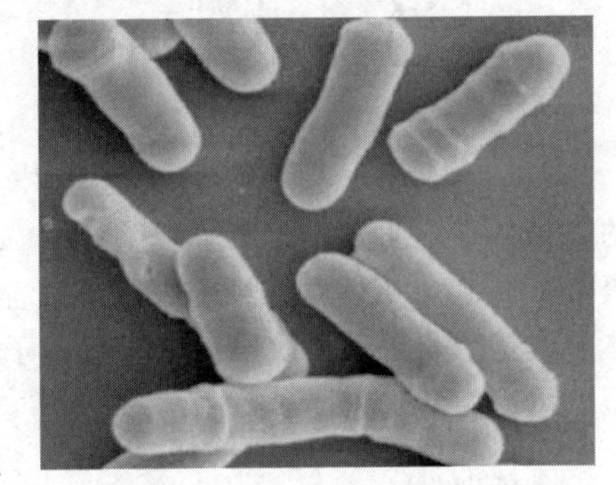

图 1-27 酵母菌的裂殖示意图

③ 产生无性孢子：少数酵母菌如掷孢酵母属可以产生无性孢子。此类酵母菌可在卵圆形营养细胞上生出小梗，其上产生掷孢子。掷孢子成熟后通过特有的喷射机制射出。用倒置培养器培养掷孢酵母时，器盖上会出现掷孢子发射形成的酵母菌落的模糊镜像。有的酵母菌如白假丝酵母等还能在假菌丝的顶端产生具有厚壁的厚垣孢子。

(2) 有性繁殖 通过形成子囊和子囊孢子的方式进行有性繁殖。它包括质配和核配阶段及子囊孢子的形成阶段。

① 质配和核配 酵母菌生长发育到一定阶段，分化出不同性别的两种细胞，邻近的两个性别不同的细胞各自伸出一根管状的原生质突起，随即相互接触，局部融合并形成一个通道，完成质配，形成异核体。随后两个核便在接合子中融合，形成二倍体核，完成核配。二倍体在融合管垂直方向上生出芽体，二倍体核移入芽内，芽体从融合管上脱落形成二倍体细胞。它们可进行多代营养生长繁殖，形成二倍体的细胞群。二倍体细胞大，生命力强，故发酵工业中多采用二倍体酵母细胞。

② 子囊孢子的形成 通常当二倍体细胞移入营养贫乏的产孢培养基后，细胞便停止营养生长而进入繁殖阶段，营养细胞体转变成子囊。囊内的核通过减数分裂，最终形成 4 个或 8 个子核，每个子核与其附近的原生质一起，在其表面形成一层孢子壁后就形成子囊孢子。

(3) 酵母菌的生活史 生活史又叫生命周期，指上一代个体经一系列生长、发育阶段而产生下一代个体的全部过程。酵母菌的生活史可分为单倍体型、双倍体型和单双倍体型三种。

① 单倍体型　营养体只以单倍体（n）形式存在。

单倍体型以八孢裂殖酵母为代表，其主要特点是：营养细胞为单倍体；无性繁殖以裂殖方式进行；二倍体阶段短暂，二倍体细胞不能独立生活，一经生成立刻进行减数分裂。

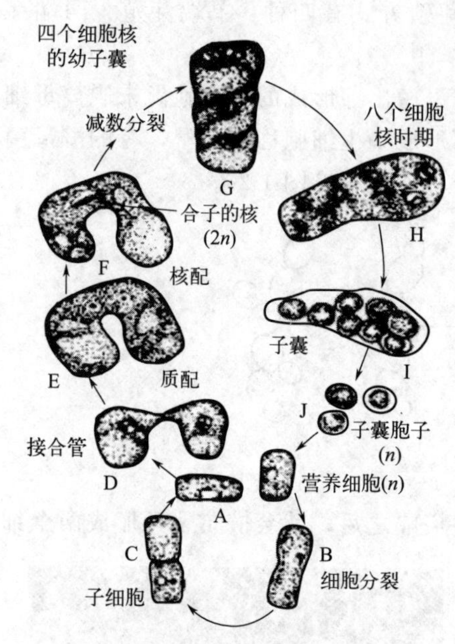

图 1-28　单倍体型酵母菌生活史

单倍体型酵母菌生活史：a. 单倍体营养细胞以裂殖方式进行无性繁殖；b. 两个性别不同的营养细胞接触后形成接合管，发生质配、核配，形成二倍体；c. 二倍体核染色体迅速进行 3 次分裂，第一次为减数分裂，接着再进行两次有丝分裂，形成 8 个单倍体子囊孢子；d. 子囊破裂，释放子囊孢子，待子囊孢子发育成营养细胞后再进行裂殖。单倍体型酵母菌生活史见图 1-28。

② 双倍体型　营养体只能以二倍体（$2n$）形式存在。

双倍体型以路德类酵母为代表，其主要特点是：营养体为二倍体，以芽殖方式进行无性繁殖，二倍体阶段较长；单倍体的子囊孢子在子囊内发生接合；单倍体阶段仅以子囊孢子形式存在，不能进行独立生活。

双倍体型酵母菌生活史：a. 单倍体子囊孢子在孢子囊内成对接合，并发生质配、核配；b. 接合后的二倍体细胞萌发，穿破子囊壁；c. 二倍体的营养细胞可独立生活，通过芽殖方式进行无性繁殖；d. 在二倍体营养细胞内的核发生减数分裂，营养细胞成为子囊，其中形成 4 个单倍体子囊孢子。单倍体阶段仅以子囊孢子形式存在，不能进行独立生活，该阶段较短。双倍体型酵母菌生活史见图 1-29。

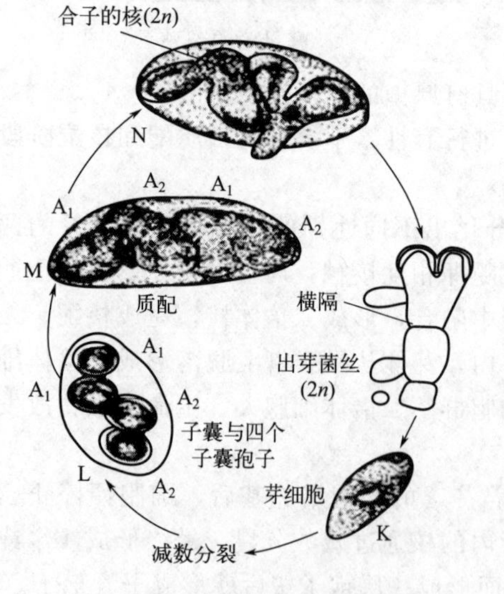

图 1-29　双倍体型酵母菌生活史

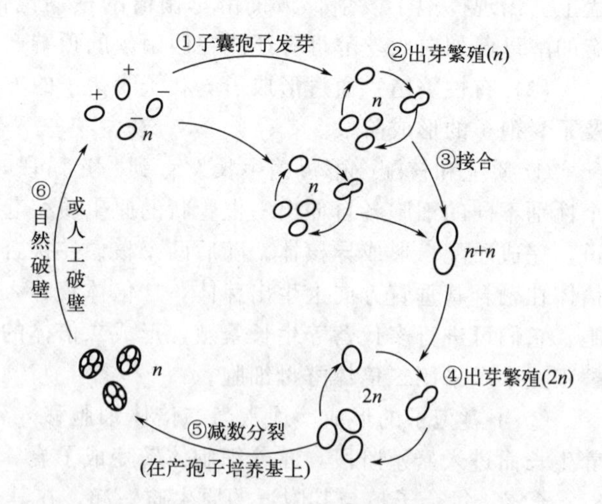

图 1-30　单双倍体型酵母菌生活史

③ 单双倍体型　营养体既可以单倍体（n）还可以二倍体（$2n$）形式存在。

单双倍体型以啤酒酵母为代表，其主要特点是：单倍体营养细胞和双倍体营养细胞均可进行芽殖；营养体既可以单倍体形式存在，也可以二倍体形式存在；在特定条件下进行有性繁殖；单倍体和双倍体两个阶段同等重要，形成世代交替。

单双倍体型酵母菌生活史：a. 子囊孢子在适宜的条件下萌发产生单倍体营养细胞；b. 单倍体营养细胞不断进行出芽繁殖；c. 两个性别不同的营养细胞彼此接合，发生质配、核配，形成二倍体营养细胞；d. 二倍体营养细胞不会立即进行减数分裂，而是不断进行出芽繁殖；在特定条件下，二倍体营养细胞转变成子囊，二倍体核染色体进行减数分裂，形成4个子囊孢子；e. 子囊经自然破壁或人工破壁的方式释放出单倍体子囊孢子。单双倍体型酵母菌生活史见图1-30。

单倍体和二倍体营养细胞均可以进行出芽繁殖，但二倍体营养细胞体积相对较大，生命力更强，广泛地应用于工业生产、科学研究和遗传工程实践。

5. 酵母菌的代表属

（1）酵母属 细胞为圆形、椭圆形或腊肠型。没有真菌丝，有的有假菌丝，无性繁殖为芽殖，有性繁殖为形成子囊孢子。种类较多，主要有啤酒酵母和葡萄汁酵母。啤酒酵母广泛应用于啤酒、白酒、果酒的酿造和面包的生产；葡萄汁酵母能将棉籽糖全部发酵，可作为饲料和药用。

（2）裂殖酵母属 细胞为椭圆形或圆柱形。无性繁殖为裂殖，有性繁殖为营养细胞接合形成子囊，具有酒精发酵的能力，代表种为粟酒裂殖酵母，最早分离自非洲粟米酒，能使菊芋发酵产生酒精。

（3）假丝酵母属 细胞为圆形、卵形或长形，无性繁殖为多边芽殖。此属中有许多种具有酒精发酵的能力。有的菌种能利用农副产品或氢化合物生产蛋白质，可食用或用于饲料。

（4）球拟酵母属 细胞为球形、卵形或长圆形。无假菌丝，多边芽殖，有发酵力，能将葡萄糖转化为多元醇，为生产甘油的重要菌种，利用石油生产饲料酵母，代表种为白色球拟酵母。另外该属中有的种氧化烃类能力较强；有的种能生产有机酸、酯等，有的菌株蛋白质含量高，可作饲料；也有的种是致病的，可侵入人的肠道。

（5）掷孢酵母属 属于担子菌亚门，冬孢菌纲，黑粉菌目，掷孢酵母科。它们的孢子是由卵圆形的营养细胞生出的小突起形成的，然后由一种机制有力地射出，故此而得名。

（6）红酵母属 细胞为圆形、卵形或长形，多边芽殖，多数种类没有假菌丝。其特点是，有明显的红色或黄色色素，红酵母菌没有酒精发酵的能力，常污染食品，少数种类为致病菌。

五、霉菌的形态、构造和特征

霉菌是真菌的一种，是常见的真核微生物之一，以寄生或腐生方式生存，能形成分枝繁茂的菌丝体。在温暖潮湿的条件下，在有机质上大量生长繁殖，长出一些肉眼可见的绒毛状、絮状或蛛网状的菌落。

霉菌种类很多，常见的有根霉属、毛霉属、曲霉属和青霉属等。霉菌与人类关系密切，对人类既有利又有害。有利的是：食品工业利用霉菌制酱、制曲、制干酪等；发酵工业利用霉菌来生产酒精、有机酸（如柠檬酸、葡萄糖酸等）；医药工业利用霉菌生产抗生素（如青霉素、灰黄霉素、头孢菌素等）、酶制剂（淀粉酶、蛋白酶、纤维素酶等）、维生素、生物碱、真菌多糖等；在农业上利用霉菌发酵饲料，生产农药、植物生长刺激素等；此外，霉菌还可分解自然界中的淀粉、纤维素、木质素、蛋白质等复杂大分子有机物，使之变成葡萄糖等微生物能利用的物质，保证了生态系统中的物质循环。有害的是：大量霉菌可引起工农业产品霉变，使食品、粮食发生霉变，使纤维制品腐烂；很多霉菌也是植物主要的病原菌，引起各种植物传染病，如马铃薯晚疫病、稻瘟病等；还有些可引起动物和人的传染病，如皮肤癣病等；另有少部分霉菌可产生毒性很强的真菌毒素，如黄曲霉毒素。

1. 霉菌的形态和结构

(1) 菌丝和菌丝体 构成霉菌营养体的基本单位是菌丝。菌丝是一种管状的细丝，把它放在显微镜下观察，很像一根透明胶管，它的直径一般为 2～10μm，比细菌和放线菌的细胞粗几倍到几十倍。菌丝由坚硬的含壳多糖的细胞壁包被，内含有大量真核生物的细胞器。菌丝通过顶端生长进行延伸产生分枝，许多分枝的菌丝相互交织在一起形成微细的网状结构，称为菌丝体。霉菌的菌丝体无色透明或呈暗褐色至黑色，或呈鲜艳的颜色，甚至分泌出某种色素使基质染色，或分泌出有机物质而成结晶，附着在菌丝表面。

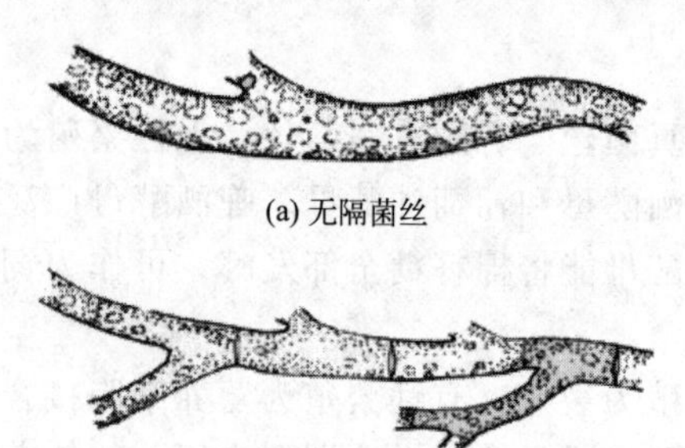

图 1-31 无隔菌丝和有隔菌丝

根据菌丝中是否存在隔膜，可把霉菌菌丝分成两种类型（图 1-31）：

① 无隔菌丝 菌丝中无隔膜，整团菌丝体就是一个单细胞，其中含有多个细胞核，在生长过程中只有核的分裂和原生质量的增加，没有细胞数目的增多，如毛霉、根霉等。

② 有隔菌丝 菌丝中有隔膜，被隔膜隔开的一段菌丝就是一个细胞，菌丝体由很多个细胞组成，每个细胞内有一个或多个细胞核。在隔膜上有一至多个小孔，使细胞之间的细胞质和营养物质可以相互运输，如木霉、青霉、曲霉等。

(2) 霉菌细胞结构 霉菌菌丝细胞的构造与酵母菌十分类似，基本结构为细胞壁、细胞膜、细胞质和细胞核。菌丝最外层为厚实、坚韧的细胞壁，紧贴细胞壁的是细胞膜，膜内由细胞质填充，其中包含细胞核、线粒体、核糖体、内质网、液泡等。霉菌菌丝细胞结构见图 1-32。

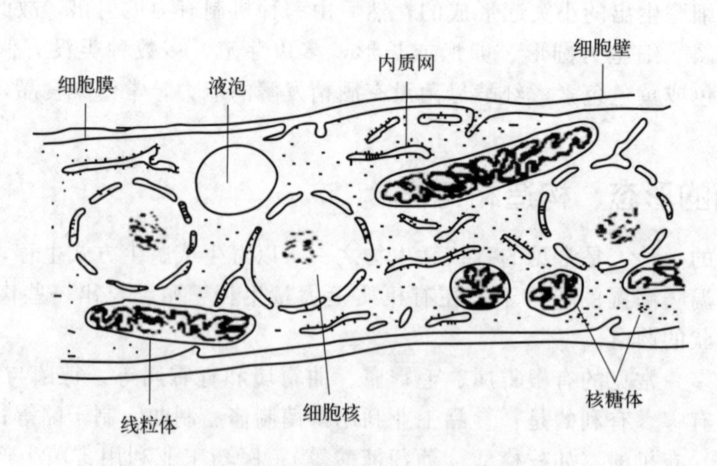

图 1-32 霉菌菌丝的细胞结构

① 细胞壁　霉菌细胞壁的功能与细菌相同，但是化学结构不同。霉菌细胞壁中不含有肽聚糖，除少数低等水生霉菌细胞壁含纤维素外，大部分霉菌细胞壁主要由几丁质组成。几丁质是由数百个 *N*-乙酰葡糖胺分子以 β-1,4-糖苷键连接而成的。几丁质和纤维素分别构成高等和低等霉菌细胞壁的网状微纤丝结构，微纤丝使细胞壁具有了坚韧的机械性能。组成真菌细胞壁的另一类成分主要为蛋白质、甘露聚糖和葡聚糖，它们填充于上述纤维状物质构成的网内或网外，充实细胞壁的结构。

② 细胞膜　霉菌的细胞膜与其他真核生物基本相同，为典型的单位膜结构，主要由蛋白质、磷脂组成的双分子层结构，其作用是对营养物质进行高度的选择性吸收。

③ 细胞质　为细胞膜包裹的一种无色透明、均质的黏稠胶体，主要成分是水、蛋白质、类脂、多糖、核糖体和少量的无机盐等。其内包含细胞核和多种细胞器，是菌体进行新陈代谢的主要场所。

④ 细胞核　霉菌细胞核具有完整的细胞核结构，个体较小，直径为 0.7～3μm，由核膜、核仁、染色体和核质组成。核膜上有核孔，能进行物质交换。

2. 霉菌的菌落特征

霉菌的菌落与放线菌菌落类似，由分枝状菌丝组成。霉菌的菌丝较粗而长，故形成的菌落疏松，表面干燥，不透明，呈绒毛状、絮状或蛛网状，不易挑取。霉菌的菌落比细菌的菌落要大，有的菌落可伸展到整个培养皿，有的则会受到一定的局限性，一般霉菌的菌落直径为 1～2cm 或更小。

由于霉菌形成的孢子有不同的形状、构造与颜色，所以菌落表面往往呈现肉眼可见的不同结构与色泽特征。有些菌丝的水溶性色素可分泌至培养基中，使得菌落背面呈现与正面不同的颜色。有些霉菌生长较快，处于菌落中心的菌丝菌龄较大，而生长在菌落边缘的菌丝则较为幼小，也可显示不同的特征。不同的霉菌其菌落的大小、颜色、形状、结构等特征有很大差别，可作为鉴别的依据。表 1-6 是霉菌与放线菌的菌落比较，可供参考。

表 1-6　霉菌与放线菌的菌落比较

比较项目	菌落外观	与培养基结合程度	生长速度	气味
霉菌	干燥，大而疏松，绒毛状、絮状或蛛网状	较牢固	一般较快	有霉味
放线菌	干燥，小而紧密，短丝状，坚实，多皱	牢固结合，不易挑取	慢	有泥腥味

3. 霉菌的繁殖和生活史

霉菌属于丝状真菌，有极强的繁殖能力，繁殖方式也呈现多样性。霉菌的繁殖方式包括无性繁殖和有性繁殖两种。无性繁殖又可分为菌丝片段繁殖和产生无性孢子繁殖；有性繁殖则是以产生有性孢子进行。

(1) 无性繁殖

① 菌丝片段　霉菌菌丝片段繁殖与放线菌的菌丝片段繁殖类似，主要应用工业发酵生产，缩短发酵周期。菌丝片段是指将霉菌菌丝打断后，任一片段在适宜条件下都能发展成新的营养个体。

② 无性孢子　霉菌的无性孢子是直接由营养细胞的分裂或营养菌丝的分化而形成新个体的过程，分化过程中不经过两性细胞的配合和有丝分裂，是霉菌无性繁殖的主要形式。常见的无性孢子包括孢囊孢子、分生孢子、节孢子和厚垣孢子等。

a. 孢囊孢子　由于孢子生于孢子囊内，故称孢囊孢子，属于内生孢子。在孢子形成时，

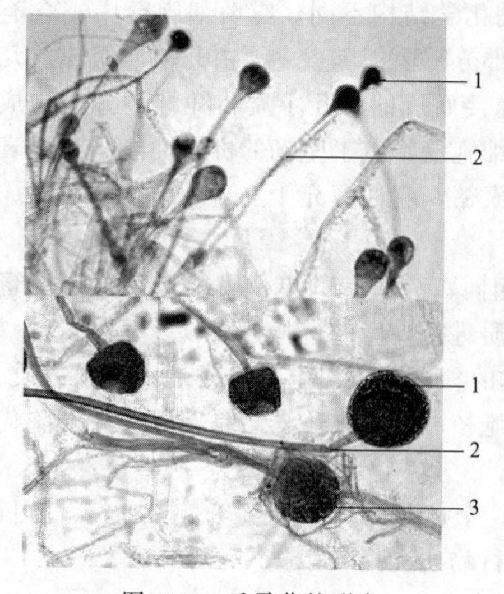

图 1-33　毛霉菌的形态

1—孢子囊；2—孢囊梗；3—孢囊孢子

气生菌丝或孢囊梗顶端膨大，并在下方生出横隔与菌丝分开而形成孢子囊。孢子囊逐渐长大，然后在囊中形成许多核，每一个核与细胞质结合并产生孢子壁，形成孢囊孢子。原来膨大的细胞壁就成为孢囊壁。带有孢子囊的梗叫作孢囊梗，孢囊梗伸入孢子囊中的部分叫囊轴或中轴。孢子囊成熟后破裂释放出孢囊孢子，在适宜条件下孢子再萌发成为新个体。例如藻状菌纲毛霉目、水霉目的一些属就以产生孢囊孢子方式繁殖。毛霉菌的孢囊孢子见图 1-33。

b. 分生孢子　分生孢子是霉菌中常见的一类无性孢子，生于菌丝细胞外的孢子，属于外生孢子。分生孢子是由菌丝顶端细胞或由分生孢子梗顶端细胞经过分割或缩缢而形成的单个或成簇的孢子。大多数子囊菌纲及全部半知菌的无性繁殖都以分生孢子方式进行。分生孢子的形状、大小、结构、着生方式、颜色因种而异，如曲霉属分生孢子梗的顶端膨大成球形的顶囊，孢子着生于顶囊的小梗之上，呈“皇冠形”；青霉属分生孢子着生在帚状的多分枝的小梗上，呈“扫帚形”；还有些霉菌的分生孢子着生在分生孢子垫或分生孢子器等特殊结构上。青霉菌的分生孢子见图 1-34。

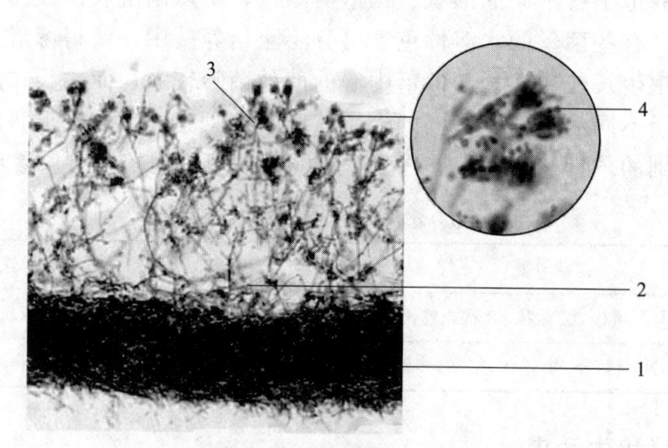

图 1-34　青霉菌的形态

1—基内菌丝；2—气生菌丝；3—繁殖菌丝；4—分生孢子

c. 节孢子　节孢子又称粉孢子或裂孢子，是由菌丝断裂形成的外生孢子。节孢子的形成过程是当菌丝生长到一定阶段，菌丝上出现许多横隔膜，然后从横隔处断裂，产生许多成串的短柱状、筒状或两端钝圆的节孢子。白地霉的无性孢子就属于该类型。白地霉的节孢子见图 1-35。

d. 厚垣孢子　又称厚壁孢子，由菌丝顶端或中间的个别细胞膨大、原生质浓缩、变圆，然后细胞壁加厚，形成圆形、纺锤形或长方形的休眠孢子，属于内生孢子。厚垣孢子对热、干燥等不良环境抵抗力较强，寿命较长，当菌丝体死亡后，上面的厚垣孢子还可存活，一旦环境条件好转，就能萌发成菌丝体。白地霉的厚垣孢子见图 1-35。

（2）有性繁殖　霉菌有性繁殖是依靠产生有性孢子进行的。有性孢子的形成过程一般经过质配、核配和减数分裂三个阶段。首先是质配，两个性细胞结合，细胞质融合，成为双核细胞，每个核均含单倍染色体（n）；接下来是核配，两个核融合成为二倍体接合子，此时核的染色体数是二倍（$2n$）；最后是减数分裂，具有双倍体的细胞核经过减数分裂，核中的染色体数目又恢复到单倍体状态。

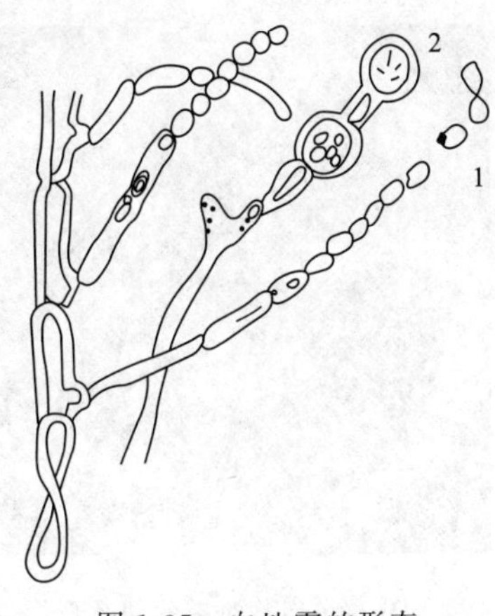

图 1-35 白地霉的形态
1—节孢子；2—厚垣孢子

在霉菌中，有性繁殖不及无性繁殖普遍，仅发生于特定条件下，而且一般培养基上不常出现。常见的有性孢子包括卵孢子、接合孢子、子囊孢子和担孢子。

① 卵孢子 菌丝分化为雄器和藏卵器，藏卵器内有一个或数个卵球，雄器与藏卵器相配，雄器中的细胞质与细胞核通过受精管进入藏卵器与卵球接合成卵孢子。

② 接合孢子 相接近的两菌丝互相接触，接触处的细胞壁溶解，两个菌丝内的核和细胞质融合形成接合孢子。接合孢子的壁很厚，表面有棘状或疣状隆起，当外界条件适宜时，接合孢子即萌发出新菌丝。

③ 子囊孢子 菌丝分化成产囊器和雄器，两者结合形成子囊，在子囊中形成的有性孢子称子囊孢子，形成子囊孢子是子囊菌的主要特征。子囊是一种囊状结构，该结构有三层：外层子囊果，中层孢子囊，最里层为孢子。子囊呈球形、棒形、圆筒形，因种而异，一般每个子囊中形成八个子囊孢子。

所以，孢子可以理解为真菌的种子，孢子萌发后可形成菌丝体。霉菌孢子的类型、主要特点和代表属见表 1-7。

表 1-7 霉菌孢子的类型、主要特点和代表属

孢子名称		染色体倍数	外形	数量	外或内生	其它特点	举例
无性孢子	游动孢子	n	圆、梨、肾形	多	内	有鞭毛，能游动	壶霉
	孢囊孢子	n	近圆形	多	内	水生型，有鞭毛	根霉、毛霉
	分生孢子	n	极其多样	极多	外	少数为多细胞	曲霉、青霉
	节孢子	n	柱形	多	外	各孢子同时形成	白地霉
	厚垣孢子	n	近圆形	少	外	菌丝顶或中间形成	总状毛霉
有性孢子	卵孢子	$2n$	近圆形	一至几个	内	厚壁、休眠	德氏腐霉
	接合孢子	$2n$	近圆形	一	内	厚壁、休眠、深色	根霉、毛霉
	子囊孢子	n	多样	一般	外	长在各种子囊内	红曲霉

4. 霉菌的代表属

(1) 曲霉属 曲霉属包含的种类比较多，主要有黄曲霉、寄生曲霉、杂色曲霉、构巢曲霉等，是一类可以产生生物毒素的菌属，其中黄曲霉和寄生曲霉产生的黄曲霉毒素毒性非常强。这类曲霉属的颜色多样，一般比较稳定。曲霉菌的菌丝是有隔菌丝，它的无性孢子是分生孢子，它的分生孢子很有特点，分生孢子梗末端膨大呈囊状称为顶囊，在顶囊上生出的放射状的瓶状结构，这叫作分生孢子小梗，小梗顶部就长了成串的小分生孢子。曲霉的孢子颜色各异，是区分曲霉种类的主要依据。

曲霉是制酱、酿酒、制醋的主要菌种；也可以用于生产酶制剂（蛋白酶、淀粉酶、果胶酶等）；还可以用于生产有机酸（如柠檬酸、葡萄糖酸等）；同时曲霉在农业上可以用作生产

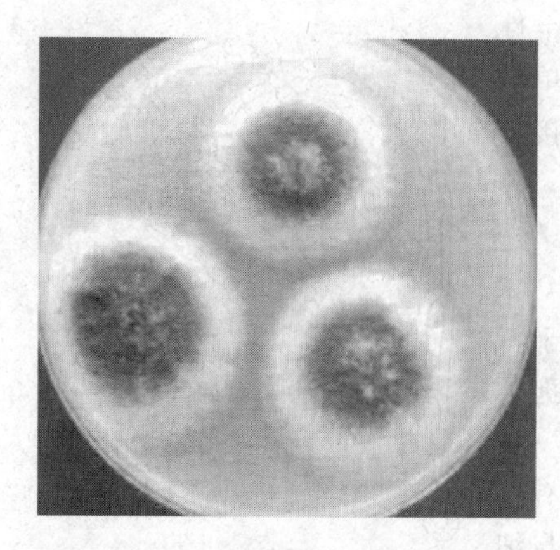

图 1-36　黄曲霉的菌落形态

糖化饲料的菌种。

黄曲霉在察氏培养基上菌落生长很快，直径可达3～4cm，一般初期为黄色，然后变为黄绿色，老后颜色变淡，平坦或有放射性沟纹，反面无色或带褐色。典型的黄曲霉见图 1-36。

（2）青霉属　青霉属十分接近曲霉，在自然界分布很广，常生长在腐烂的柑橘皮上，呈青绿色，不少种类引起食品变质，但也用来生产青霉素和有机酸等。黄绿青霉和橘青霉侵染大米后，可形成有毒的“黄变米”。产黄青霉工业上用于生产葡萄糖氧化酶或葡萄糖酸，该菌也是青霉素的生产菌。青霉菌丝与曲霉相似，是由有隔菌丝形成的菌丝体，白色。青霉有无性和有性繁殖两种方式。无性繁殖时，从菌丝体上产生很多扫帚状的分生孢子梗，最末级的瓶状小枝上生出成串的青绿色的分生孢子。由于分生孢子的数量很大，所以此时青霉的颜色则由白色变成青绿色。分生孢子散落后，在适宜的条件下萌发成新的菌丝体。青霉的有性繁殖极少见，有性过程产生球形的子囊果，叫闭囊壳，其内有多个子囊散生，每个子囊内产生子囊孢子。子囊孢子散出后，在适宜的条件下萌发成新的青霉菌丝体。典型的金灰青霉见图 1-37。

图 1-37　金灰青霉的菌落形态

（3）毛霉属　毛霉属的菌丝很发达，菌落质地疏松，呈棉絮状，由许多分枝的菌丝构成，菌丝一般是白色，没有假根，所以称为毛霉属。毛霉属的真菌菌丝无隔膜，有多个细胞核，为单细胞真菌。毛霉属有无性和有性繁殖两种方式，无性孢子是孢囊孢子，有性孢子是接合孢子。其代表菌种有高大毛霉、总状毛霉和梨形毛霉。典型的总状毛霉见图 1-38。

毛霉的用途很广，能产生蛋白酶，具有很强的蛋白质分解能力，多用于制作腐乳、豆豉。有的可产生淀粉酶，把淀粉转化为单糖。在工业上常用作糖化菌或生产淀粉酶。有些毛霉还能产生柠檬酸、草酸等有机酸，有的也可用于甾体转化。

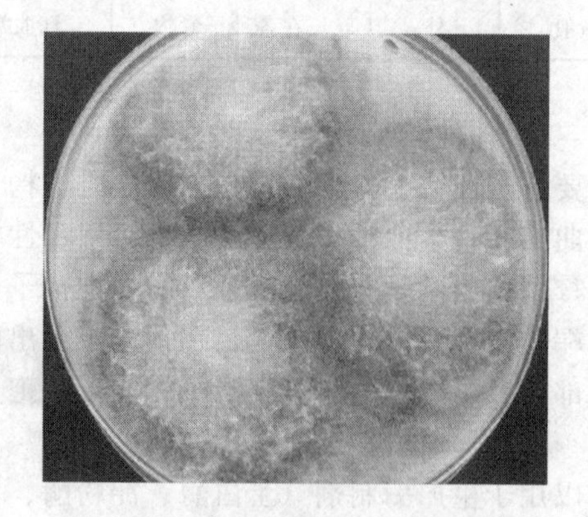

图 1-38　总状毛霉的菌落形态

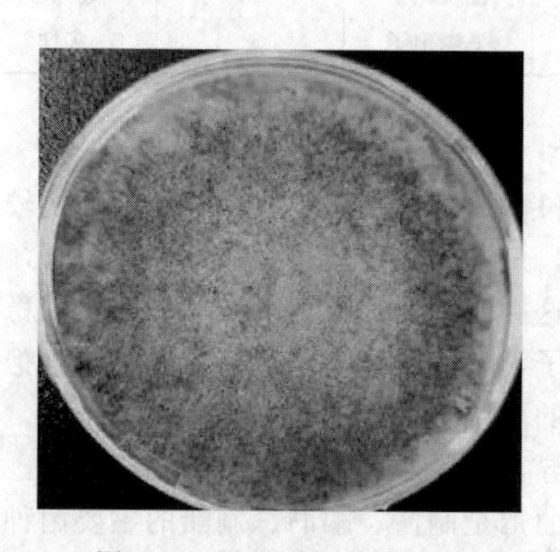

图 1-39　黑根霉的菌落形态

(4) 根霉属 根霉属的真菌和毛霉属相似，它们都属于接合菌纲毛霉目，两者形态比较相似。根霉属菌落疏松或稠密，最初呈白色，后变为灰褐色或黑褐色。菌丝匍匐爬行，无色。假根发达，分枝呈指状或根状，呈褐色。孢子刚出现时为黄色，成熟后变成黑色。根霉和毛霉主要区别在于，根霉有假根和匍匐菌丝，匍匐菌丝呈弧状，在培养基表面水平生长，而毛霉没有假根也没有匍匐菌丝，这一点是从外观上区分根霉和毛霉最显著的特征。典型的黑根霉见图1-39。

根霉属常分布于土壤、空气中，常引起淀粉食品霉腐变质和水果、蔬菜的腐烂，也会引起药品的发霉、变质，代表种有米根霉和黑根霉等。根霉的应用很广，它能产生一些酶类，如淀粉酶、果胶酶、脂肪酶等，是生产这些酶类的菌种。在酿酒工业上常用作糖化菌，有些根霉还能产生乳酸、延胡索酸等有机酸，有的也可用于甾体转化。

六、病毒及噬菌体

病毒是一种没有细胞结构的特殊生物，每种病毒只含有一种核酸（DNA或RNA）。它们的结构非常简单，由蛋白质外壳和内部的遗传物质组成。病毒不能独立生存，必须寄生在其他生物的细胞内，一旦离开活细胞就不表现任何生命活动迹象。病毒广泛寄生在各类微生物、植物、昆虫、鱼类、禽类、哺乳动物和人类的细胞中，个体极其微小，能通过细菌滤器，绝大多数要在电子显微镜下才能看到。

据统计，人类传染病80%是由病毒引起，恶性肿瘤中约有15%是由于病毒的感染而诱发。2019年发现的新型冠状病毒是以前从未在人体中发现的冠状病毒新毒株，随后该病毒在全球范围内传播，人感染了新型冠状病毒后常见体征有呼吸道症状、发热、咳嗽、气促和呼吸困难等。在较严重病例中，感染可导致肺炎、严重呼吸系统综合征、急性肾衰竭，甚至死亡。

1. 病毒的主要特征

与其他生物相比，病毒具有以下几个重要的基本特征。

① 形体微小（超显微结构），必须在电子显微镜下才能看到，直径多数为20～200nm，病毒、细菌与真菌个体直径比约为1∶10∶100。

② 缺乏细胞结构，化学组成简单，大多数病毒由蛋白质和核酸组成，只有少数几种较大的病毒含有脂类、多糖等，并且只含有一种核酸（DNA或RNA）。

③ 绝对寄生，病毒一般不含有酶系或酶系极不完全，所以不能独立生活，只能生活在特定的宿主细胞内，利用宿主细胞的酶系进行核酸复制和蛋白质的合成，再进行核酸和蛋白质的组装实现大量增殖。

④ 在离体的条件下，能以无生命的大分子状态存在，并保持其感染活性。

⑤ 对抗生素不敏感，但对干扰素敏感。

⑥ 有些病毒的核酸还能整合到宿主的基因组上，诱发潜伏性感染。

2. 病毒的形态结构

(1) 病毒的形态 病毒的形态是病毒分类鉴定的标准之一，其形态多种多样，大致可分为五类。

① 球形 人、动物、真菌的病毒多为球形，如腺病毒、疱疹病毒、脊髓灰质炎病毒、花椰菜花叶病毒。

② 杆状或丝状 许多植物病毒多呈杆状，如烟草花叶病毒、苜蓿花叶病毒、甜菜黄化

病毒等。人和动物的某些病毒也有呈丝状的，如流感病毒、麻疹病毒等。

③ 子弹状　一端钝圆，另一端平整，常见于狂犬病毒、动物水泡性口腔炎病毒和植物弹状病毒等。

④ 蝌蚪状　大部分噬菌体的典型形态，如T偶数噬菌体，有一个六角形多面体的“头部”和一条细长的“尾部”，但是也有一些噬菌体无尾。

⑤ 砖形　各类痘病毒的特征，病毒粒子呈长方形，很像砖块，是病毒中较大的一类，如天花病毒。

（2）病毒的结构　由于病毒是非细胞生物，单个病毒个体不能称为“单细胞”，这样就产生了病毒粒的概念。病毒粒主要由核酸和蛋白质组成：核酸位于病毒粒的中心，构成了它的核心；蛋白质包围在核心周围，构成了病毒粒的衣壳；衣壳则是由许多以对称形式有规律排列的衣壳粒组成。

核心和衣壳合称为核衣壳，构成了病毒的基本结构。最简单的病毒就是裸露的核壳体，有些较为复杂的病毒还具有包膜、刺突等辅助结构。包膜是一层蛋白质或糖蛋白的类脂双层膜，其类脂来自宿主细胞膜。包膜的有无及其性质与病毒的宿主专一性和侵入功能有关。刺突是指在有包膜的病毒粒表面具有的突起物，常起到启动病毒侵染、诱发免疫应答及中和抗体的作用。病毒结构见图1-40。

病毒根据其衣壳粒的排列方式不同而表现出不同构型，一般分为以下三类。

① 螺旋对称　蛋白质亚基沿中心轴呈螺旋排列，形成高度有序、对称的稳定结构，典型的螺旋对称型病毒粒子是烟草花叶病毒，如图1-41所示。单股RNA分子位于由螺旋状排列的衣壳所组成的沟槽中，完整的病毒粒子呈杆状，全长300nm，直径15nm，由2130个完全相同的衣壳粒组成130个螺旋。烟草花叶病毒是许多植物病毒的典型代表。

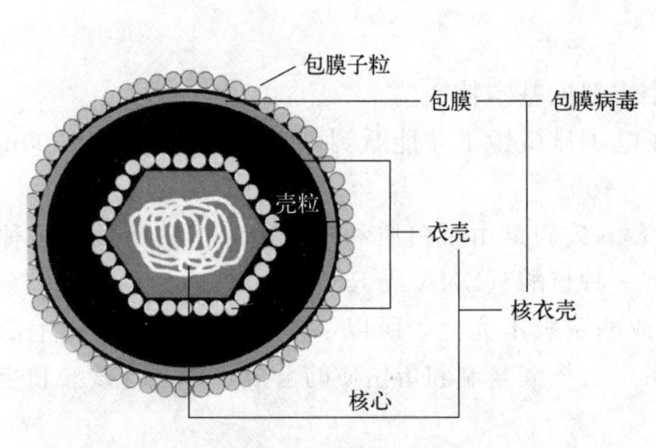

图1-40　病毒的结构

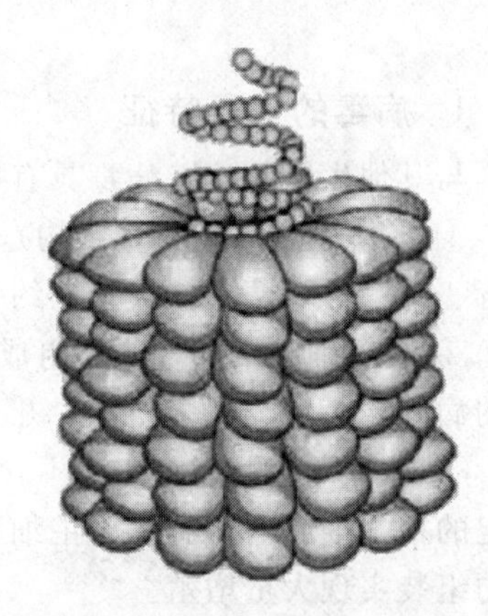

图1-41　烟草花叶病毒结构

② 多面体对称　多面体对称又称等轴对称。最常见的多面体是二十面体，它由12个角（顶）、20个面（三角形）和30条棱组成。核酸集中在一个空心的多面体头部内。以腺病毒粒子为例，它由252个衣壳粒组成，12个衣壳粒位于顶点上，每个面上有12个衣壳粒，如图1-42所示。由于多面体的角很多，看起来像个圆球形，所以有时也称球状病毒。

③ 复合对称　此类病毒的衣壳是由两种结构组成的，既有螺旋对称部分，又有多面体对称部分，故称复合对称。例如大肠杆菌噬菌体，头部是多面体对称（二十面体），尾部是螺旋对称，如图1-43所示。它的头部外壳是蛋白质，核酸在外壳内。尾部是由不同于头部的蛋白质组成，外围是尾鞘，中为一空髓，称为尾髓。有的尾部还有颈环、尾丝、基板、刺

突等附属物。尾部的作用是附着到宿主细胞，利用尾部具有的特异性的酶，穿破细胞壁，注入噬菌体核酸。

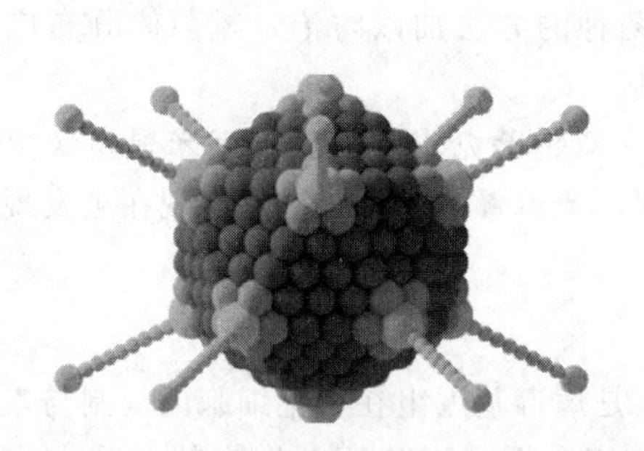

图 1-42 腺病毒结构

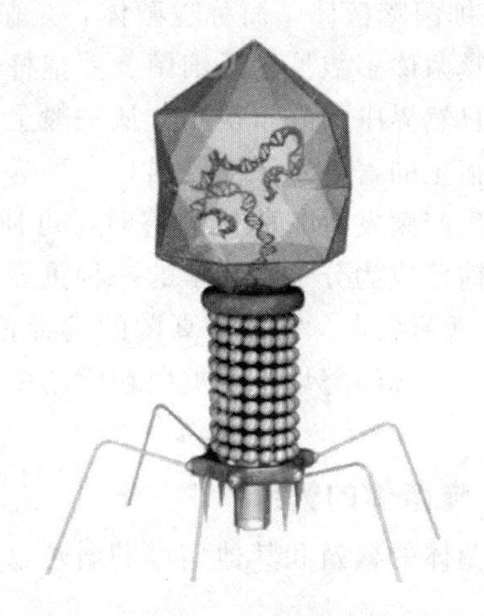

图 1-43 噬菌体结构

3. 病毒的分类

按照病毒感染的宿主种类不同，将病毒分为植物病毒、动物病毒、微生物病毒。

（1）植物病毒 植物病毒是指侵染高等植物、藻类等真核生物并在其内增殖的病毒。早在 1576 年就有关于植物病毒病的记载，举世闻名的、美丽的荷兰杂色郁金香，实际上就是现在所谓郁金香碎色病毒造成的。

植物细胞最外层有以纤维素为材料构成的细胞壁，足以抵抗病毒的侵入，因而植物病毒必须通过寄主的伤口才能侵入。实验室内常用摩擦叶面造成轻微伤口来接种某些植物病毒，病毒也可通过嫁接或植物根在土壤中伸长时所造成的伤口而传染。自然界中，植物病毒最重要的传播媒介是节肢动物门中的昆虫和螨类，已知大约有 400 种昆虫可传播 200 种以上的病毒。

植物感染病毒后常表现出三类症状：①变色：由于营养物质被病毒利用，或病毒造成维管束坏死阻碍了营养物质的运输，叶绿体受到破坏或不能形成叶绿素，从而引起花叶、黄化、红化等症状，从而使花色发生变化。②坏死：由于植物对病毒的过敏性反应等可导致细胞或组织死亡，变成枯黄至褐色，有时出现凹陷。在叶片上常呈现坏死斑，在茎、果实和根的表面常出现坏死条等。③畸形：由于植物正常的新陈代谢受干扰，体内生长素和其他激素的生成和植株正常的生长发育发生变化，可导致器官变形，如茎间缩短，植株矮化，生长点异常分化形成丛枝或丛簇等。

（2）动物病毒 病毒寄生于人体与动物细胞内广泛侵袭，引起人和动物多种疾病，常见的如引起流感、麻疹、腮腺炎、肝炎、艾滋病、狂犬病及新型冠状病毒肺炎等病症的病毒。新型冠状病毒、禽流感病毒和口蹄疫病毒是其中影响范围很广、造成经济损失较为严重的病毒。另有一些，如鸡新城疫病毒、猪瘟病毒、兔出血热病毒、鹦鹉热病毒和狂犬病毒也是不可轻视的。

动物病毒病具有传播迅速、流行广泛、危害严重、高发生、高死亡、难诊、难治、难预防等特征。如流感、口蹄疫、甲肝等病毒病的传播极为迅速，短时期内可对大范围、大区域甚至全世界造成巨大影响。

(3) 微生物病毒 病毒还广泛寄生于细菌、真菌、单细胞藻类等微生物细胞内。寄生于细菌的病毒又称细菌噬菌体，寄生于真菌的病毒又称真菌病毒。

① 细菌噬菌体 简称噬菌体，是微生物病毒中最早发现，也是研究得最为透彻的一类病毒。噬菌体多数见于肠细菌、芽孢杆菌、棒状杆菌、假单胞菌、链球菌等各类细菌中。噬菌体在自然界中的分布很广，从一般土壤、污水、粪便和发酵工厂的下水道均可分离到。噬菌体对宿主的寄生专一性较强，一种噬菌体往往只能侵染一种或一株细菌，因此在发酵工业中，当生产菌发生噬菌体危害时，可通过更换菌种的方法加以防治。噬菌体分布广、种类多，目前已成为分子生物学的一种重要实验工具。

② 真菌病毒 寄生于真菌的病毒首先发现在双孢蘑菇中，随后在玉米黑粉病菌、牛肝菌、香菇、啤酒酵母和麦类白粉病菌中也有发现，产黄青霉、黑曲霉等菌现在也发现有病毒颗粒。

4. 噬菌体的繁殖

噬菌体的繁殖和其他病毒的增殖过程一样，是病毒基因组在宿主细胞内复制与表达的结果，它完全不同于其他微生物的繁殖方式，又称为病毒的复制。病毒由于缺乏完整的酶系统，不能单独进行物质代谢，必须在易感的活细胞中寄生，由宿主细胞提供病毒合成的原料、能量和场所。噬菌体构造如图 1-44，噬菌体的繁殖一般可分为五个阶段，即吸附、侵入、增殖、装配和释放。

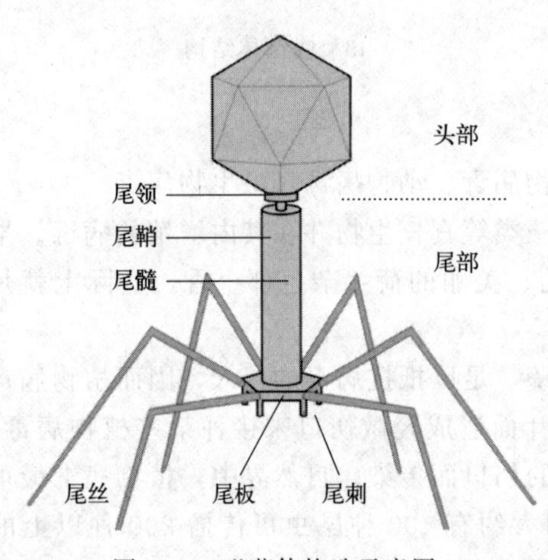

图 1-44 噬菌体构造示意图

(1) 吸附 吸附是噬菌体的吸附器官与受体细胞上一些具有特定化学组成的特殊区域发生接触与结合，是噬菌体感染宿主细胞的第一步，具有高度的专一性。当噬菌体由于随机碰撞或布朗运动与宿主细胞表面接触时，尾丝的尖端附着在受体上，从而使刺突、基板固着于细胞表面。该过程受许多内外因素的影响，如噬菌体的数量、阳离子、pH 值、温度等。工业生产中可以利用这些因子对吸附的抑制作用来防止噬菌体的污染。

(2) 侵入 侵入是噬菌体将核酸注入寄主细胞的过程。噬菌体吸附在易感细胞上后依靠尾部所含噬菌体酶使细胞壁产生小孔，然后尾鞘收缩，尾髓刺入细胞壁，并将核酸注入细胞内，蛋白质外壳留在细胞外。核酸进入宿主细胞内是噬菌体感染和增殖的本质。不同病毒具有不同的侵入、脱壳过程，有些先侵入再脱壳，有些侵入的同时脱包膜再脱衣壳，有些则在侵入的同时即完成脱壳。不同的病毒从吸附到脱壳所需的时间也不同，有的数分钟，有的数小时。

(3) 增殖 增殖过程包括核酸的复制和蛋白质的合成。噬菌体核酸进入宿主细胞后，会控制宿主细胞的合成系统，借助宿主细胞的代谢机构大量复制子代噬菌体的核酸和蛋白质。

(4) 装配 装配将分别合成的核酸和蛋白质组装成完整的有感染性的病毒粒。装配是一个逐步完成的过程。首先是核酸进一步分化，病毒蛋白亚单位组成前衣壳，然后核酸进入前衣壳形成核衣壳。无包膜的噬菌体，组装成核衣壳即形成完整噬菌体；有包膜的噬菌体，则需从核膜或细胞膜上出芽获取包膜，才组装成完整噬菌体。例如大肠杆菌 T_4 噬菌体装配时先将 DNA 大分子聚合形成多角体，头部蛋白质通过排列和结晶过程，将 DNA 聚合体包裹，然后装上尾鞘、尾丝。至此，一个个成熟的形状、大小相同的噬菌体装配完成。

(5) 释放 该过程是噬菌体粒子完成装配后，寄主细胞释放出子代噬菌体粒子。释放过程根据寄主细胞是否死亡可分为裂解和分泌。裂解是指寄主细胞被崩解死亡，子代噬菌体释放的过程；分泌则是指噬菌体穿出细胞，寄主细胞不被崩解而继续存活。

5. 烈性噬菌体和温和噬菌体

根据噬菌体与寄主细菌之间的关系，可将噬菌体分为烈性噬菌体和温和噬菌体两种类型。

(1) 烈性噬菌体 又叫毒性噬菌体，是指在噬菌体吸附和侵入寄主细菌后迅速完成增殖、装配、裂解的噬菌体。烈性噬菌体的增殖过程是吸附、侵入、复制与生物合成、装配和裂解五个阶段连续完成，构成了噬菌体的一个完整溶菌周期，一般需要 15～20min。定量描述烈性噬菌体增殖规律的实验曲线是一步生长曲线，一步生长曲线包括以下三个重要阶段：

① 潜伏期 指噬菌体的核酸侵入宿主细胞后至第一个噬菌体粒子装配前的一段时间，整段潜伏期中没有一个成熟的噬菌体粒子从细胞中释放出来。潜伏期内，借助电子显微镜可观察到已初步装配好的噬菌体粒子。

② 裂解期 潜伏期后，宿主细胞迅速裂解，溶液中噬菌体粒子急剧增多的一段时间。噬菌体或其他病毒因没有个体生长，再加上其宿主细胞裂解的突发性，因此从理论上分析，裂解期应是瞬时的，但事实上因为细菌群体中各个细胞的裂解不可能是同步的，故实际的裂解期较长。

③ 平台期 指感染后的宿主已全部裂解，溶液中噬菌体效价达到最高点后的时期。

(2) 温和噬菌体 是指吸附并侵入细胞后并不增殖，而是将自身基因整合到宿主基因组中，随宿主基因组的复制而复制，不引起宿主细胞裂解。当细菌分裂时，噬菌体的基因也随之分布到子代细菌的基因中。整合在细菌基因组中的噬菌体基因组称为前噬菌体，带有前噬菌体基因组的细菌称为溶源性细菌。前噬菌体偶尔可自发地或在某些理化和生物因素的诱导下脱离宿主菌基因组而进入溶菌周期，产生成熟噬菌体，导致细菌裂解。温和噬菌体的这种产生成熟噬菌体粒子和溶解宿主菌的潜在能力，称为溶源性。由此可知，温和噬菌体可以有三种存在状态：①游离态：具有感染性的游离噬菌体粒子；②整合态：将核酸整合在宿主细胞内的状态；③脱离宿主基因后迅速完成复制、合成、装配的噬菌体状态。

6. 噬菌体的应用及防治

噬菌体是感染细菌和放线菌等微生物的病毒，因其结构简单、基因数少、存在广泛等特点，对维持生态平衡、开展基因工程和分子生物学研究等起到非常重要的作用。但是噬菌体的危害也不容忽视，在工业发酵中菌种被噬菌体污染将导致发酵异常，造成倒罐等严重损失。

(1) 噬菌体的应用

① 作为分子生物学研究的实验工具。噬菌体是遗传调控、复制、转录和翻译等方面生物学基础研究的重要材料或工具。

② 噬菌体展示技术是一种基因表达筛选技术，基本原理是将外源蛋白的基因克隆到噬菌体的基因组核酸中，从而在噬菌体表面表达特定的外源蛋白。利用噬菌体展示技术，可以筛选和确定抗原，辅助进行疫苗抗原的鉴定工作。

③ 用于检测和控制致病菌。食品和环境中存在许多致病菌，利用噬菌体与致病菌的特异性结合，能够检测和控制食品和环境中致病菌和腐败菌的生长。

④ 噬菌体疗法在临床治疗的应用。噬菌体在致病菌细胞中生长繁殖，能够引起致病菌

的裂解，降低致病菌的密度，从而减少和避免致病菌感染或发病的机会，达到治疗和预防疾病的目的。

(2) 噬菌体的防治 噬菌体在发酵工业生产中有一定的危害性，工业生产上应用的菌种一旦被噬菌体污染会造成巨大的损失。例如在丙酮、丁醇等有机溶剂发酵工业中、抗生素发酵工业中，普遍存在着噬菌体污染的危害。具体表现为：发酵周期明显延长，碳源消耗缓慢，发酵液变清，镜检时有大量异常菌体出现，发酵产物的形成缓慢，用敏感菌作为平板检查时出现大量噬菌斑。目前对已污染噬菌体的发酵液还无法阻止其溶菌作用，因此只有预防其感染，建立“防重于治”的观念。

预防噬菌体污染的措施主要有：①加强灭菌；②严格保持环境卫生；③认真检查斜面、摇瓶及种子罐所使用的菌种，坚决废弃任何可疑菌种；④空气过滤器要保证质量并经常进行严格灭菌，空气压缩机的取风口应设在30～40m高空；⑤摇瓶菌液、种子液、检验液和发酵后的菌液绝对不能随便丢弃或排放，均应严格灭菌后才能排放；⑥不断筛选抗性菌种，并经常轮换生产菌种。

若发现噬菌体污染时，要及时采取合理措施，主要有以下几项：①及时改用抗噬菌体生产菌株；②使用药物抑制，目前防治噬菌体污染的药物还很有限，在谷氨酸发酵中，加入某些金属螯合剂（如0.3%～0.5%草酸盐、柠檬酸铵）可抑制噬菌体的吸附和侵入；加入0.1%～0.2%吐温-60、吐温-20或聚氧乙烯烷基醚等表面活性剂均可抑制噬菌体的增殖或吸附；③尽快提取产品，如果发现污染时发酵液中的代谢产物含量已较高，应及时提取或补加营养并接种抗噬菌体菌种后再继续发酵，以挽回损失。

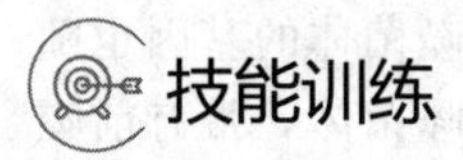

技能训练一 使用显微镜观察微生物

【训练要求】

列文虎克利用自制的显微镜看见了微生物（当时被称为微小动物），开启了人们对微生物的认知。今天我们也从显微镜开始认识神秘微小而能力强大的微生物。

微生物的最显著特点是个体微小，必须借助显微镜才能观察到它们的个体形态和细胞结构。熟悉显微镜和掌握其操作技术是研究微生物不可缺少的手段。通过本任务的实施，同学们将具有使用光学显微镜观察微生物的能力，任务的重点在光学显微镜的操作流程，难点是油镜的使用。

使用光学显微镜观察微生物标本片，完成绘制两种细菌、一种酵母菌、一种霉菌的个体特征图。

【训练准备】

1. 微生物标准镜检片

酵母菌、大肠杆菌、枯草杆菌、葡萄球菌。

2. 试剂与溶液

香柏油、二甲苯。

3. 仪器及其他用品

光学显微镜、擦镜纸。

【训练步骤】

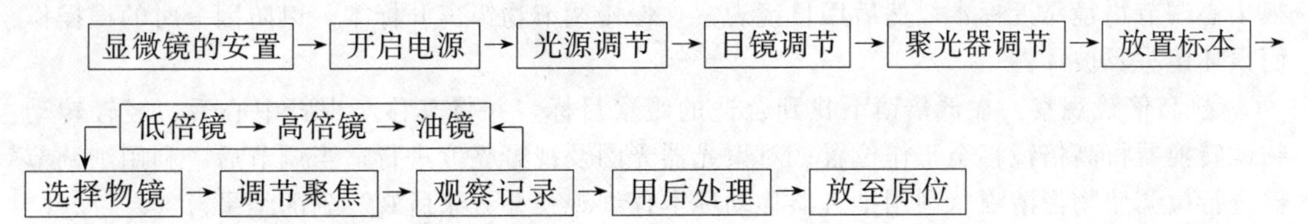

安全警示

① 显微镜属于精密仪器，在取、放时应一手握住镜臂，一手托住底座，使显微镜保持直立、平稳，切忌单手拎提。

② 不论使用单筒显微镜或双筒显微镜均应双眼同时睁开观察，以减少眼睛疲劳，也便于边观察边绘图或记录。

③ 显微镜具有聚焦校正功能，因此观察时一般可以摘下近视或远视眼镜。确需配戴眼镜进行观察时则应注意不要使眼镜镜片与目镜镜头相接触，以免在眼镜或镜头镜片上造成划痕。

④ 载玻片、盖玻片很薄，在操作中应特别注意不要用力过猛使易碎的玻璃划伤自己。取放玻片时不要触摸到加有样品的部位，以免影响对结果的观察。

1. 观察前的准备

（1）显微镜的安置 置显微镜于平整的实验台上，放在身体的正前方，镜座距实验台边缘约 10cm。镜检时姿势要端正。

（2）开启电源 打开电源开关。

（3）光源调节 通过光强度旋钮调节光源的强度，应根据光源的强度及所用物镜的放大倍数调节光源亮度，使视野内的光线均匀，亮度适宜。

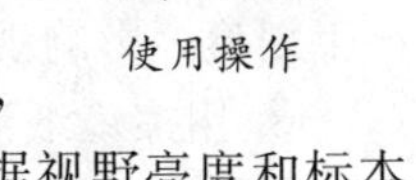
光学显微镜使用操作

（4）目镜调节 根据使用者的个人情况，调节双筒显微镜的目镜，适应不同眼距的观察者。

（5）聚光器调节 适当调节聚光器的高度也可改变视野的照明亮度，但一般情况下聚光器在使用中都是调到最高位置。在操作中，观察者可根据视野亮度和标本明暗对比度来调节可变光阑的大小，获得最佳的观察效果。

根据标本、物镜对视野光亮度的要求不同，需要调节可变光阑的大小、升降聚光器、改变光源的亮度等三种方式相互配合才能获得良好的观察效果。

2. 显微镜观察

（1）放置标本 降低载物台，将标本片放在镜台上，用玻片夹夹牢，移动玻片夹推进器使观察对象处在物镜的正下方。然后升高载物台，使物镜下端接近标本片。

（2）选择物镜 通过旋转物镜转换器选择所需的接物镜进入工作位置。进行显微镜观察时应遵守从低倍镜到高倍镜再到油镜的观察程序。

（3）调节聚焦

① 低倍镜观察：双眼移向目镜，用粗调节器慢慢降低载物台，当发现模糊的物像时，再使用细调节器调节至图像清晰。通过玻片夹推进器慢慢移动玻片，认真观察标本各部位，找到合适的目的物，仔细观察并记录所观察到的结果。

操作要点：在任何时候使用粗调节器聚焦物像时，必须养成好的调焦习惯，先从侧面注视小心调节物镜靠近标本，然后用目镜观察，慢慢调节物镜离开标本。以防因一时的误操作而损坏镜头及玻片。

② 高倍镜观察：在低倍镜下找到合适的观察目标，并将其移至视野中心后，轻轻转动物镜转换器将高倍镜移至工作位置。对聚光器光圈及视野亮度进行适当调节后，利用细调节器进行微调使物像清晰，利用推进器移动标本仔细观察并记录所观察到的结果。

操作要点：在一般情况下，当物像在一种物镜视野中已清晰聚焦后，转动物镜转换器将其他物镜转到工作位置进行观察时物像将保持基本准焦的状态，这种现象称为物镜的同焦。利用这种同焦现象，可以保证在使用高倍镜或油镜等放大倍数高、工作距离短的物镜时仅用细调节器即可对物像清晰聚焦，从而避免由于使用粗调节器时可能的误操作而损害镜头或载玻片。

③ 油镜观察：在高倍镜下找到合适的观察目标并将其移至视野中心，将高倍镜转离工作位置，在待观察的样品区域滴上一滴香柏油，将油镜转到工作位置，油镜镜头此时应正好浸泡在镜油中。将聚光器升至最高位置并开足光圈，若所用聚光器的数值孔径值超过 1.0，还应在聚光镜与载玻片之间也加滴香柏油，保证其达到最大的效能。调节照明使视野的亮度合适，微调细调节器使物像清晰，利用推进器移动标本仔细观察并记录所观察到的结果。

操作要点：有时按上述操作还找不到目的物，则可能是由于调节细调节器时太快，以至眼睛捕捉不到一闪而过的物像，遇此情况，应重新操作。在本步操作中应特别注意不要因在调节时用力过猛或调焦时误用粗调节器转动而损坏镜头及载玻片。另外，切不可将高倍镜转动经过加有镜油的区域。

3. 显微镜用后的处理

① 上升镜筒，取下载玻片。

② 用擦镜纸拭去镜头上的镜油，然后用擦镜纸蘸少许二甲苯（香柏油溶于二甲苯）擦去镜头上残留的油迹，最后再用干净的擦镜纸擦去残留的二甲苯。

操作要点：二甲苯等清洁剂会对镜头造成损伤，不要使用过量的清洁剂或让其在镜头上停留时间过长或有残留。此外，切忌用手或其他纸擦拭镜头，以免使镜头粘上汗渍、油污或产生划痕，影响观察。

③ 用擦镜纸清洁其他物镜及目镜，用绸布清洁显微镜的金属部件。

④ 将各部分还原，将光源灯亮度调至最低后，关闭电源，最后将物镜转成“八”字形，再将载物台升到最高处。

获得本实验成功的关键

① 在任何情况下都应先用低倍数物镜（10×或 4×）搜寻、聚焦样品，确定待观察目标的大致位置后再转换到高倍镜或油镜。若有些初学者即使使用低倍镜仍难以找到样品的准焦位置，则可以用记号笔在载玻片正面空白处画一道线，通过粗、细调节器使该线条聚焦清晰后再移动到加有样品的部位进行观察。

② 有些使用时间较长的显微镜镜头上的霉点等污物在调焦时也会被聚焦造成观察到样品的假象，此时只需稍稍移动载玻片，根据目镜中的物像是否会随着载玻片进行相应移动来判断聚焦的物像是否为待观察的样品。一般来说，由于焦平面不同，物镜上的少量污物，不会影响对样品的观察。

③ 对虹彩光圈和视野照明亮度进行调节可以获得反差合适的观察物像，初学者可以在使用不同物镜观察到物像后，边观察边改变虹彩光圈、增强或降低光源亮度及升降聚光器的位置，实际体会上述变化对观察效果的影响。

【结果记录】

填写《技能训练工单》。

【思考题】

1. 用油镜观察时应注意哪些问题？在载玻片和镜头之间滴加香柏油有什么作用？

2. 试列表比较低倍镜、高倍镜及油镜各方面的差异。为什么在使用高倍镜及油镜时应特别注意避免粗调节器的误操作？

3. 什么是物镜的同焦现象？它在显微镜观察中有什么意义？

4. 影响显微镜分辨率的因素有哪些？

5. 根据你的体会，谈谈应如何根据所观察微生物的大小选择不同的物镜进行有效的观察。

技能训练二　观察细菌及革兰氏染色

【训练要求】

革兰氏染色法是细菌学中最广泛使用的一种鉴别染色法。1884 年由丹麦医师革兰创立，已有 130 多年的历史，仍在广泛使用。

细菌细胞微小，且含水量较多，在普通光镜下表现为无色透明，不易观察，所以必须进行染色处理，使细胞着色，便于观察。根据细菌的细胞壁结构和化学组成不同，可用革兰氏染色法将细菌分为两大类：革兰氏阳性菌和革兰氏阴性菌。

利用无菌操作技术制作细菌镜检片，并进行革兰氏染色，使用光学显微镜的油镜观察微生物镜检片。

【训练准备】

1. 菌种

大肠杆菌斜面试管；金黄色葡萄球菌斜面试管；枯草杆菌斜面试管。

2. 试剂与溶液

(1) 革兰氏染液

① 革兰氏 A 液（草酸铵结晶紫染液）。

② 革兰氏 B 液（卢戈氏碘液）。

③ 革兰氏 C 液（95%乙醇溶液）。

④ 革兰氏 D 液［番红（沙黄）复染液］。

(2) 生理盐水

(3) 香柏油

(4) 二甲苯

3. 仪器及其他用品

(1) 玻璃仪器　烧杯（500mL）1 只、载玻片（盖玻片）4 片、滴瓶 1 只。

(2) 常规仪器　光学显微镜。

(3) 其他用品 镊子、消毒酒精棉球、酒精灯、接种环、试管架、擦镜纸、废液杯、废物杯等。

【训练步骤】

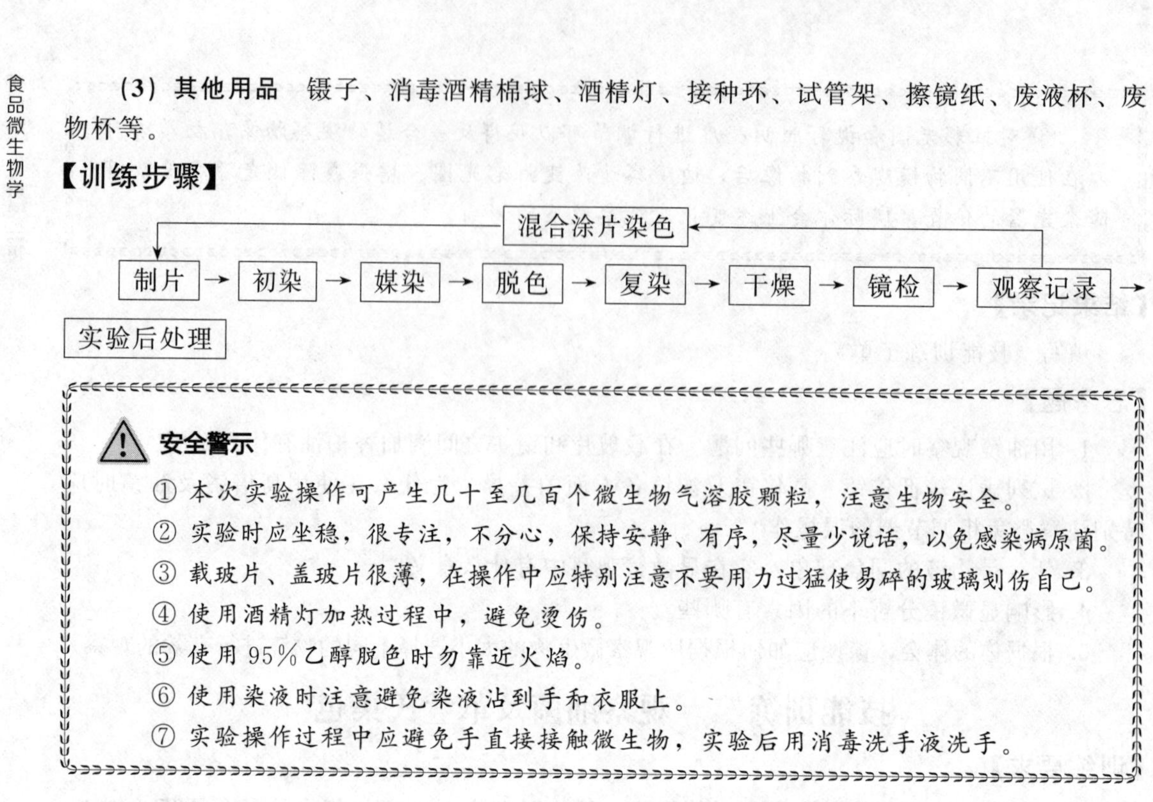

安全警示

① 本次实验操作可产生几十至几百个微生物气溶胶颗粒，注意生物安全。

② 实验时应坐稳，很专注，不分心，保持安静、有序，尽量少说话，以免感染病原菌。

③ 载玻片、盖玻片很薄，在操作中应特别注意不要用力过猛使易碎的玻璃划伤自己。

④ 使用酒精灯加热过程中，避免烫伤。

⑤ 使用95%乙醇脱色时勿靠近火焰。

⑥ 使用染液时注意避免染液沾到手和衣服上。

⑦ 实验操作过程中应避免手直接接触微生物，实验后用消毒洗手液洗手。

1. 制片

(1) 涂片 在干净的载玻片上滴一滴生理盐水或无菌水，用接种环采用无菌操作技术，挑取少许细菌培养物，放入载玻片上的水滴中与水混合，并涂成直径约1cm的薄层。为避免因菌数过多聚集成菌团而不易观察个体形态，可在载玻片一端加一滴水，从已涂布的菌液中再取一环于此水滴中进行稀释，涂布成薄层。若材料为液体培养物或自固体培养物中洗下制备的菌液，则可直接涂布于载玻片上，也可根据菌体浓度进行适当稀释后涂布于载玻片上。涂布要均匀，尽可能减少菌体重叠。制片是染色的关键，如菌体涂布不均匀，会造成染料的大面积堆积，而影响细菌个体形态的观察和染色结果的判断。

(2) 干燥 涂片后的载玻片可在室温下使其自然干燥。为了使涂片快速干燥，可将标本面向上，手持载玻片一端的两边，小心地在酒精灯火焰高处微微加热，使水分蒸发，但切勿靠火焰太近或加热时间过长，以防标本被烤枯而使菌体个体变形。

(3) 固定 利用高温将细菌固定在载玻片上易于染色。即手执载玻片的一端（涂有标本的远端），标本向上，在酒精灯火焰外层尽快地来回通过3～4次，共2～3s，并不时以载玻片的加热面触及皮肤，不能过烫（不超过60℃），待冷却后，进行染色。

革兰氏染色操作

2. 初染

滴加草酸铵结晶紫染液覆盖涂菌部位，染色1～2min后倾去染液，用流动水轻冲洗至流出水无色。

3. 媒染

先用鲁氏碘液冲去涂菌部位上的残留水，滴加鲁氏碘液覆盖涂菌部位，染色1min后倾去染液，用流动水轻冲洗至流出水无色。

4. 脱色

将玻片上残留水用吸水纸吸去，再用滴管流加95%乙醇脱色，直至流出的乙醇不呈紫色为止，一般脱色时间为20～30s，当流出液无色时立即用水洗去乙醇。本步为革兰氏染色法的关键步骤，必须严格控制好。

5. 复染

将玻片上残留水用吸水纸吸去，滴加番红复染液覆盖涂菌部位，染色1min后倾去染液，用流动水轻冲洗至流出水无色。

6. 干燥

用吸水纸吸去残水后，自然晾干。

7. 镜检

干燥后，用油镜观察。判断两种菌体染色反应性。菌体被染成蓝紫色的是革兰氏阳性菌（G^+），被染成红色的为革兰氏阴性菌（G^-）。记录菌体颜色和个体形态特征。

8. 观察记录混合涂片染色

另取一个载玻片，按照上述同样的方法，分别挑取大肠杆菌和金黄色葡萄球菌制成混合培养物进行涂片，重复1～7步骤，并观察记录。

9. 实验后处理

清洁显微镜。用擦镜纸拭去镜头上的镜油，然后用擦镜纸蘸少许二甲苯（香柏油溶于二甲苯）擦去镜头上残留的油迹，最后再用干净的擦镜纸擦去残留的二甲苯。染色玻片用洗衣粉水煮沸、清洗，晾干后备用。

获得本实验成功的关键

① 选用活跃生长期菌种染色，老龄的革兰氏阳性菌会被染成红色而造成假阴性。

② 涂片不宜过厚，以免脱色不完全造成假阳性。

③ 标本固定的目的：a. 杀死微生物，固定细胞结构；b. 保证菌体能更牢固地黏附在载玻片上，防止标本被水洗掉；c. 改变染料对细胞的通透性，因为死细胞的原生质比活细胞的原生质易于染色。

④ 脱色是革兰氏染色的关键，脱色不够造成假阳性，脱色过度造成假阴性。

【结果记录】

填写《技能训练工单》。

【思考题】

1. 革兰氏染色是否成功，有哪些问题需要注意，为什么？
2. 你的染色结果是否正确？如果不正确，请说明原因。
3. 进行革兰氏染色时，为什么特别强调菌龄不能太老？用老龄细菌染色会出现什么问题？
4. 如果涂片未经热固定，将会出现什么问题？加热温度过高、时间太长，又会怎样呢？
5. 为什么要求制片完全干燥后才能用油镜观察？
6. 简述革兰氏染色的步骤。

技能训练三　放线菌制片及染色观察

【训练要求】

放线菌是一类极其重要的微生物资源，为了能观察放线菌的形态特征，人们设计了各种培养和观察方法，这些方法的主要目的是尽可能地保持放线菌自然生长状态下的形态特征并进行观察。本任务为学习插片法、玻璃纸法和印片法三种放线菌个体形态的观察方法，重点掌握三种放线菌的培养和观察，进一步熟悉显微镜的使用方法，难点是放线菌观察标本的制备过程。

分别使用插片法、玻璃纸法、印片法对放线菌进行标本片的制作，使用光学显微镜观察放线菌的个体形态特征，并能正确地区分基内菌丝、气生菌丝、孢子丝和孢子。

【训练准备】

1. 菌种

青色链霉菌斜面培养物。

2. 试剂与溶液

(1) 培养基　高氏一号培养基。

(2) 石炭酸品红染液。

3. 仪器及其他用品

(1) 常规仪器　光学显微镜。

(2) 其他用品　载玻片、无菌玻璃纸、湿滤纸、盖玻片、无菌培养皿、玻璃棒、接种铲、接种环、小刀、镊子。

【训练步骤】

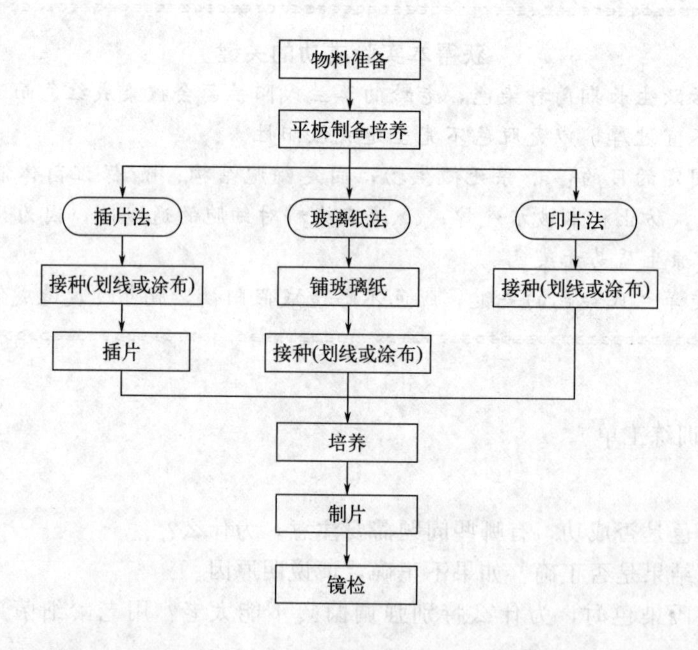

1. 插片法

(1) 倒平板　将灭菌后的高氏一号培养基冷却至约50℃后倒入无菌培养皿内，每皿倒入15～20mL，静置待冷却凝固后备用。

(2) 接种　用接种环挑取青色链霉菌斜面培养物划线接种于凝固后的高氏一号培养基平

板上，划线宜稠密以利于插片；或者取 0.2mL 的青色链霉菌的孢子悬液于凝固后的高氏一号培养基平板上，用无菌的涂布棒将孢子悬液均匀涂布于平板上。

(3) 插片 在洁净工作台内以无菌操作方式用镊子将灭菌的盖玻片以 45°角插入培养基内（若是划线法需将盖玻片沿接种线插入）；一个平皿内插入 4 片。

(4) 培养 将插片后的平板倒置于 28℃培养箱培养。

(5) 镜检 用镊子将培养好的平板上的盖玻片拔出，擦去背面的培养物，将有菌的一面朝上放在载玻片上，直接镜检。观察时，宜用略暗光线，先用低倍镜找到视野，再换高倍镜观察。先找到插在培养基的界面分界线，然后再观察营养菌丝、气生菌丝形态及分枝情况。

2. 玻璃纸法

(1) 倒平板 将灭菌后的高氏一号培养基冷却至约 50℃后倒入无菌培养皿内，每皿倒入 15～20mL，静置待冷却凝固后备用。

(2) 铺玻璃纸 以无菌操作方式用镊子将已灭菌的玻璃纸铺在高氏一号培养基表面，用无菌的玻璃棒将玻璃纸压平，使其紧贴在琼脂表面，玻璃纸和培养基之间不留气泡，每个平板可铺 5～10 块玻璃纸，也可以用略小于平皿的大张玻璃纸代替小纸片，但观察时需要先剪成小块之后再进行观察。

玻璃纸的灭菌方法：在玻璃纸灭菌时，若直接将干燥的玻璃纸灭菌，玻璃纸会缩小而不能使用，而若粘连在一起的玻璃纸在灭菌之后会不宜分开，可以先将玻璃纸剪成实验需要用大小（盖玻片大小或培养皿大小的圆形），用水浸泡后把湿滤纸和玻璃纸交互重叠地平铺在玻璃培养皿中，借滤纸将玻璃纸隔开，然后再进行湿热灭菌后备用。

(3) 接种 用接种环挑取青色链霉菌斜面培养物划线接种于玻璃纸上，或用玻棒均匀地将培养物涂布于玻璃纸上。

(4) 培养 将插片后的平板倒置于 28℃培养箱培养。

(5) 镜检 在洁净的载玻片上加一滴水，用镊子取下盖玻片大小的玻璃纸（用培养皿大小的玻璃纸时先用小刀将玻璃纸裁成盖玻片大小），菌面朝上放在载玻片上的水滴上，使玻璃纸平贴在载玻片上，要注意不要留气泡。观察时，宜用略暗光线，先用低倍镜找到视野，再换高倍镜观察，操作的时候要注意不要碰触玻璃纸面上的菌培养物。

3. 印片法

(1) 倒平板 将灭菌后的高氏一号培养基冷却至约 50℃后倒入无菌培养皿内，每皿倒入 15～20mL，静置待冷却凝固后备用。

(2) 接种 用接种环挑取青色链霉菌斜面培养物划线或点种于平板上，置于 28℃培养箱培养 4～7d，或用上述两种方法所使用的琼脂平板上的培养物作为制片观察的材料。

(3) 印片 用接种铲或小刀将平板上的菌苔连同培养基切下一小块，菌面朝上放在一块载玻片上，另取一洁净的载玻片置火焰上微热后，盖在菌苔上，轻轻按压，使培养物（气生菌丝、孢子丝或孢子）附着在后一块载玻片的中央。印片时要注意不要用力过大，以免压碎琼脂，也不要使培养物挪动，以免改变放线菌的自然形态。

(4) 染色 将有印记的一面朝上，通过火焰 2～3 次固定。用石炭酸品红覆盖印记，染色 1min 后水洗。

(5) 镜检 干燥后（可自然晾干也可通过火焰 2～3 次干燥），用光学显微镜进行镜检，先用低倍镜找到适当的视野，再换高倍镜找到清晰的视野后换油镜观察。

获得本实验成功的关键

① 插片法在进行放线菌标本片制作的时候要注意平板要倒厚一些，接种时划线要密，插片时要有一定的角度并与划线垂直，在培养后用0.1%的亚甲蓝对盖玻片进行染色后观察，效果会更好。观察时要注意菌体的上下位置。

② 玻璃纸法培养接种时注意玻璃纸与平板琼脂培养基之间不宜有气泡，以免影响其表面放线菌的生长。

③ 印片法制作放线菌标本片的时候要注意不要用力过大以免压碎琼脂，也不要挪动载玻片，以免改变放线菌的自然形态。

【结果记录】

填写《技能训练工单》。

【思考题】

1. 用插片法观察气生菌丝和孢子丝形态时，要注意些什么？
2. 简述放线菌的形态与结构，各种形态结构在放线菌的各生长周期中的作用。
3. 简述印片法观察放线菌个体形态特征的原理及注意事项。

技能训练四　测量酵母菌的大小

【训练要求】

微生物细胞的大小，是微生物重要的个体形态特征，也是分类鉴定的重要依据。由于微生物个体微小，只能在显微镜下用测微尺进行测量。用于测量微生物细胞大小的工具有目镜测微尺和物镜测微尺。

使用光学显微镜，通过显微镜测微尺测量酵母菌细胞的大小。

【训练准备】

1. 菌种

酿酒酵母液体培养基。

2. 试剂与溶液

75%消毒酒精；香柏油；二甲苯；无菌水或无菌生理盐水。

3. 仪器及其他用品

(1) 光学显微镜

(2) 目镜测微尺

(3) 物镜测微尺

(4) 其他用品　接种环、载玻片、盖玻片、滤纸、擦镜纸。

【训练步骤】

目镜测微尺的安装 → 目镜测微尺的校正 → 酵母菌水浸片的制作 → 酵母菌大小的测定 → 酵母菌体积的测定 → 实验后处理

知识点：

目镜测微尺（图 1-45）是一块圆形玻片，在玻片中央把 5mm 长度刻成 50 等分，或把 10mm 长度刻成 100 等分。测量时，将其放在接目镜中的隔板上（此处正好与物镜放大的中间像重叠）来测量经显微镜放大后的细胞物像。由于不同目镜、物镜组合的放大倍数不相同，目镜测微尺每格实际表示的长度也不一样，因此目镜测微尺测量微生物大小时须先用置于镜台上的物镜测微尺校正，以求出在一定放大倍数下，目镜测微尺每小格所代表的相对长度。

物镜测微尺（图 1-46）是中央部分刻有精确等分线的载玻片，一般将 1mm 等分为 100 格，每格长 10μm（即 0.01mm），是专门用来校正目镜测微尺的。校正时，将物镜测微尺放在载物台上，由于物镜测微尺与细胞标本是处于同一位置，都要经过物镜和目镜的两次放大成像进入视野，即物镜测微尺随着显微镜总放大倍数的放大而放大，因此从物镜测微尺上得到的读数就是细胞的真实大小，所以用物镜测微尺的已知长度在一定放大倍数下校正目镜测微尺，即可求出目镜测微尺每格所代表的长度，然后移去物镜测微尺，换上待测标本片，用校正好的目镜测微尺在同样放大倍数下测量微生物大小。

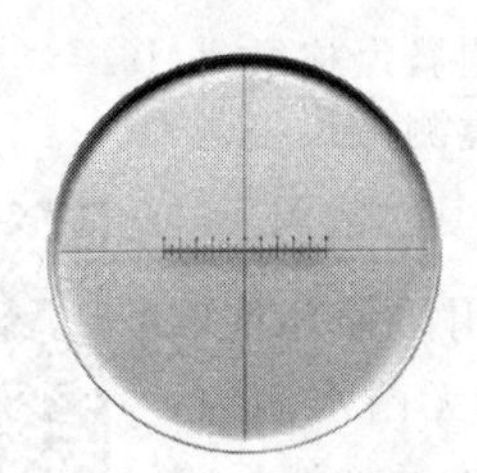

图 1-45 目镜测微尺

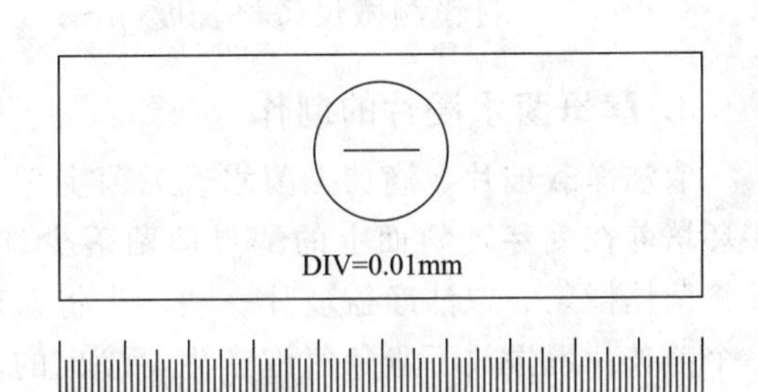

图 1-46 物镜测微尺

安全警示

镜台测微尺、目镜测微尺属于精密仪器，很轻、薄，在取放时应特别注意，防止使其跌落而损坏。

1. 目镜测微尺的安装

取出目镜，把目镜上的透镜旋下，将目镜测微尺刻度朝下轻轻放在目镜镜筒内的隔板上，然后旋上目镜透镜，再将目镜插回镜筒内。

2. 目镜测微尺的校正

① 将物镜测微尺放在显微镜的载物台上，使有刻度的一面朝上。

② 先用低倍镜观察，对准焦距，待看清物镜测微尺的刻度后，转动目镜，使目镜测微尺的刻度与物镜测微尺的刻度相平行，并使二尺左边的一条线重合，向右寻找另外二尺相重合的直线（图 1-47）。

测微尺使用操作

③ 记录两条重合刻度间的目镜测微尺的格数和物镜测微尺的格数。

④ 以同样方法，分别在不同放大倍数的物镜下测定目镜测微尺每格代表的实际长度。比较不同放大倍数的物镜下目镜测微尺每格代表的实际长度。

注意：观察时光线不宜过强，否则难以找到物镜测微尺的刻度；换高倍镜和油镜校正时，务必十分细心，防止接物镜压坏物镜测微尺和损坏镜头。

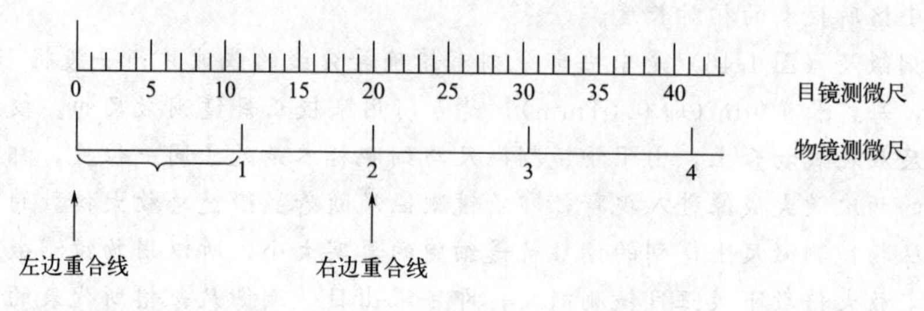

图 1-47　目镜测微尺校正图

⑤ 目镜测微尺每格的长度按下面的公式计算，10 表示镜台测微尺每格的长度为 10μm。

$$目镜测微尺每格长度(\mu m)=\frac{两重合线间物镜测微尺格数\times 10}{两重合线间目镜测微尺格数}$$

3. 酵母菌水浸片的制作

微生物水浸片制作

取洁净载玻片，滴加无菌水或无菌生理盐水一滴。然后用接种环挑取一环培养在麦芽汁斜面上的酵母菌菌落少许，置于载玻片的无菌水滴内，并将菌体搅匀。取洁净盖玻片一块，先将盖玻片一端与液滴接触，然后将整个盖玻片慢慢放下避免气泡产生，渗出的液体用滤纸吸走。液体培养的酵母菌液制作水浸片时，直接在洁净载玻片上滴加菌液一滴，取洁净盖玻片一块，先将盖玻片一端与液滴接触，然后将整个盖玻片慢慢放下避免气泡产生，渗出的液体用滤纸吸走。

4. 酵母菌大小的测定

① 目镜测微尺校正完毕后，取下物镜测微尺，换上酵母菌水浸片。

② 先用低倍镜找到标本后，换高倍镜测定酵母菌菌体的长轴和短轴各占目镜测微尺的格数，并做好记录。测定时，可通过转动目镜测微尺和移动载物台上的标本，使目镜测微尺与酵母菌的测量方向对齐。最后将所测得的格数乘以目镜测微尺（用高倍镜时）每格所代表的长度，即为酵母菌的实际大小。

同一标本中的不同酵母菌细胞之间存在个体差异，因此在测定酵母菌细胞大小时同一标本应至少随机选择 10 个细胞进行测量，然后计算平均值。

5. 酵母菌体积的测定

用显微测微尺测量并换算出酵母菌细胞的长轴（用 a 表示）和短轴（用 b 表示）的实际长度后，按下列公式即可求出酵母菌细胞的体积 V：

$$V=\frac{4}{3}\pi\times\frac{a}{2}\times\left(\frac{b}{2}\right)^2$$

6. **实验后的处理**

测量完毕后取出目镜测微尺，将接目镜放回镜筒，再将目镜测微尺和物镜测微尺分别用擦镜纸蘸少许二甲苯擦拭镜头残留香柏油，放回盒内保存。

获得本实验成功的关键

① 使用物镜测微尺进行校正时，若一时无法直接找到测微尺，可先对刻尺外的圆圈线进行准焦后再通过移动标本推进器进行寻找。

② 酵母菌个体微小，在进行细胞大小测定时一般应尽量使用高倍镜或油镜，以减少误差。

③ 酵母菌在不同的生长时期细胞大小有时会有较大变化，若需自己制样进行酵母菌细胞大小测定时，应注意选择处于对数生长期的菌体细胞材料。

【结果记录】

填写《技能训练工单》。

【思考题】

1. 为什么更换不同放大倍数的目镜或物镜时，必须用镜台测微尺重新对目镜测微尺进行校正？

2. 在不改变目镜和目镜测微尺，而改用不同放大倍数的物镜来测定同一酵母菌的大小时，其测定结果是否相同？为什么？

3. 据测量结果，为什么同种酵母菌的菌体大小不完全相同？

技能训练五　小室培养霉菌及形态观察

【训练要求】

霉菌是可产生复杂分枝的菌丝体，其菌丝分基内菌丝和气生菌丝，气生菌丝生长到一定阶段分化产生繁殖菌丝，由繁殖菌丝产生孢子。霉菌菌丝体（尤其是繁殖菌丝）及孢子的形态特征是识别不同种类霉菌的重要依据。

霉菌菌丝和孢子的宽度通常比细菌和放线菌粗得多（3～10μm），常是细菌菌体宽度的几倍至几十倍，因此，用低倍显微镜即可观察。本实验采用毛霉、根霉、曲霉、青霉四种常见的霉菌作为菌种进行观察。

通过小室培养霉菌，使用光学显微镜观察霉菌的形态。

【训练准备】

1. **菌种**

总状毛霉、黑根霉、黑曲霉、产黄青霉。

2. **试剂与溶液**

(1) 培养基　马铃薯琼脂培养基（PDA）、麦芽汁琼脂培养基。

(2) 乳酸石炭酸棉蓝染色液

(3) 20%甘油

3. **仪器及其他用品**

(1) 光学显微镜

(2) 其他用品 U形玻棒、接种钩、载玻片、盖玻片、无菌吸管、培养皿、酒精灯、滤纸。

【训练步骤】

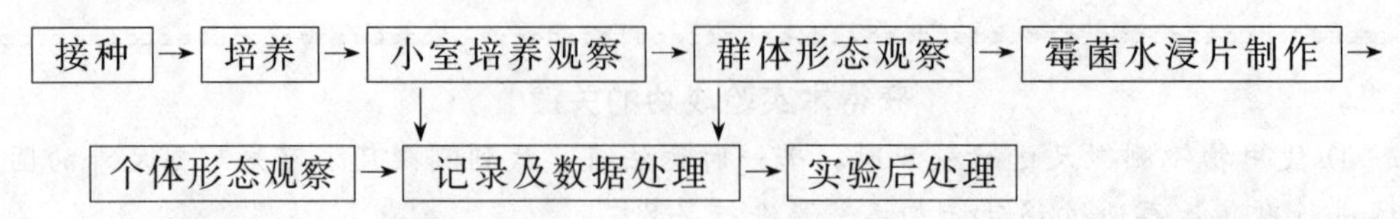

1. 接种及培养

(1) 平板接种 麦芽汁琼脂培养基倒平板，冷凝后以接种钩挑取菌丝少许，点接于平板中间，用以观察菌落形成的过程和形态。28℃倒置培养48h以上。

(2) 曲霉和青霉的小室培养接种 取一培养皿，内放一层吸润20%甘油（可以用水代替）的滤纸，放U形玻棒。取一干燥无菌的载玻片和盖玻片，于载玻片的一边滴加熔化的PDA培养基（或察氏培养基），点种孢子，并将盖玻片盖于其上，要求中央的培养基直径不大于0.5cm，盖玻片、载玻片间距离不高于0.1mm。然后将制好的载玻片放入培养皿中的U形玻棒上，盖好皿盖，30℃正置培养。可以在培养不同时间后直接置于显微镜下观察。

霉菌小室培养制作

2. 群体形态观察

观察平板上的菌落蔓延状况、疏松程度，是呈绒毛状、棉絮状还是蜘蛛网状，以及菌落和培养基的颜色、菌落中心和边缘的颜色等，并记录。

3. 个体形态观察

① 乳酸石炭酸棉蓝染色液浸片制备及个体形态观察：于清洁载玻片上滴加乳酸石炭酸棉蓝染色液。取生长好的霉菌平板，用两根大头针小心挑取含少量孢子的菌丝少许，并在染色液上摊开，小心盖上盖玻片，不要产生气泡。用低、高倍镜观察。记录、绘图。

② 对于根霉、毛霉的培养物，可轻轻打开培养皿，将皿盖（有菌的一面朝上）置于显微镜低倍镜下直接观察，或将皿底（有菌的一面朝上）置于显微镜低倍镜下，观察皿边缘的菌丝。仔细观察两种菌的孢子囊、假根、菌丝等的生长情况，并绘图。

③ 观察曲霉和青霉小室培养的结果，记录并绘图。

【结果记录】

填写《技能训练工单》。

【思考题】

1. 通过霉菌的菌落特征和个体特征如何区分毛霉、根霉、曲霉、青霉？
2. 使用显微镜观察霉菌时，为什么只用低倍镜和高倍镜，而不使用油镜？

项目二

培养微生物

微生物同其他生物一样都是具有生命的，通过本项目了解微生物细胞的化学组成，掌握微生物生长所需要的六大营养要素及其生理功能；理解微生物对营养物质吸收的四种方式，对比四种方式的相同点与不同点；熟悉微生物的营养类型及其划分的依据；掌握培养基的配制原则、配制方法及微生物生长的基本规律。

本项目的学习重点是微生物的培养，即微生物的营养需求、生长代谢、生长繁殖规律和外界对其的影响。通过实训掌握各类培养基的配制方法，创造不同的无菌环境，掌握无菌操作技能，熟悉高压杀菌锅、干热灭菌箱、生物培养箱等微生物实验常用设备的使用，理解各种外界因素对微生物生长繁殖的影响程度，从而具备控制微生物的能力。

知识目标

① 掌握微生物的营养类型。
② 掌握营养物质进入微生物细胞的方式和物质代谢。
③ 掌握微生物培养基构成及分类。
④ 掌握微生物生长繁殖。
⑤ 掌握环境因素对微生物生长的影响。

技能目标

① 熟练完成各类无菌器材的准备。
② 熟练配制微生物培养基及试管斜面、培养基平板的制作。
③ 熟练使用高压蒸汽灭菌锅和电热干燥箱。
④ 熟练进行无菌接种等无菌操作。
⑤ 熟练使用血球计数板。
⑥ 能进行微生物生长曲线的测量及绘制。
⑦ 熟练完成细菌菌落形态特征的观察和记录。

素质目标

① 养成严谨的工作作风和实事求是的科学态度。
② 探索微生物生长过程的兴趣，培养对微观世界的认知态度。
③ 养成正确使用和爱护实验仪器的习惯。
④ 培养做事清晰的逻辑思维。
⑤ 训练认真细致观察物体的方法。

思政小课堂

【事件】

牟希亚，中国著名微生物学家，菌毛学创始人。

1959 年，牟希亚通过实验研究首次提出“细菌依靠菌毛黏附在人体易感细胞表面进而占领感染点，从而进一步引发疾病”的假想推理。

在简陋的条件和病痛的折磨下牟希亚也没有中断研究工作。“没有无菌室，他便凌晨起床，尽量选择相对干净的环境；没有酒精灯，他就用煤油灯消毒；没有保温箱，他便用自己的体温培育菌种……”，即使在这样艰苦的条件下，牟希亚也营造了最为简易的“无菌操作箱”，并成功培育出了第一批减毒后的菌株。

1984 年，牟希亚用生物工程技术成功培育出铜绿假单胞菌甘露糖敏感血凝菌毛株，并制成具有双向免疫调节作用的治疗用生物药品——铜绿假单胞菌制剂，它可调整人体免疫及细胞免疫的不平衡状态，增加巨噬细胞和 HK 细胞的活性，支持人体建立完善的防御体系。该菌株 1985 年经学界著名专家界定，一致认为是国内外首创。

【启示】

牟希亚出生、成长于祖国风雨之时，中华人民共和国成立后，在艰苦的科研、生活条件下，潜心研究，不为纷乱复杂的外界所干扰，不断实现新的科研突破，追随着共和国发展的脚步，追寻心中那份崇高的梦想和从不曾改变的情怀。

微生物在农业生产、医药卫生、工业生产等方面的广阔应用前景及面临的挑战，需要年轻的一代继承老一辈的微生物科学家谦虚谨慎、艰苦奋斗的创新精神，全身心投入，加快打造原始创新策源地，加快突破关键核心技术，努力抢占科技制高点，为把我国建设成为世界科技强国作出新的更大的贡献。

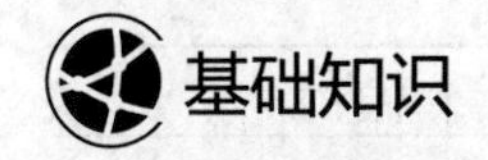

一、微生物的营养

营养物指能够满足机体生长、繁殖和完成各种生理活动所需要的物质。微生物的营养物质是构成微生物细胞的基础材料，也是获取能量及维持其他代谢功能必需的物质基础。微生物获得与利用营养物质的过程通常称为营养。

1. 微生物细胞的化学组成

微生物细胞的化学组成决定其营养的需求，细胞内的化合物包含水和矿物质、有机化合物等，其中平均含水分大约80%，其他固形物约为20%。固形物中主要是蛋白质、糖类、脂肪等（见表2-1）。构成固形物主要是碳、氢、氧、氮等有机物的四大元素，其余还有磷、硫、钾、钙、镁等常量元素和钼、锌、锰、硼、钴、碘、镍、钒、铁等微量元素，这些元素在微生物的生长繁殖过程中起着重要的作用。

表2-1 微生物细胞的化学组成

化学组成	水分/%	固形物/总固形物质量				
		蛋白质/%	糖类/%	脂肪/%	核酸/%	矿物质/%
细菌	75～85	50～80	12～28	5～20	10～20	2～30
酵母菌	70～80	32～75	27～63	2～15	6～8	3.8～7
霉菌	85～90	14～15	7～40	4～40	1	6～12

2. 微生物的营养要素

① 碳源：凡是提供微生物营养所需的碳元素（碳架）的营养源。碳源的功能是构成细胞物质；为机体提供整个生理活动所需要的能量（异养微生物）；碳源物质通过微生物细胞合成各类代谢产物。常见的微生物碳源谱见表2-2。

表2-2 微生物的碳源谱

类型	元素水平	化合物水平	培养基原料水平
有机碳	C·H·O·N·X	复杂蛋白质、核酸等	牛肉膏、蛋白胨、花生饼粉等
	C·H·O·N	多数氨基酸、简单蛋白质等	一般氨基酸、明胶等
	C·H·O	糖类、有机酸、醇、脂类等	葡萄糖、蔗糖、各种淀粉、糖蜜等
	C·H	烃类	天然气、石油及其不同馏分、石蜡油等
无机碳	C	—	—
	C·O	CO_2	CO_2
	C·O·X	$NaHCO_3$、$CaCO_3$ 等	$NaHCO_3$、$CaCO_3$、白垩等

② 氮源：凡是提供微生物营养所需的氮元素的营养源。氮源的主要作用是合成细胞物质中含氮物质，少数自养细菌能利用铵盐、硝酸盐作为机体生长的氮源与能源，某些厌氧细菌在厌氧与糖类物质缺乏的条件下，也可以利用氨基酸作为能源物质。常见的微生物氮源谱见表2-3。

表 2-3　微生物的氮源谱

类型	元素水平	化合物水平	培养基原料水平
有机氮	N·C·H·O·X	复杂蛋白质、核酸等	牛肉膏、酵母膏、饼粕粉、蚕蛹粉等
	N·C·H·O	尿素、一般氨基酸、简单蛋白质等	尿素、蛋白胨、明胶等
无机氮	N·H	NH_3、铵盐等	$(NH_4)_2SO_4$ 等
	N·O	硝酸盐等	KNO_3 等
	N	N_2	空气

③ 矿物质：也称无机元素，主要是为微生物提供除碳源、氮源以外的各种重要元素。矿物质是微生物细胞结构的组成成分和微生物成长的营养物质。其主要功能：a. 构成细胞的组成成分；b. 维持酶的活性；c. 调节细胞渗透压；d. 稳定微生物细胞内的 pH 值；e. 作为自养型微生物的能源。微生物的矿物质根据需求量分为宏量元素和微量元素。宏量元素指需求量在 10^{-4}～10^{-3}mol/L 的元素；微量元素指需求量在 10^{-8}～10^{-6}mol/L 的元素，见图 2-1。

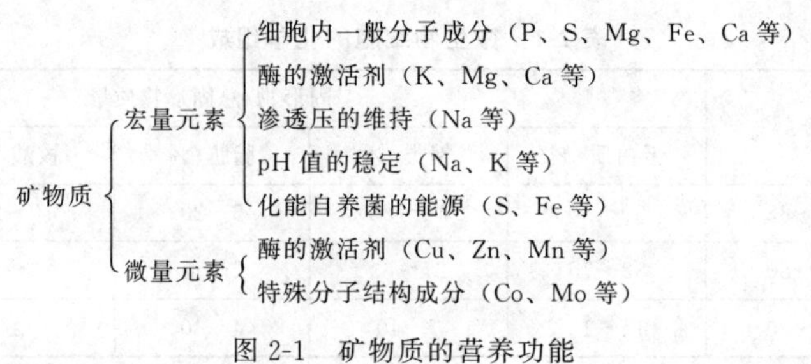

图 2-1　矿物质的营养功能

④ 生长因子：对微生物正常代谢必不可少且不能用简单的碳源或氮源自行合成的有机物，主要包括维生素、氨基酸、嘌呤和嘧啶（碱基）及其衍生物，此外还有甾醇、胺类、脂肪酸等，而狭义的生长因子一般仅指维生素。自养微生物和某些异养型（如大肠杆菌）不需要外源生长因子也能生长。对于缺乏合成生长因子能力的微生物称为“营养缺陷型”微生物。在配制培养基时，可用生长因子含量丰富的天然物质（如牛肉膏、酵母膏、玉米浆、麦芽汁等）作为培养基的原料，以保证微生物对生长因子的需求。

⑤ 能源：能为微生物的生命活动提供最初能量来源的营养物或辐射能。化能自养微生物的能源物质都是一些还原态的无机物质，如 NH_4^+、NO_2^-、S、H_2S、H_2、Fe^{2+} 等。能利用这些物质作为能源的全部是细菌，如硝酸细菌、亚硝酸菌、硫化细菌、硫细菌、铁细菌和氢细菌等。这些矿物质养料常常是双功能的（如 NH_4^+ 既是硝酸细菌的能源，又是它的氮源）。有机营养物常有双功能或三功能作用，既是异养微生物的能源，又是它们的碳源或氮源。辐射能是单功能的，只为光能微生物提供能源。

⑥ 水分：微生物细胞的主要组成成分，是微生物细胞保持正常生理功能所必需的物质。其重要的生理功能：a. 细胞内外的物质溶解于水中才能进行细胞的物质吸收和排出；b. 水是细胞代谢反应的介质；c. 参与许多生理生化反应，是反应中氢和氧的主要来源；d. 有效控制细胞内的温度变化；e. 水对于微生物维持细胞形态起着重要的作用。

二、微生物的营养类型

由于各种微生物的生存环境不同，从环境中摄取营养物质的方式也不相同。根据微生物生长需要的主要营养素（即碳源和能源）不同，所划分的微生物类型就叫作微生物的营养类型。

根据微生物对碳源的要求是无机碳化合物（如二氧化碳、碳酸盐）还是有机碳化合物可以把微生物分成自养型微生物和异养型微生物两大类。根据微生物生命活动中能量的来源不同，将微生物分为化能型和光能型微生物，利用吸收营养物质降解产生化学能的称为化能型微生物，利用吸收光能来维持生命活动的称为光能型微生物。碳源和能量的来源结合将微生物分为四种营养类型，即光能自养型微生物、光能异养型微生物、化能自养型微生物和化能异养型微生物，见表 2-4。

表 2-4 微生物的营养类型

营养类型	主要碳源	能源	氢供体	代表菌
光能自养型	CO_2 或可溶性碳酸盐（CO_3^{2-}）	光	无机物（H_2S、H_2O、$Na_2S_2O_3$ 等）	蓝细菌、紫硫细菌、绿硫细菌、藻类等
光能异养型	有机物	光	有机物	深红螺菌等
化能自养型	CO_2 或可溶性碳酸盐（CO_3^{2-}）	无机物氧化	无机物（NH_4^+、NO_2^-、H_2S、H_2、Fe^{2+} 等）	硝化细菌、硫化细菌、氢细菌、铁细菌等
化能异养型	有机物	有机物氧化降解	有机物	绝大多数细菌、全部真菌、放线菌和原生动物

三、营养物质进入细胞

大部分微生物都是细胞生物，是通过细胞膜的渗透和选择吸收从外界吸取营养物质和水分。因为细胞膜是半渗透膜，并非所有营养物质或细胞内代谢的产物都自由通过，这些物质能否通过细胞膜主要有三个影响因素：a. 营养物质或代谢产物本身的性质（如分子量、溶解性、电负性等）；b. 微生物所处的环境（如温度、pH 值等）；c. 微生物细胞的透过屏障（如原生质、细胞壁、荚膜等）。细胞膜运送各种物质的方式主要有四种：单纯扩散、促进扩散、主动运输和基团转位。

1. 单纯扩散

单纯扩散（图 2-2）也称被动扩散，是指被输送的物质以细胞内外浓度差为动力，以透析或扩散的形式从高浓度区向低浓度区的扩散。

单纯扩散是通过细胞膜进行内外物质交换的最简单的方式。这种扩散是非特异性的，为纯粹的物理学过程，在扩散过程中不消耗能量，物质扩散的动力来自参与扩散的物质在膜内外的浓度差，因此营养物质不能逆浓度运输。物质扩散的速度随原生质膜内外营养物质浓度差的降低而减小，直到膜内外营养物质浓度相同时才达到动态平衡。但实际上，细胞内的物质总是在不断地被利用，细胞外的物质不断地被运输进来。

采用单纯扩散进入细胞内的都是一些小分子物质，如水、一些溶于水的小分子（乙醇、甘油）、一些气体分子（O_2、CO_2）及某些氨基酸等。

2. 促进扩散

促进扩散（图 2-3）又称易化扩散、协助扩散或帮助扩散，是指非脂溶性物质或亲水性物质（如氨基酸、糖类和金属离子等）借助细胞膜上的载体蛋白顺浓度梯度或顺电化学浓度梯度，不消耗化学能（ATP）进入膜内的一种运输方式。载体蛋白是多回旋折叠的跨膜蛋白质，它与被传递的分子特异结合使其越过质膜。其机制是载体蛋白分子的构象可逆地变化，与被转运分子的亲和力随之改变而将分子传递过去。

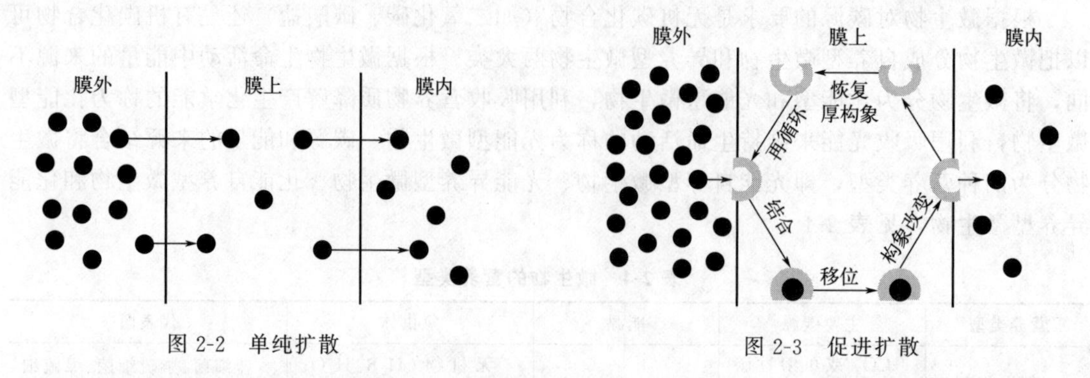

图 2-2 单纯扩散　　　　图 2-3 促进扩散

与单纯扩散一样，促进扩散也是一种被动的物质跨膜运输方式，在这个过程中不消耗能量，参与运输的物质本身的分子结构不发生变化，不能进行逆浓度运输，运输速度与膜内外物质的浓度差成正比。

与单纯扩散不同的是，促进扩散中进行跨膜运输的物质需要借助于载体蛋白的作用力才能进入细胞，而且每种载体蛋白具有较强的专一性，其自身在这个过程中不发生化学变化，而且在促进扩散中载体只影响物质的运输速度，并不改变该物质在膜内外形成的动态平衡状态。被运输物质在膜内外浓度差越大，促进扩散的速度越快，但是当被运输物质浓度过高而使载体蛋白饱和时，运输速度就不再增加，这些性质都类似于酶的作用特征，因此载体蛋白也称为透过酶。透过酶大多是诱导酶，只有在环境中存在机体生长所需的营养物质时，相应的透过酶才合成。

通过促进扩散进入细胞的营养物质主要有氨基酸、单糖、维生素及矿物质等。促进扩散主要在真核生物中存在，在原核生物中比较少见。

一般微生物通过专一的载体蛋白运输相应的物质，但也有微生物对同一物质的运输由 1 种以上的载体蛋白来完成，如鼠伤寒沙门菌利用 4 种不同载体蛋白运输组氨酸，酿酒酵母由 3 种不同的载体蛋白来完成葡萄糖的运输。另外，某些载体蛋白可同时完成几种物质的运输，如大肠杆菌可通过 1 种载体蛋白完成亮氨酸、异亮氨酸和缬氨酸的运输，但这种载体蛋白对这三种氨基酸的运输能力有差别。

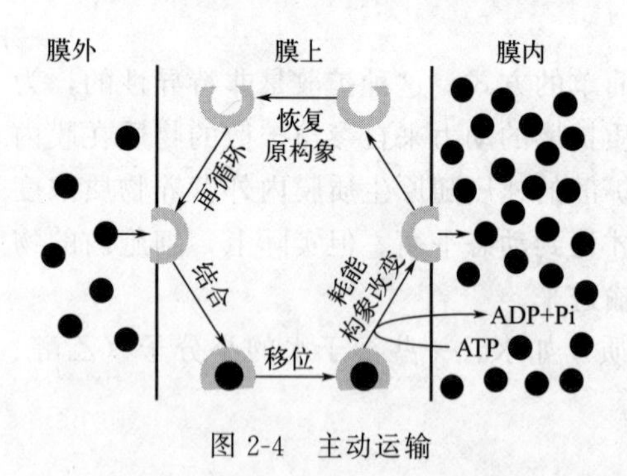

图 2-4 主动运输

3. 主动运输

主动运输（图 2-4）是指膜外低浓度物质通过细胞膜上特异性载体蛋白构型变化进入膜内，同时消耗能量，且被运输的物质在运输前后并不发生任何化学变化的一种物质运送方式。

与单纯扩散和促进打散所不同的是，主动运输在物质运输过程中需要消耗能量，而且可以进行逆浓度运输。与促进扩散相同的是主动运输也需要特异性载体蛋白的参与。载体蛋白通过构象变化而改变与被运输物质之间的亲和力大小，使两者之间发生可逆性结合与分离，从而完成相应物质的跨膜运输。

在主动运输过程中，运输物质所需能量来源因微生物不同而不同，好氧型微生物和兼性厌氧型微生物直接利用呼吸能，厌氧型微生物利用化学能（ATP），光合微生物利用光能，嗜盐细菌通过紫膜利用光能。

主动运输是微生物吸收营养物质的主要方式，很多无机离子、有机离子和一些糖类（乳糖、葡萄糖、麦芽糖等）是通过这种方式进入细胞的。正是因为有了主动运输，才使很多微生在营养浓度低的环境中得以生存。

4. 基团转位

基团转位（图 2-5）是指被运输的物质在膜内受到化学修饰，结构发生了变化，以被修饰的形式进入细胞的一种物质运送方式。基团转位也有特异性载体蛋白参与，并需要消耗能量。除了营养物质在运输过程中发生了化学变化这一特点外，该过程的其他特点都与主动运输方式相同。

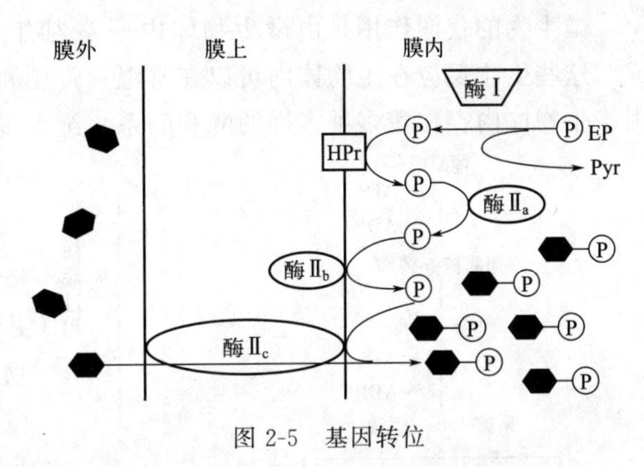

图 2-5 基因转位

基团转位主要存在于厌氧型和兼性厌氧型细菌中，主要用于糖类（葡萄糖、果糖、甘露糖和 *N*-乙酰葡糖胺等）的运输，脂肪酸、核苷、碱基等也可通过这种方式运输。

上述四种运输方式的比较见表 2-5。

表 2-5 营养物质吸收的四种运输方式比较

运输方式	单纯扩散	促进扩散	主动运输	基团转位
特异载体蛋白	无	有	有	有
运送速度	慢	快	快	快
运送浓度梯度	由大到小	由大到小	由小到大	由小到大
能量消耗	不需要	不需要	需要	需要
运送前后的溶质分子	不变	不变	不变	改变

四、微生物的代谢

生物体从外界摄取营养物质进入体内转变为自身的分子及生命活动所需的物质和能量等。营养物质在生物体内所经历的一切化学变化的总称为新陈代谢，简称代谢。代谢是生物生命活动的动力源和各种生命物质的来源基地。通常代谢分为分解代谢（异化作用）和合成代谢（同化作用）。

分解代谢是指复杂的有机分子物质通过分解酶系的作用降解成简单分子物质，并产生能量。细胞物质和从外界吸收的营养物质进行分解变成简单物质，并产生一些中间产物作为合成细胞物质的基础原料，最终将不能利用的废物排出体外，一部分能量以热量的形式散发，这便是异化作用。合成代谢是指在合成酶系的催化下，由简单小分子、ATP 形式的能量等共同合成复杂的生物大分子的过程。微生物细胞直接同生活环境接触，微生物不停地从外界环境吸收适当的营养物质，在细胞内合成新的细胞物质和贮藏物质，并贮存能量，即同化作用。分解代谢与合成代谢途径中所包括的物质转化属于物质代谢，与此相伴发生的能量转移称为能量代谢。分解代谢释放能量，合成代谢消耗能量。

根据微生物代谢过程中产生的代谢产物在微生物体内的作用不同，又可将代谢分成初级代谢与次级代谢两种类型。初级代谢是指能使营养物质转换成细胞结构物质，维持微生物正常生命活动的生理活性物质或能量的代谢。初级代谢的产物称为初级代谢产物。次级代谢是指某些微生物进行的非细胞结构物质和维持其正常生命活动的非必需物质的代谢。如一些微生物积累发酵产物的代谢过程（抗生素、毒素、色素等）。

微生物的代谢作用是由微生物体内一系列有一定次序的、连续性的生物化学反应所组成。这些生化反应在生物体内可以在常温、常压和 pH 值中性条件下极其迅速地进行，这是由于生物体内存在着多种多样的酶和酶系，绝大多数的生化反应是在特定酶催化下进行的。

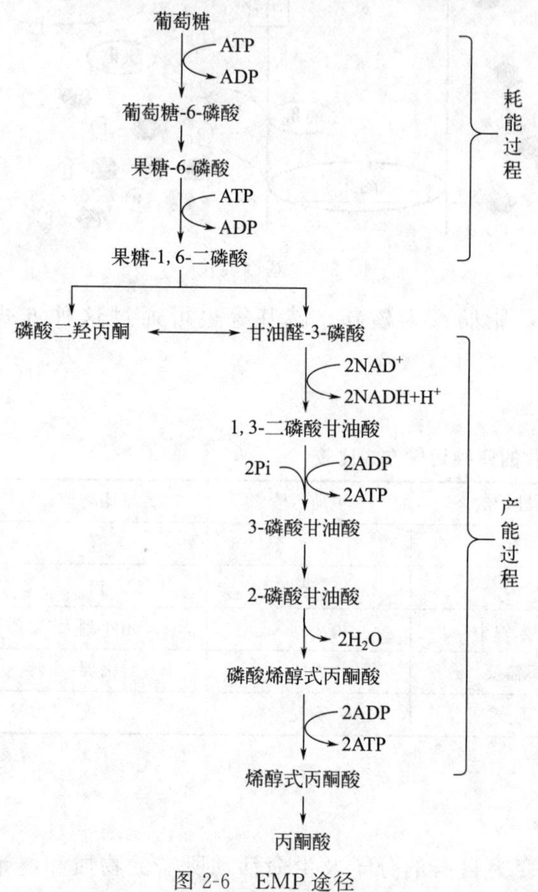

图 2-6　EMP 途径

1. 微生物的生物氧化

微生物的分解代谢是指物质在生物体内经过一系列连续的氧化还原反应，逐步分解并释放能量的过程，故又称为产能代谢或生物氧化。在生物氧化过程中释放的能量可被微生物直接利用，也可通过能量转换贮存在高能键化合物（如 ATP）中，以便逐步被利用，还有部分能量以热或光的形式被释放到环境中。不同的微生物进行生物氧化所利用的物质不同，异养微生物利用有机物，自养微生物则利用无机物，通过生物氧化来进行产能代谢。

(1) 异养微生物的生物氧化　异养微生物将有机物氧化，根据氧化还原反应中电子受体的不同，可将微生物细胞内发生的生物氧化反应分成发酵、有氧呼吸和无氧呼吸三种类型。

① 发酵　发酵是指微生物细胞将有机物氧化释放的电子直接交给底物本身未完全氧化的某种中间产物，同时释放能量并产生不同的代谢产物。发酵的种类有很多，可发酵的底物有糖类、有机酸、氨基酸等。以葡萄糖作为生物氧化的典型底物，生物体内葡萄糖被降解成丙酮酸的过程称为糖酵解，主要分为 4 种途径：EMP 途径、HMP 途径、ED 途径及磷酸解酮酶（PK）途径。

EMP 途径也称己糖二磷酸降解途径或糖酵解途径，其为两个阶段。第一阶段是以 1 分子葡萄糖为底物生成 2 分子的 C3 化合物（甘油醛-3-磷酸）的耗能阶段，第二阶段是发生氧化还原反应形成 2 分子的丙酮酸和 ATP 的产能阶段。整个 EMP 途径有 10 个反应，见图 2-6。EMP 途径是多种微生物所具有的代谢途径，其产能效率虽低，但生理功能极其重要：a. 供应 ATP 形式的能量和 $NADH_2$ 形式的还原力；b. 是连接其他几个重要代谢途径的桥梁，包括三羧酸循环（TCA）、HMP 途径和 ED 途径等；c. 为生物合成提供多种中间代谢物；d. 通过逆向反应可进行多糖合成。若从 EMP 途径与人类生产实践的关系来看，则它与乙醇、乳酸、甘油、丙酮和丁醇等的发酵生产关系密切。

HMP途径也称磷酸己糖途径、磷酸己糖支路（HM）、磷酸戊糖途径、磷酸葡萄糖酸途径。这个途径的特点是当葡萄糖经一次磷酸化脱氢生成6-磷酸葡萄糖酸后，在6-磷酸葡萄糖酸脱酶作用下，再次脱氢降解为1分子CO_2和1分子磷酸戊糖。磷酸戊糖的进一步代谢较复杂，由3分子磷酸己糖经脱氢脱羧生成的3分子磷酸戊糖，在转酮酶和转醛酶的作用下又生成2分子磷酸己糖和1分子磷酸丙糖，磷酸丙糖再经EMP途径的后半部反应转为丙酮酸，这个反应过程称为HMP途径。反应步骤过程如图2-7。

ED途径也称2-酮-3-脱氧-6-磷酸葡萄糖酸途径，在醛缩酶的作用下，裂解为丙酮酸和3-磷酸甘油醛，3-磷酸甘油醛再经EMP途径的后半部反应转化为丙酮酸。ED途径的关键酶系是6-磷酸葡萄糖脱水酶和2-酮-3-脱氧-6-磷酸葡萄糖酸醛缩酶，其中6-磷酸葡萄糖酸脱水导致2-酮-3-脱氧-6-磷酸葡萄糖酸的生成，而2-酮-3-脱氧-6-磷酸葡萄糖酸醛缩酶则催化2-酮-3-脱氧-6-磷酸葡萄糖酸裂解为丙酮酸和3-磷酸甘油醛。反应过程如图2-8。

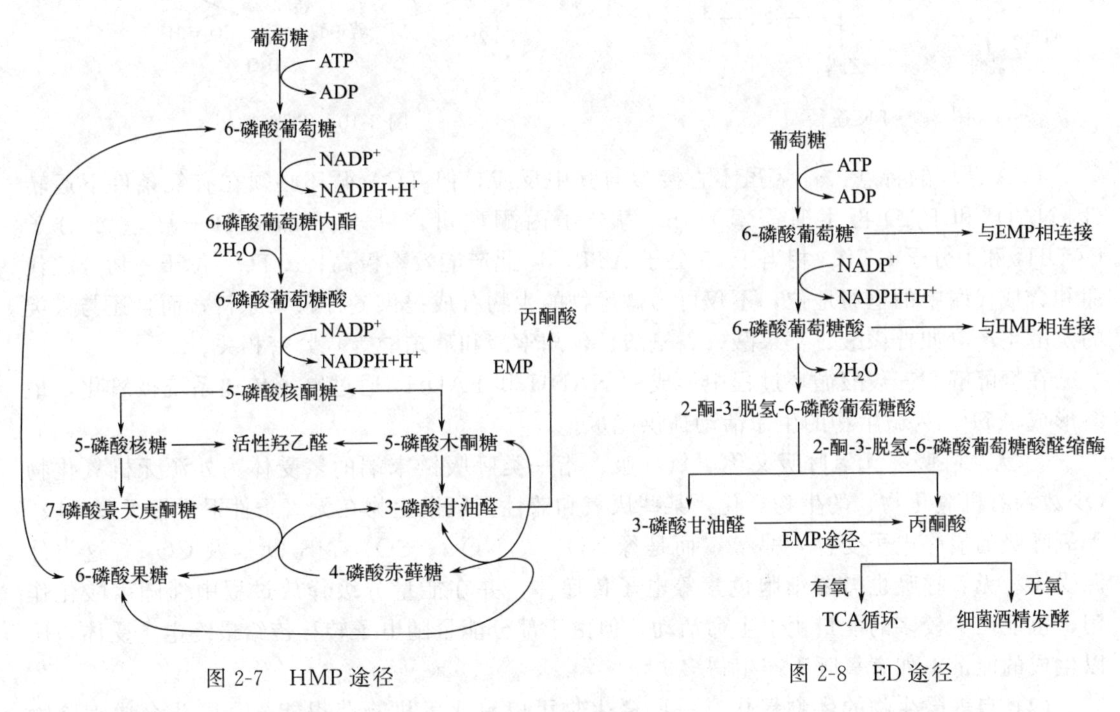

图2-7 HMP途径

图2-8 ED途径

PK途径也称磷酸解酮酶途径。在微生物降解己糖的过程中，除EMP、HMP和ED途径外，还有一条途径即磷酸解酮酶途径为少数细菌所独有。磷酸解酮酶有两种，一种是戊糖磷酸解酮酶，一种是己糖磷酸解酮酶。有些异型乳酸发酵的微生物，如明串珠菌属和乳杆菌属中的肠膜明串球菌、短乳酸杆菌、甘露乳酸杆菌等，由于没有转酮-转醛酶系，而具有戊糖磷酸解酮酶，因此就不能通过HMP途径进行异型乳酸发酵．而是通过戊糖磷酸解酮酶途径进行的，反应途径如图2-9。

② 有氧呼吸　葡萄糖经过糖酵解作用形成丙酮酸，在发酵过程中，丙酮酸在厌氧条件下转变成不同的发酵产物；而在有氧呼吸过程中，丙酮酸进入三羧酸循环（TCA循环），被彻底氧化生成CO_2和水，同时释放大量能量，反应途径如图2-10。

整个TCA循环的总反应式为

$$丙酮酸+4NAD^{+}+FAD+GDP+Pi+3H_2O \longrightarrow 3CO_2+4(NADH+H^{+})+FADH_2+GTP$$

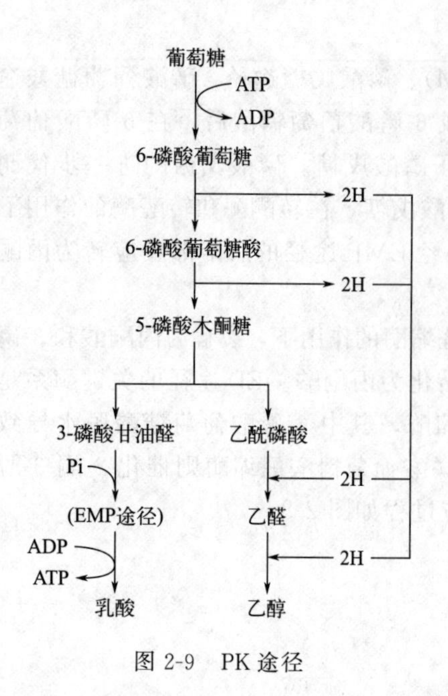

图 2-9　PK 途径

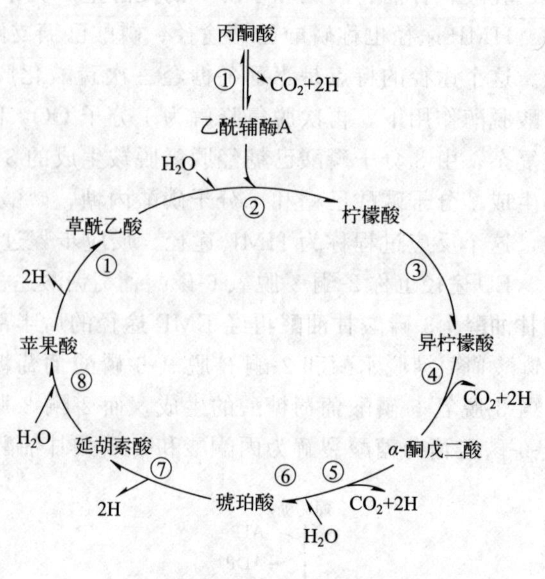

图 2-10　TCA 循环

TCA 循环的特点：a. 氧虽不直接参与其中反应，但 TCA 循环必须在有氧条件下运转（因 NAD^+ 和 FAD 再生时需氧）；b. 每分子丙酮酸可产 4 分子 NADH + H^+、1 分子 $FADH_2$ 和 1 分子 GTP，相当于 15 分子 ATP，因此产能效率极高；c. TCA 位于一切分解代谢和合成代谢中的枢纽地位，不仅可为微生物的生物合成提供各种碳架原料，而且还与人类的发酵生产（如柠檬酸、苹果酸、谷氨酸、延胡索酸和琥珀酸等）紧密相关。

在糖酵解和三羧酸循环过程中形成的 NADH 和 $FADH_2$ 通过电子传递系统被氧化，最终形成 ATP，为微生物的生命活动提供能量。

③ 无氧呼吸　无氧呼吸又称厌氧呼吸，指一类呼吸链末端的氢受体为外源无机氧化物（少数为有机氧化物）的生物氧化。某些厌氧和兼性厌氧微生物在无氧条件下进行无氧呼吸。无氧呼吸的最终电子受体不是氧，而是像 NO_3^-、NO_2^-、SO_4^{2-}、$S_2O_3^{2-}$ 及 CO_2 等这类外源受体。无氧呼吸也需要细胞色素等电子传递体，并在能量分级释放过程中伴随磷酸化作用，也能产生较多的能量用于生命活动。但由于部分能量随电子转移传给最终电子受体，所以生成的能量不如有氧呼吸产生得多。

(2) 自养微生物的生物氧化　一些微生物可以氧化无机物获得能量，同化合成细胞物质，这类细菌称为化能自养微生物。它们在无机能源氧化过程中通过氧化磷酸化产生 ATP。其产能的途径主要也是借助于经过呼吸链的氧化磷酸化反应，因此，化能自养菌一般都是好氧菌。如 NH_4^+、NO_2^-、H_2S、S^0、H_2 和 Fe^{2+} 等无机底物不仅可作为最初能源产生 ATP，而且其中有些底物（如 NH_4^+、H_2S 和 H_2）还可作为无机氢供体。化能自养菌的产能效率与化能有机营养菌（葡萄糖完全氧化时的 $\Delta G^{0'}$ 是 −2867.5kJ/mol）相比是很低的，见表 2-6。

表 2-6　化能无机营养细菌氧化无机底物产能

反应	$\Delta G^{0'}$/(kJ/mol)
$H_2+\frac{1}{2}O_2 \longrightarrow H_2O$	−236.6
$NO_2^-+\frac{1}{2}O_2 \longrightarrow NO_3^-$	−72.7

续表

反应	$\Delta G^{0'}$/(kJ/mol)
$NH_4^+ + \frac{3}{2}O_2 \longrightarrow NO_2^- + H_2O + 2H^+$	−271.7
$S^0 + \frac{3}{2}O_2 + H_2O \longrightarrow H_2SO_4$	−495.3
$S_2O_3^{2-} + 2O_2 + H_2O \longrightarrow 2SO_4^{2-} + 2H^+$	−935.1
$2Fe^{2+} + 2H^+ + \frac{1}{2}O_2 \longrightarrow 2Fe^{3+} + H_2O$	−46.8

(3) 能量转换 生物氧化的结果不仅使许多还原型辅酶Ⅰ得到了再生，而且更重要的是为生物体的生命活动获得了能量。ATP的产生就是电子从起始的电子供体经过呼吸链至最终电子受体的结果。

ATP是生物体内能量的主要传递者。当微生物获得能量后，都是先将它们转换成ATP。当需要能量时，ATP分子上的高能键水解，重新释放出能量。这些能量在体内很好地和起催化作用的酶产生偶联作用，既可利用，又可重新贮存。在pH值为7.0的情况下，ATP的自由能变化ΔG为−30kJ，这种分子既比较稳定，又比较容易引起反应，是微生物体内理想的能量传递者。因此，ATP对于微生物的生命活动具有重大的意义。

利用光能合成ATP的反应，称为光合磷酸化。利用生物氧化过程中释放的能量合成ATP的反应，称为氧化磷酸化，生物体内氧化磷酸化是普遍存在的，有机物降解反应和生成物合成反应通过氧化还原而偶联起来，使能量得到产生、保存和释放。微生物磷酸化生成ATP的方式主要有：

① 底物水平磷酸化 物质在生物氧化过程中，常生成一些含有高能键的化合物，而这些化合物可直接偶联ATP或GTP的合成，这种产生ATP等高能分子的方式称为底物水平磷酸化。底物水平磷酸化既存在于发酵过程中，也存在于呼吸作用过程中。例如

$$\text{1,3-磷酸甘油酸} + \text{ADP} \xrightleftharpoons{\text{3-磷酸甘油酸激酶}} \text{3-磷酸甘油酸} + \text{ATP}$$

$$\text{磷酸烯醇式丙酮酸} + \text{ADP} \xrightarrow{\text{丙酮酸激酶}} \text{烯醇式丙酮酸} + \text{ATP}$$

$$\text{琥珀酰辅酶 A(CoA)} + H_3PO_4 + \text{GDP} \xrightleftharpoons{\text{琥珀酸硫激酶}} \text{琥珀酸} + \text{CoASH} + \text{GTP}$$

② 电子传递磷酸化 在电子传递磷酸化中，通过呼吸链传递电子，将氧化过程中释放的能量和ADP的磷酸化偶联起来，形成ATP。1个NAD分子，通过呼吸链进行氧化，可以产生3个ATP分子；1个FAD分子，通过呼吸链进行氧化，可以产生2个ATP分子，见图2-11。

③ 光合磷酸化 光合磷酸化将光能转变成化学能，以用于从CO_2合成细胞物质。光合微生物包括藻类、蓝细菌和光合细菌（包括紫色细菌、绿色细菌、嗜盐菌等）。它们利用光能维持生命，同时也为其他生物（如动物和异养微生物）提供了赖以生存的有机物。

光合色素是光合生物所特有的物质，它在光能转换过程中起着重要作用。光合色素由主要色素和辅助色素构成，主要色素是叶绿素或细菌叶绿素，辅助色素是类胡萝卜素和藻胆素。光合色素存在于一定的细胞器或细胞结构中，主要色素在它存在的部位里构成光反应中心，并能吸收光和捕捉光能，使自己处于激发态而释放电子。辅助色素在细胞内只能捕捉光能并将捕捉到的光能传递给主要色素。光反应中心的叶绿素通过吸收光能释放电子而使自己处于氧化态，逐出的电子通过铁氧化蛋白、泛醌、细胞色素b与细胞色素c组成的电子传递

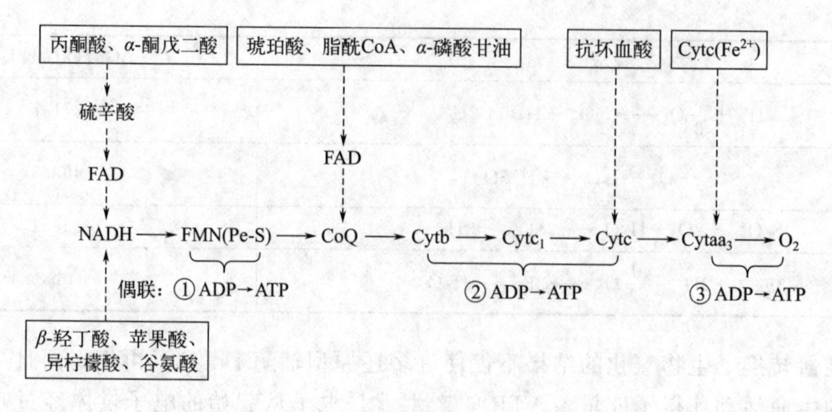

图 2-11　呼吸链电子传递

链再返回叶绿素本身，使叶绿素分子回复到原来的状态，在电子传递过程中产生能量转化（光能转化成化学能）。这种由光能引起叶绿素分子逐出电子，并通过电子传递来产生 ATP 的方式称为光合磷酸化。

2．微生物发酵的代谢途径

由于微生物种类繁多，能在不同条件下对不同物质或对基本相同的物质进行不同的发酵。而不同微生物对不同物质发酵时可以得到不同的产物，不同的微生物对同一种物质进行发酵，或同一种微生物在不同条件下进行发酵都可得到不同的产物，这些都取决于微生物本身的代谢特点和发酵条件，现将食品工业中常见的微生物及其发酵途径介绍如下。

(1) 醋酸发酵　醋酸发酵是将糖或醇类转化为醋酸（乙酸）的微生物学过程。参与醋酸发酵的微生物主要是细菌，统称为醋酸细菌。它们之中既有好氧性的醋酸细菌，如纹膜醋酸杆菌、氧化醋酸杆菌、巴氏醋酸杆菌、氧化醋酸单胞菌等；也有厌氧性的醋酸细菌，如热醋酸梭菌、胶醋酸杆菌等。

① 好氧性的醋酸细菌进行的是好氧性的醋酸发酵，在有氧条件下，能将乙醇直接氧化为醋酸，是醋酸细菌的好氧性呼吸，其氧化过程是一个脱氢加水的过程：

$$\underset{\text{乙醇}}{CH_3-CH(H)-OH} \xrightarrow{-2H} \underset{\text{乙醛}}{CH_3-C(H)=O} \xrightarrow{+H_2O} HO-CH(CH_3)-OH \xrightarrow{-2H} \underset{\text{醋酸}}{CH_3COOH}$$

脱下的氢最后经呼吸链和氧结合形成水，并放出能量：

$$4H+O_2 \longrightarrow 2H_2O+490kJ$$

总反应式：

$$CH_3CH_2OH+O_2 \longrightarrow CH_3COOH+H_2O+490kJ$$

② 厌氧性的醋酸细菌进行的是厌氧性的醋酸发酵，其中热醋酸梭菌能通过 EMP 途径发酵葡萄糖，产生 3mol/L 醋酸。研究证明该菌只有丙酮酸脱羧酶和 CoM，能利用 CO_2 作为氢受体生成乙酸，发酵结果如下：

$$C_6H_{12}O_6+2ADP+2Pi \xrightarrow{EMP} 2CH_3COCOOH+4H+2ATP$$

$$2CH_3COCOOH+2H_2O+2ADP+2Pi \xrightarrow[\text{乙酸激酶}]{\text{丙酮酸脱羧酶}} 2CH_3COOH+2CO_2+4H+2ATP$$

$$2CO_2 + 8H \xrightarrow{CoM} CH_3COOH + 2HO_2$$

总反应式：

$$C_6H_{12}O_6 + 4ADP + 4Pi \longrightarrow 3CH_3COOH + 4ATP$$

好氧性的醋酸发酵是制醋工业的基础。制醋原料或酒精接种醋酸细菌后，即可发酵生成醋酸发酵液供食用，醋酸发酵液还可以经提纯制成一种重要的化工原料——冰醋酸。厌氧性的醋酸发酵是我国用于酿造糖醋的主要途径。

(2) 柠檬酸发酵 柠檬酸发酵是指在有氧条件下，己糖转化为柠檬酸并积累于环境中的微生物学过程。通常，柠檬酸仅仅是已糖好氧分解的中间产物，边产生边转化，不会在环境中积累。然而，有些霉菌却能在好氧代谢己糖时，在环境中积累柠檬酸。关于柠檬酸发酵途径曾有多种论点，但目前大多数学者认为柠檬酸并不单纯由 TCA 循环所积累，而是由葡萄糖 EMP 途径形成丙酮酸，再由两分子丙酮酸之间发生羧基转移，形成草酰乙酸和乙酰辅酶 A (CoA)，草酰乙酸和乙酰 CoA 再合成柠檬酸，见图 2-12。

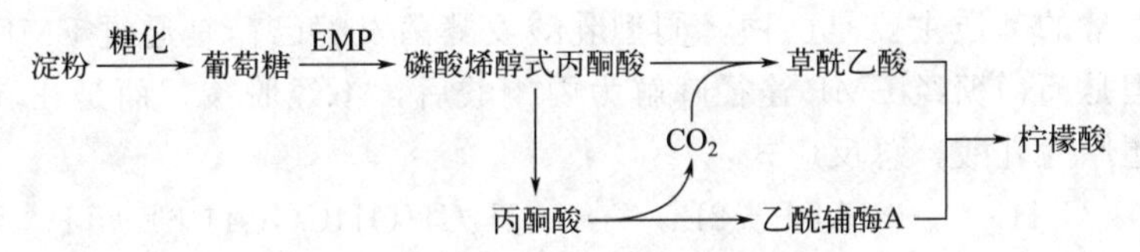

图 2-12 柠檬酸发酵途径

环境中的 pH 值对上述反应具有调节作用。当 pH 值较低时，发酵的产物以柠檬酸为主，当 pH 值升高时，则以草酸为主。此外也受温度的影响。温度偏高柠檬酸产量降低，草酸产量增加。能够累积柠檬酸的霉菌以曲霉属、青霉属和橘霉属为主。其中以黑曲霉、米曲霉、灰绿青霉、淡黄青霉、光橘霉等产酸量最高。

柠檬酸发酵广泛被用于制造柠檬酸盐、香精、饮料、糖果、发泡缓冲剂等，在食品工业中起重要的作用。

(3) 酒精发酵 酒精发酵是酿酒工业的基础，它与酿造白酒、果酒、啤酒及酒精的生产等有密切关系。进行酒精发酵的微生物主要是酵母菌，如啤酒酵母等，此外还有少数细菌如发酵单胞菌、嗜糖假单胞菌、解淀粉欧文菌等也能进行酒精发酵。

酵母菌在无氧条件下，将葡萄糖经 EMP 途径分解为 2 分子丙酮酸，然后在酒精发酵的关键酶——丙酮酸脱羧酶的作用下脱羧生成乙醛和 CO_2，最后乙醛被还原为乙醇，见图 2-13。

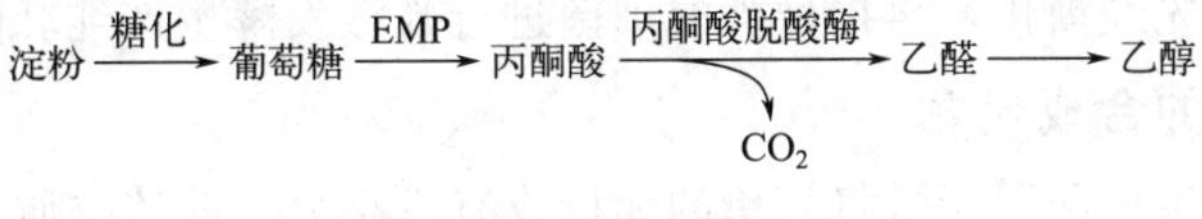

$$淀粉 \xrightarrow{糖化} 葡萄糖 \xrightarrow{EMP} 丙酮酸 \xrightarrow{丙酮酸脱酸酶} 乙醛 \longrightarrow 乙醇$$

CO_2

图 2-13 酒精发酵途径

酒精发酵是酵母菌正常的发酵形式，又称第一型发酵，如果改变正常的发酵条件，可使酵母菌进行第二型和第三型发酵而产生甘油。第二型发酵是在亚硫酸氢钠存在的情况下发生的。亚硫酸氢钠和乙醛起加成作用，生成难溶的结晶状亚硫酸氢钠加成物——磺化羟乙醛。由于乙醛和亚硫酸氢钠发生了加成作用，致使乙醛不能作为氢受体，而迫使磷酸二羟丙酮代替乙醛作为氢受体生成 α-磷酸甘油，α-磷酸甘油在 α-磷酸甘油磷酸酯酶催化下被水解，除去磷酸而生成甘油。

第三型发酵是在碱性条件下进行的，碱性条件可促使乙醛不能作为正常的氢受体，而是两分子乙醛之间发生歧化反应，即相互进行氧化还原反应，一分子乙醛被氧化成乙酸，另一分子乙醛被还原为乙醇，迫使磷酸二羟丙酮作为氢受体而最终形成甘油。

由此可以看出，酵母菌的第二型和第三型发酵过程中，都不产生能量，因此只能在非生长情况下进行。如用此途径生产甘油，必须在第三型发酵液中不断地加入碳酸钠以维持其碱性，否则由于酵母菌产生酸而使发酵液 pH 值降低，这样就又恢复到正常的第一型发酵而不累积甘油。这说明酵母菌在不同条件下发酵结果是不同的，因而我们可以通过控制环境条件来利用微生物的代谢活动，有目的地生产有用的产品。

（4）乳酸发酵 乳酸是细菌发酵最常见的最终产物，能够产生大量乳酸的细菌称为乳酸细菌。在乳酸发酵过程中，发酵产物中只有乳酸的称为同型乳酸发酵；发酵产物中除乳酸外，还有乙醇、乙酸及 CO_2 等其他产物的，称为异型乳酸发酵。

① 同型乳酸发酵 引起同型乳酸发酵的乳酸细菌，称为同型乳酸发酵菌，有双球菌属、链球菌属及乳酸杆菌属等。其中工业发酵中最常用的菌种是乳酸杆菌属中的一些种类，如德氏乳酸杆菌、保加利亚乳酸杆菌、干酪乳酸杆菌等。

同型乳酸发酵的基质主要是己糖，同型乳酸发酵菌发酵己糖是通过 EMP 途径产生乳酸的。其发酵过程是葡萄糖经 EMP 途径降解为丙酮酸后，不经脱羧，而是在乳酸脱氢酶的作用下，直接被还原为乳酸，总反应式：

$$C_6H_{12}O_6+2ADP+2Pi \longrightarrow 2CH_3CHOHCOOH+2ATP$$

② 异型乳酸发酵 异型乳酸发酵基本都是通过磷酸解酮酶途径（即 PK 途径）进行的。该途径中葡萄糖经 6-磷酸葡萄糖酸产生 5-磷酸核酮糖，再经异构作用产生 5-磷酸木酮糖。后者经磷酸酮糖裂解反应产生 3-磷酸甘油醛和乙酰磷酸。3-磷酸甘油醛进一步转变成丙酮酸后可以通过还原丙酮酸产生乳酸，而乙酰磷酸则还原为乙醇。其中肠膜明串球菌、葡萄糖明串球菌、短乳杆菌、番茄乳酸杆菌等是通过戊糖解酮酶途径将 1 分子葡萄糖发酵产生 1 分子乳酸、1 分子乙醇和 1 分子 CO_2，并且只产生 1 分子 ATP，相当于同型乳酸的一半。总反应式如下：

$$C_6H_{12}O_6+ADP+Pi \longrightarrow CH_3CHOHCOOH+CH_3CH_2OH+CO_2+ATP$$

双歧乳酸杆菌、两歧双歧杆菌等是通过己糖磷酸解酮酶途径将 2 分子葡萄糖发酵为 2 分子乳酸和 3 分子乙酸，并产生 5 分子 ATP，总反应式为：

$$2C_6H_{12}O_6+5ADP+5Pi \longrightarrow 2CH_3CHOHCOOH+3CH_3CH_2OH+5ATP$$

乳酸发酵被广泛地应用于泡菜、酸菜、酸乳、乳酪及青贮饲料中，由于乳酸细菌活动的结果，积累了乳酸，抑制其他微生物的发展，使蔬菜、牛乳及饲料得以保存。近代发酵工业多采用淀粉为原料，先经糖化，再接种乳酸细菌进行乳酸发酵生产纯乳酸。

3. 微生物独特的合成代谢

合成代谢是指微生物利用能量将简单的无机或有机小分子前体物质同化成高分子或细胞结构物质，但微生物合成代谢时，必须具备三个条件，那就是代谢能量、小分子前体物质和还原基，只有具备了这三个基本条件，合成代谢才能进行。

在微生物的合成代谢中，就异养菌而言，无论是哪一种物质的合成，其过程都可以分为三级：第一级是降解反应为合成代谢提供碳的骨架及能量；第二级是小分子的合成，在第一级反应中形成的许多碳化合物可以经过一系列酶的催化，合成小分子如氨基酸、氨基己糖、核苷酸，这些都是合成大分子的基本成分；第三级是把小分子化合物变成大分子化合物，如蛋白质、核酸、多糖等。

一般生物体共有的合成代谢有糖类、脂类、蛋白质和核酸的合成。自养型微生物的合成代谢能力很强，它们利用无机物能够合成完全的自身物质。在食品工业涉及最多的是化能异养型微生物，这些微生物所需要的代谢能量、小分子前体物质和还原基都是从复杂的有机物中获得，获得代谢能量、小分子前体物质和还原基的过程是微生物对吸收的营养物质的降解过程。所以，分解代谢和合成代谢是不能分开的，两者在生物体内是有条不紊的平衡过程。由于微生物蛋白质的合成和核酸的合成基本同一般生物的生化过程，这里主要对微生物独特的肽聚糖的生物合成代谢途径加以阐述。

(1) 肽聚糖的生物合成 细胞壁肽聚糖的合成过程是一个极其复杂的过程，根据反应进行的部位不同，整个合成过程可分为在细胞质中、在细胞膜上和在细胞膜外三个阶段。

① 在细胞质中合成 由葡萄糖合成 *N*-乙酰葡萄糖胺和 *N*-乙酰胞壁酸；由 *N*-乙酰胞壁酸合成“Park”核苷酸。这一过程需要 4 步反应，它们都需要尿嘧啶二磷酸（UDP）作为糖的载体，另外还有合成 D-丙氨酰胺-D-丙氨酸的 2 步反应，这些反应都可被环丝氨酸所抑制。

② 在细胞膜上合成 由“Park”核苷酸合成肽聚糖亚单位的过程是在细胞膜上完成的，在细胞质内合成“Park”核苷酸后，穿入细胞膜并进一步接上 *N*-乙酰葡萄糖胺和甘氨酸五肽，即合成了肽聚糖亚单位。这个肽聚糖亚单位通过一个类脂载体（十一异戊烯磷酸）携带到细胞膜外，进行肽聚糖合成。由“Park”核苷酸合成肽聚糖亚单位的过程总计有 5 步反应。

③ 在细胞膜外合成 被运送到细胞膜外的肽聚糖亚单位在必须有细胞壁残余（6～8 个肽聚糖亚单位）作引物的条件下，肽聚糖亚单位与引物分子间先发生转糖基作用使多糖横向延伸一个双糖单位，然后，再通过转肽作用使两条多糖链间形成甘氨酸五肽而发生纵向交联反应。

青霉素可抑制转肽作用进行，其作用机制是：青霉素是肽聚糖亚单位五肽末端的 D-丙氨酰胺-D-丙氨酸的类似物，两者竞争转肽酶的活性中心，从而竞争性抑制了肽聚糖的转肽作用，使得肽聚糖分子不能发生纵向交联反应，肽聚糖不能形成细胞壁层。可见，青霉素只是对处于活跃生长阶段的细菌有抑菌作用，对处于休眠阶段的细菌几乎无作用。

(2) 固氮作用 微生物将分子态氮（N_2）还原为氨（NH_3）的作用称为生物固氮作用。根据固氮微生物的固氮特点以及与植物的关系，可以将它们分为自生固氮微生物、共生固氮微生物和联合固氮微生物三类。

自生固氮微生物在土壤或培养基中生活时，可以自行固定空气中的分子态氮，对植物没有依存关系。常见的自身固氮微生物有圆褐固氮菌、厌氧性自生固氮菌等。共生固氮微生物只有和植物互利共生时，才能固定空气中的分子态氮。常见的共生固氮微生物有与豆科植物互利共生的根瘤菌。有些固氮微生物如固氮螺菌等，能够生活在玉米、水稻和甘蔗等植物根内的皮层细胞之间。这些固氮微生物和共生的植物之间具有一定的专一性，但是不形成根瘤那样的特殊结构，这些微生物还能够自行固氮，它们的固氮特点介于自生固氮和共生固氮之间，这种固氮形式叫作联合固氮。

固氮作用是在固氮酶的催化下进行的。固氮酶是一种能够将分子氮还原成氨的酶。固氮酶是由两种蛋白质组成的：一种含有铁，叫作铁蛋白；另一种含有铁和钼，叫作钼铁蛋白。只有铁蛋白和钼铁蛋白同时存在，固氮酶才具有固氮的作用。

生物固氮在自然界氮循环中具有十分重要的作用，也是生命科学中的重大基础研究课题之一。研究生物固氮可以为植物特别是粮食作物提供氮素、提高产量、降低化肥用量和生产成本、减少水土污染和疾病、防治土地荒漠化、建立生态平衡以及促进农业可持续发展。

4. 微生物的次级代谢

初级代谢指微生物从外界吸收的各种营养物质，通过分解代谢和合成代谢，生成维持生命活动的物质和能量的过程。次级代谢是指微生物在一定的生长时期，以初级代谢产物为前体，合成一些对微生物生命活动无明确功能的物质过程。这一过程的产物，即为次级代谢产物。也可将超出生理需求的过量初级代谢产物称为次级代谢产物。次级代谢产物大多是分子结构比较复杂的化合物，根据所起作用，可将其分为抗生素、激素、生物碱、毒素及维生素等类型。

次级代谢与初级代谢关系密切，初级代谢的关键性中间产物往往是次级代谢的前体，如糖降解过程中的乙酰 CoA 是合成四环素、红霉素的前体；次级代谢一般在菌体指数生长后期或稳定期进行，但会受到环境条件的影响；某些催化次级代谢的酶专一性不高；次级代谢产物的合成，因菌株不同而异，但与分类地位无关；质粒与次级代谢的关系密切，控制着多种抗生素的合成。

次级代谢不像初级代谢那样有明确的生理功能，因为次级代谢途径即使被阻断，也不会影响菌体生长繁殖。次级代谢产物通常都是限定在某些特定微生物中，因此它们一般没有生理功能，也不是生物体生长繁殖的必需物质，尽管对它们本身可能是重要的。

五、培养基的制备

培养基是指由人工配制，适合微生物生长繁殖或产生代谢产物所需要的混合营养基质。微生物的培养基包含微生物生长所需的营养要素，并且按适合的比例进行配制。配制后的培养基应尽快进行灭菌处理，以防止杂菌生长而破坏培养基的成分和营养比例。

1. 培养基的分类

(1) 按培养基的原料来源分类

① 天然培养基：利用天然的动植物组织器官或微生物体的提取物配制而成的培养基。其原料包括牛肉浸膏、酵母膏、蛋白胨、麦芽汁、麸皮、马铃薯、玉米浆等。它们的优点是取材广泛，营养丰富，制备方便，价格低廉。缺点是成分复杂或不清楚，每批成分不稳定，因此这类培养基只适合于一般实验室中的菌种培养和发酵工业中生产菌种及部分产品的生产。实验室中常用的牛肉膏蛋白胨培养基、麦芽汁培养基等属于这类。

② 合成培养基：按微生物的营养需求利用已知成分和数量的化学物质配制而成的培养基。这类培养基的优点是成分精确，重演性高；缺点是配制较复杂，微生物在此类培养基上生长缓慢，价格较贵，不宜用于大规模生产，一般用于实验室进行营养代谢、分类鉴定和选育菌种等工作。如实验室常用的淀粉硝酸盐培养基（也称高氏一号培养基），蔗糖硝酸盐培养基（也称察氏培养基）。

③ 半合成培养基：用天然培养基原料和化学试剂配制而成的培养基。如常用的马铃薯蔗糖培养基（PDA）、营养琼脂（NA）等。半合成培养基应用最广，能使绝大多数微生物良好地生长。

(2) 按培养基的物理状态分类

① 液体培养基：呈现为液体状态的培养基。通常是将各种营养物溶解于水中混合制成水溶液或原料本身是液体的。这类培养基有利于微生物的生长和积累代谢产物，常用于大规模工业化生产和观察微生物生长特征和研究生理生化特性。

② 固体培养基：呈现为固体状态的培养基。固体培养基主要分为两类，一类是液体培

养基中加入琼脂（1.5%～2%）、明胶（5%～12%）等凝固剂而制成的培养基，这类培养基在高温状态下为液体，当温度降低至凝固剂的凝固点以下时形成固体，并且有着良好的透明度和黏着力，常用于微生物的分离、鉴定、计数、测定、保藏等；另一类是天然固体基质直接配制成的培养基，如马铃薯块、麸皮、米糠、木屑、稻草粉等，这类固体培养基容易获得、价格低廉，常用于工业化发酵生产，如食用菌的种植、白酒生产中的大曲等。

③ 半固体培养基：在液体培养基中加入少量琼脂（0.5%～0.7%）等凝固剂制成的培养基，呈现半固体状态。常用来观察细菌的运动，鉴定菌种，噬菌体的效价滴定和保存菌种。

(3) 按培养基的功能分类

① 选择培养基：根据某种或某一类微生物的特殊营养要求或其对某化学、物理因素抗性的原理而设计的培养基，其又分为加富性选择培养基和抑制性选择培养基。在原始混合试样中目标微生物数量很少时，可根据目标微生物对某一特殊营养物（如血、血清、动植物组织提取液等）的“嗜好”，在培养基中专门加入这种营养物制成加富性选择培养基，使目标微生物在该培养期中生长增殖而富集成优势微生物，有利于后续的分离纯化等操作。在培养基中加入某种抑制剂制成抑制性选择培养基，可使某些对抑制剂敏感的优势微生物生长受到抑制，使原处于劣势的目标微生物大量繁殖成为优势微生物。

② 鉴别培养基：含有某种代谢产物指示剂的培养基，根据微生物在培养过程中形成的代谢产物与指示剂的显色反应，可用肉眼辨别颜色鉴定目标微生物的菌落。如伊红-亚甲蓝培养基（EMB）用于大肠杆菌、沙门菌、志贺菌等的鉴别，见表 2-7。

表 2-7　EMB 培养基上不同微生物的菌落生长情况

细菌类别	革兰氏阳性菌(G^+)	革兰氏阴性菌(G^-)		
发酵乳糖	受抑制	发酵乳糖		不发酵乳糖
产酸能力		产酸力强	产酸力弱	不产酸
菌落颜色		透射光下呈紫色，反射光下有绿色金属光泽	棕色	无色透明
典型菌属		大肠杆菌	肠杆菌属 沙雷菌属 克雷伯菌属 哈夫尼菌属	变形杆菌属 沙门菌属 志贺菌属

③ 种子培养基：为了保证在生长中能获得优质孢子或营养细胞的培养基。为保证种子菌体良好生长，培养基一般营养成分比较丰富，同时要兼顾菌种对发酵培养基的适应能力，需在种子培养基中加入适量的发酵基质。在培养过程中要保持营养成分、温度、pH 值等因素相对稳定，以有利于菌种的正常生长和繁殖。

④ 发酵培养基：生产中用于供菌种生长繁殖并积累发酵产品的培养基。其原料一般较粗放，控制价格低廉，有时还在发酵培养基中添加前体、促进剂或抑制剂等，以有利于获得最多的发酵产品。

2. 配制培养基的基本原则

(1) 选择符合微生物菌种的原料　不同的微生物对营养物质的要求不同，所以在设计培养基配方时，首先要明确拟培养菌种类型，根据培养的菌种对营养的需求选择培养基原料；其次要考虑培养菌的目的，是用于实验室研究还是大规模的工业化生产，是普通的菌种培养还是生理生化特性、遗传学等的研究，在工业生产中是作为种子培养基还是发酵培养基，不同的培养目的对原料的选择有着不同的要求。最后要考虑原料的质量、价格成本、获得的可能性、培养后的废弃物处理难度等因素。

(2) 营养成分的配比 不同微生物对营养中碳源、氮源、生长因子、无机元素等的比例需求不同，特别是碳源和氮源的含量比例（C/N），一般真菌需 C/N 较高的培养基，细菌需要 C/N 较低的培养基。不同种类的培养基原料中的含碳量和含氮量也有很大的差别，在发酵工业中 C/N 是非常重要的生产控制指标，在培养基中氮源含量高有利于微生物的生长繁殖，但不利于代谢产物的积累，含碳量低时容易引起微生物衰老和自溶，生产需要经过实践的探索才能得到适合于生产所需的最佳 C/N。

培养基中的无机元素常用盐类物质进行调节。一般天然培养基的原料中都含有微生物生长所需的矿物质，除特殊需求外，不需要另添加。自来水中含有大量的微量元素，用其配制的培养基不会出现微量元素缺少的问题，但某些微生物对微量元素存在毒性的则需使用蒸馏水进行配制。

(3) 适宜的理化条件

① pH 值：微生物一般都有它们适宜的生长 pH 值范围，细菌生长的最适 pH 值为 7.0～8.0，放线菌 pH 值在 7.5～8.5，酵母菌 pH 值在 3.8～6.0，霉菌 pH 值在 4.0～5.8，某些特殊的微生物（如乳酸菌）还有其特定的生长 pH 值范围。因此，培养基配制好后，若 pH 值不符合要求则需进行调节，其培养基的 pH 值调节主要有两种方式，即外源调节和内源调节。

外源调节是通过酸度计或 pH 试纸测量培养基的 pH 值，当不符合要求时采用酸或碱溶液滴加到培养基中调节至所需 pH 值，注意不能进行回调。

内源调节是在培养基配方中加入缓冲液（磷酸盐或碳酸钙等）稳定培养基的 pH 值。微生物在代谢过程中，不断地向培养基中分泌代谢产物，会影响培养基的 pH 变化，对大多数微生物来说，主要产生酸性产物，所以在培养过程中常引起 pH 值的下降，影响微生物的生长繁殖速度。为了尽可能地减缓在培养过程中 pH 值的变化，在配制培养基时，要加入一定的缓冲物质（如磷酸盐等），通过培养基中的这些成分发挥调节作用。

② 渗透压：由于微生物细胞膜是半透膜，外有细胞壁起到机械性保护作用，要求其生长的培养基具有一定的渗透压，当环境中的渗透压低于细胞原生质的渗透压时，就会出现细胞的膨胀，轻者影响细胞的正常代谢，重者出现细胞破裂；当环境渗透压高于原生质的渗透压时，导致细胞收缩，细胞膜与细胞壁分开，即所谓质壁分离现象。只有在等渗条件下最适宜微生物的生长。

③ 氧化还原电势：大多数微生物对培养基的氧化还原电势没有要求，仅对于专性厌氧细菌，由于自由氧的存在对其有毒害作用，需要在培养基中加入适量的还原剂（如巯基乙酸、抗坏血酸、硫化钠、半胱氨酸、铁屑、谷胱甘肽或疱肉等），以降低培养基的氧化还原电势。

六、微生物的生长繁殖及其规律

1. 微生物生长繁殖的概念

微生物在合适的外界环境条件下，不断地吸收营养物质，进行新陈代谢，如果合成（同化）代谢的速度大于分解（异化）代谢的速度时，其细胞的原生质的总量（包括质量、体积、大小）不断增加，出现微生物个体细胞的生长。当微生物生长到一定阶段，由于细胞结构的复制与重建，并通过特定方式产生新的生命个体，即引起个体数量增加，这是微生物的繁殖。生长是一个逐步发生的量变过程，而繁殖是一个产生新的生命个体的质变过程。微生物的生长和繁殖始终是交替进行的，原有的个体逐渐已发展成一个群体。随着群体中各个体的进一步生长、繁殖，就引起了这一群体的生长，其个体和群体间有以下关系：

个体生长→个体繁殖→群体生长

群体生长＝个体生长＋个体繁殖

微生物群体生长可以定义为在一定时间和条件下细胞数量的增加，在微生物的研究和应用中所指的“生长”一般均指的是“群体生长”。

2. 微生物生长量的测定

研究微生物的生长过程，需要对微生物的生长做定量测定。目前微生物生长的测定方法有多种，根据研究对象或目的的不同，主要有以下几种。

(1) 细胞总数计数法 细胞总数计数法是用来计量细胞悬液中细胞数量的一种方法，一般包括显微镜直接计数法、涂片计数法和比浊法。

① 显微镜直接计数法：利用血球计数板取样制板后，在光学显微镜下直接观察细胞并进行计数的方法，其优点是操作简便，缺点是通常不能区分死菌与活菌，而是将看到的所有细胞全部进行计数。

② 涂片计数法：用计数板附带的0.01mL吸管，吸取定量稀释的细菌悬液放置于$1cm^2$的玻片上，此菌液均匀地涂布在$1cm^2$面积上，固定后染色，在显微镜下任意选择几个乃至十几个视野来计算细胞数量，根据计算出的视野面积和$1cm^2$中的菌数，然后按$1cm^2$的菌液量和稀释度计算每毫升原液中的含菌数。

③ 比浊法：比浊法是测定菌悬液中细胞数量的快速方法，其原理是，菌悬液中的细胞浓度与浑浊度成正比，与透光度成反比。细胞越多浑浊度越大，透光量越少。因此测定菌悬液的光密度（或透光度）可以反映细胞的浓度。将未知细胞数的菌悬液与已知细胞数的菌悬液相比，求出未知菌悬液所含的细胞数。浊度计、分光光度仪是测定血液细胞浓度的常用仪器。此法比较简便，但使用有局限性，菌悬液颜色不宜太深，不能混杂其他物质，否则不能获得正确结果。

(2) 活菌计数法 活菌计数法是通过测定样品在培养基上形成的菌落数，来间接确定其活菌数的方法，故又称平板计数法。活菌计数法的特点是计算的结果是活菌落，进行活菌计数时要注意样品的稀释度，保证一个活细胞可形成一个菌落。

① 涂布平板法：用灭菌的涂布器将一定体积（不大于0.1mL）的适当稀释度的菌液涂布在琼脂培养基的表面，然后保温培养到有菌落出现，记录菌落的数目并换算成每毫升试样中的活细胞数量。

② 倒平板法：将样品稀释到一定浓度，取一定体积（1mL），倒入冷却至45℃的固体培养基中混合，然后倒入无菌平皿中制成平板培养后出现菌落，由菌落数推算出活菌总数。

③ 滤膜过滤法：当待测样品中菌数很低时，可以将样品通过膜过滤器，然后将膜转到相应的培养基上进行培养，对形成的菌落进行统计。

(3) 微生物生理指标的测定方法 测定微生物生长的相关生理指标，也可以间接地反映出微生物的生长量，常用方法有以下几种。

① 重量法：将一定体积的样品通过离心或过滤将菌体分离出来，经洗涤、离心后直接称重，求出微生物湿重。如果是丝状体微生物过滤后，用滤纸吸去菌丝之间的自由水，再称重求出湿重。无论是细菌样品还是丝状菌样品，可以将它们放在已知重量的平皿或烧杯内，于105℃烘干至恒重，取出放入干燥器内冷却，再称量，求出微生物干重。一般说来干重为

湿重的10%～20%。如果要测定固体培养基上生长的放线菌或丝状真菌，培养基加热至50℃，使琼脂熔化，过滤的菌丝体再用50℃的生理盐水洗涤，然后按上述方法求出菌丝体的湿重或干重。干重法较为烦琐，通常获取的微生物产品为群体，如活性干酵母和一些以微生物菌体为活性物质的饲料和肥料。

② 体积测量法：比较粗放的测量方法，通常用于简单的对比测量。如将待测微生物培养液放在刻度离心管中进行一定时间的离心或自然沉降，然后观察微生物细胞沉降的体积。该方法简单适用，观察结果直观。

③ 生理指标法：利用测量微生物生长时与之相平行变化的生理指标来间接表示微生物生长的相对值，如测定细胞总含氮量来确定细菌浓度、测定含碳量的消耗或产生来表示微生物的生长量等；另外也可测定呼吸强度、耗氧量、酶活性、生物热等，样品中微生物数量越多或生长越旺盛，这些指标的变化越明显。

④ 商业化快速微生物检测法：微生物检测的发展方向是快速、准确、简便、自动化。当前很多生物制品公司利用传统微生物检测原理，结合不同的检测方法，设计了形式各异的微生物检测仪器设备，这些仪器设备已逐步应用于医学微生物检测和科学研究领域。例如全自动微生物快速检测系统，可以在数小时内获得监测结果，样本颜色及光学特征都不影响读数，对酵母菌和霉菌检测同样具有高度敏感性。

3. 微生物的生长规律

将少量微生物纯培养物接入新鲜的液体培养基，在适宜的条件下培养，定期取样测定单位体积培养基中的菌体（细胞）数，可发现开始时群体生长缓慢，后逐渐加快，进入一个生长率相对稳定的高速生长阶段，随着培养时间的延长，生长达到一定阶段后，生长速度又表现为降低的趋势，随后出现一个细胞数目相对稳定的阶段，最后转入细胞衰老死亡。如用坐标法作图，以培养时间为横坐标，以计数获得的细胞数的对数为纵坐标，可得到一条定量描述液体培养基中微生物生长规律的实验曲线，该曲线称为生长曲线。

(1) 单细胞微生物的典型生长曲线 单细胞微生物（如细菌、酵母菌等）的典型生长曲线（如图2-14）可划分为四个时期，即延滞期、指数期、稳定期和衰亡期。生长曲线表现了单细胞微生物及其群体在新的适宜的理化环境中，生长繁殖直至衰老死亡的动态学变化过程。生长曲线各个时期的特点，反映了所培养的细菌细胞与其所处环境间进行物质与能量交流，以及细胞与环境间相互作用与制约的动态变化。深入研究各种单细胞微生物生长曲线各个时期的特点与内在机制，在微生物学理论与应用实践上都有着十分重大的意义。

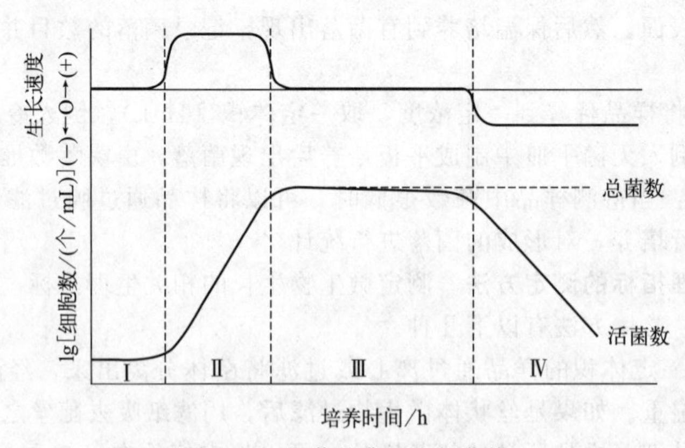

图2-14 细菌的典型生长曲线

Ⅰ—延滞期；Ⅱ—指数期；Ⅲ—稳定期；Ⅳ—衰亡期

① 延滞期　延滞期又称延迟期、停滞期、调整期或适应期。少量的单细胞微生物接种至新的培养基后，在开始培养的一段时间内为适应新环境的需要，细胞数目基本维持不变。此期中细菌体积增大，代谢活跃，为细菌的分裂增殖合成、储备充足的酶、能量及中间代谢产物。

延滞期的特点：a. 生长速度常数为零；b. 细胞形态变大或增长，许多杆菌可长成丝状；c. 细胞内的 RNA 尤其是 rRNA 含量增高，原生质呈嗜碱性；d. 合成代谢十分活跃，核糖体、酶类和 ATP 的合成加速，容易产生各种诱导酶；e. 对外界条件如 NaCl 溶液浓度、温度和抗生素等理化因素反应敏感。

延滞期的长短与生产菌种的菌龄、接种量，以及培养基成分有直接的关系。使用对数期菌龄的微生物作为生产“种子”，延滞期较短；如使用调整期或衰亡期菌龄的微生物作为生产“种子”，则调整期较长。接种量大，延滞期较短；接种量小，延滞期较长。培养基成分丰富的，延滞期较短；培养基成分与种子培养基一致，调整期较短。

② 指数期　指数期又称对数期，在生长曲线中细胞数呈几何级增长的阶段。

指数期的特点：a. 生长速度常数 R 最大，细胞每分裂一次所需的时间（称为代时 G，又称世代时间或增代时间）或原生质增加 1 倍所需的倍增时间最短，并且稳定；b. 细胞进行平衡生长，菌体各部分的成分十分均匀；c. 酶系活跃，代谢旺盛。

指数期微生物代时长短的影响因素：a. 菌种，不同菌种其代时差别极大。b. 营养成分，同一种微生物，在营养丰富的培养基上生长时，其代时较短，反之则长。c. 营养物浓度，营养物的含量既可影响微生物的生长速度，又可影响它的生长总量。只有在营养物含量很低时，才会影响微生物的生长速度。随着营养物含量的逐步提高，生长速度不受影响，而仅影响到最终的菌体产量。如进一步提高营养物浓度，则已不再影响生长速度和菌体产量了。凡处于较低浓度范围内可影响生长速度和菌体产量的某营养物，就称生长限制因子。d. 培养温度，温度对微生物的生长速度有明显的影响。这一规律对发酵实践、食品保藏和夏天防止食物变质和食物中毒等都有重要的参考价值。

指数期的菌体细胞是代谢、生理研究的良好材料，是增殖噬菌体的最适宿主菌龄，是发酵生产中用作“种子”的最佳种龄，是革兰氏染色菌种鉴定的最佳时期。

③ 稳定期　稳定期又称恒定期或最高生长期，生长菌群总数处于最高恒定阶段。由于培养基中营养物质消耗、毒性产物（有机酸、H_2O_2 等）积累、pH 值下降等不利因素的影响，细菌繁殖速度渐趋下降，相对细菌死亡数开始逐渐增加，细菌增殖数与死亡数渐趋平衡。

进入稳定期时，细胞内开始积聚糖原、异染颗粒和脂肪等内含物；芽孢杆菌开始形成芽孢；有的微生物在这时开始以初级代谢物为前体，通过复杂的次级代谢途径合成抗生素等对人类有用的各种次级代谢物（又称稳定期产物）。因此，也将指数期称为菌体生长期、稳定期称为代谢产物合成期。

微生物在稳定期的生长规律对于生产实践有着重要的指导意义，主要表现在以下三个方面：a. 因稳定期的长短与菌种和培养条件有关，生产上如果及时采取措施，补充营养物质、取走代谢产物或改善培养条件（调整 pH 值、温度、通气），可以获得更多的菌体物质或代谢产物；b. 对以生产菌体或与菌体生长相平行的代谢产物（SCP、乳酸等）为目的的发酵来说，稳定期是产物的最佳收获期；c. 通过对稳定期到来原因的研究，推动了连续培养原理的提出和相关技术的创建。

④ 衰亡期　随着稳定期发展，营养物质的耗尽和有毒代谢产物的大量积累，环境对微

生物的生长逐渐不利，细胞的死亡速度高于新生速度，活菌数与培养时间呈反比关系。此期细胞变长肿胀或畸形衰变，甚至菌体自溶，难以辨认其形，生理代谢活动趋于停滞。故陈旧培养物上难以鉴别细菌。

衰亡期与菌种的遗传特性有关，有些细菌的培养要经历所有的生长时期，几天以后死亡，有些细菌培养几个月乃至几年以后仍然有一些活的细胞。衰亡期的形成与菌体是否有芽孢有关，产芽孢的细菌更易幸存下来。衰亡期的形成与营养物质的消耗和有毒物质生成有关，补充营养和能源，以及中和环境毒性，可以减缓死亡期细胞的死亡速度，延长菌的存活时间。

(2) 丝状真菌的生长曲线　丝状微生物的纯培养采用孢子接种，在液体培养基中振荡培养或深层通气加搅拌培养，菌丝体通过断裂繁殖不形成产孢结构。可以用菌丝干重作为衡量生长的指标，即以时间为横坐标，以菌丝干重为纵坐标，绘制生长曲线。可分为三个阶段：生长停滞期、迅速生长期、衰退期，如图 2-15。

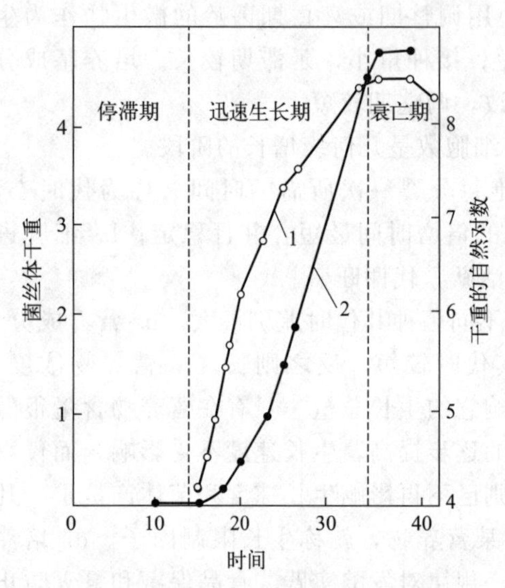

图 2-15　丝状微生物的典型生长曲线

① 生长停滞期　造成生长停滞的原因一种是孢子萌发前真正的停滞状态，另一种是生长已经开始，但还无法测定。

② 迅速生长期　菌丝体干重迅速增加，其立方根与时间呈直线关系，菌丝干重不以几何级数增加，没有对数生长期。生长主要表现在菌丝尖端的伸长和出现分枝、断裂等，此时期的菌体呼吸强度达到高峰，有的开始积累代谢产物。

③ 衰退期　菌丝体干重下降，到一定时期不再变化。大多数次级代谢产物在此期合成，大多数细胞都出现大的空泡。有些菌丝体还会发生自溶菌丝体，这与菌种和培养条件有关。

七、影响微生物生长的环境因素

微生物的生长，除了受本身的基因决定外，还受到许多环境因素的影响。在一定程度上，环境条件对微生物的生长起到决定性作用。微生物生长除通过营养条件进行控制外，就是通过环境因素进行控制。影响微生物生长的环境因素包括温度、水分、氧气、pH 值、渗透压、辐射、化学因素等。

1. 温度

温度是影响微生物生长繁殖最重要的因素之一。在一定温度范围内，机体的代谢活动与生长繁殖随着温度的上升而增强，当温度上升到一定高度，开始对机体产生不利的影响，如再继续升高，则细胞功能急剧下降以致死亡。微生物的种类繁多，适应的温度范围较广，但对于某种微生物来讲，只能在一定的温度范围内生长，因此，每种微生物都有自己的生长温度三基点：最低生长温度、最适生长温度和最高生长温度。在生长温度三基点内，微生物都能生长，但生长速度不一样。微生物只有处于最适生长温度时，生长速度才最快，代时最短。一般情况下，每种微生物的生长温度三基点是恒定的，但也常受其他环境条件的影响而发生变化。表 2-8 列举了几种微生物的生长温度三基点。

表 2-8　几种微生物的生长温度三基点

菌种	生长温度/℃		
	最低	最适	最高
嗜热液化芽孢杆菌	37	60	70
嗜热纤维芽孢杆菌	50	60	68
丙酮丁醇梭菌	20	37	47
植物乳杆菌	10	30	40
干酪乳杆菌	10	30	40
大肠杆菌	10	37	47
淋病奈瑟球菌	25	37	40
金黄色化脓小球菌	15	37	40
乳脂链球菌	10	30	37
嗜热链球菌	20	40～50	53
枯草杆菌	15	30～37	55
结核分枝杆菌	30	37	42
铜绿假单胞菌	0	37	42
黑曲霉	7	30～39	47
啤酒酵母	10	28	40

(1) 生长温度三基点

① 最低生长温度：微生物能进行繁殖的最低温度界限，处于这种温度条件下的微生物生长速度很低，如果低于此温度则生长完全停止。不同微生物的最低生长温度不一样，这与它们原生质体的物理状态和化学组成有关系，也可随环境条件而变化。

② 最适生长温度：某一微生物分裂代时最短或生长速度最高时的培养温度。但是，同一种微生物，不同的生理生化过程有着不同的最适温度，也就是说，最适生长温度并不是生长量最高时的培养温度，也不是发酵速度最高时的培养温度或累积代谢产物量最高的培养温度，在生产实践中应注意加以区分。例如，嗜热链球菌的最适生长温度为 42℃，最适发酵温度为 47℃，累积产物的最适温度为 37℃。真菌的最适生长温度往往也不一定是产生子实体的最适温度。如香菇进行菌丝生长时温度为 22～26℃，而子实体形成的最适温度为 20℃。因此，在生产上要根据微生物不同生理代谢过程温度的特点，采用分段式变温培养或发酵，这对提高发酵生产的效率具有十分重要的意义。通过对发酵温度最佳点的计算，发现在青霉素发酵生产时，各阶段采用变温培养比在 25℃下进行恒温培养，青霉素产量可提高 14%以上。

③ 最高生长温度：微生物生长繁殖的最高温度界限。在此温度下，微生物细胞易于衰老和死亡。微生物所能适应的最高生长温度与其细胞内酶的性质有关。最高生长温度如进一步升高，便可杀死微生物。这种致死微生物的最低温度界限即为致死温度。致死温度与处理时间有关。在一定的温度下处理时间越长，死亡率越高。

(2) 微生物生长的温度类型　根据不同微生物对温度的要求和适应能力不同，可以把它们区分为低温型微生物、中温型微生物和高温型微生物（表 2-9）。

表 2-9　不同温度类型微生物的生长温度及分布

微生物类型	生长温度/℃			分布的主要场所
	最低	最适	最高	
低温菌	−10	10～20	30	极地、兼性嗜冷水及冷藏食品上
中温菌	10	25～30、35～40	45	土壤、水、空气、动植物体表面及体内
高温菌	25	50～60	80	温泉、堆肥土壤、表层水、加热器等

① 低温型微生物：也称为嗜冷微生物，它们一般能在0℃或更低的温度下生长，20℃以上的温度将抑制它们的生长发育，包括细菌、真菌和藻类等许多类群。低温型微生物是造成冷冻食品腐败的主要原因。低温型微生物能在低温下生长的主要原因是它们有能在低温下保持活性的酶和细胞质膜类脂中的不饱和脂肪酸含量较高，因而能在低温下继续保持其半流动性并执行其生理功能，进行活跃的物质传递，支持微生物生长。低温型微生物的酶类在30～40℃的情况下会很快失活。

② 中温型微生物：可分为体温型和室温型两大类。体温型微生物绝大多数是人或温血动物的寄生或兼性寄生微生物，以35～40℃为最适生长温度。室温型微生物则广泛分布于土壤、水、空气及动植物表面和体内，是自然界中种类最多、数量最大的一个温度类群，其最适生长湿度为25～30℃。

③ 高温型微生物：主要分布在高温的自然环境（火山、温泉和热带土壤表层）及堆肥、沼气发酵等人工高温环境中。例如堆肥在发酵过程中温度常高达60～70℃。能在55～70℃中生长的微生物有芽孢杆菌属、梭状芽孢杆菌属、高温放线菌属、甲烷杆菌属等。分布于温泉中的细菌，有的可在接近于100℃的高温中生长。有些耐高温的微生物，常给食品工业和发酵工业等带来问题。

(3) 温度对微生物的影响　温度对微生物的影响是广泛的，改变温度必然会影响微生物体内所进行的多种生物化学反应。适宜的温度能刺激生长，不适的温度会改变微生物的形态、代谢、毒力等，甚至导致死亡。总的来讲，温度是通过影响微生物膜的液晶结构、酶和蛋白质的合成与活性，以及RNA的结构和转录等来影响微生物的生命活动。

高温对微生物生长的影响具有双重性，一方面，在一定的温度范围内，随着温度的上升，代谢活动逐渐旺盛，生长速度加快；另一方面，随着温度的上升，细胞内物质如蛋白质、酶、核酸等对温度比较敏感，逐渐变性失活。微生物对热的耐受力与菌的种类、菌龄有关。如无芽孢的细菌在55～60℃的液体中，经30min即可死亡，而芽孢杆菌中的芽孢对热的抵抗力最强，肉毒梭菌的芽孢在100℃时需6h才全部死亡，因此常用的高压蒸汽灭菌法的灭菌条件为121℃、15～20min。同一菌种的不同菌株或不同菌龄的细胞对热的耐受力也不同，一般老龄菌比幼龄菌耐热。

低温对微生物生长影响的敏感性较弱，低温可以使一部分微生物死亡，但绝大多数微生物在低温下只是减弱或降低其代谢速度，菌体处于休眠状态，生命活力依然存在，甚至少数微生物在一定的低温范围内还可以缓慢生长。微生物在冻结过程中，细胞内的游离水形成冰晶，对微生物细胞造成机械性损伤和形成脱水干燥状态，使微生物生长受抑制或致死。低温常用于食品的保藏。

2. 水分

水分是微生物进行生长的必要条件。生活在干燥环境中的微生物会导致细胞失水而造成代谢停止以致死亡。微生物的种类、环境条件、干燥的程度等均影响干燥对微生物的作用。

休眠孢子、芽孢等抗干燥能力很强，在干燥条件下可长期不死，这一特性已用于菌种保藏，如用砂土管来保藏有孢子的菌种。

微生物的生长过程中只能利用环境中的自由水（或称游离水），在微生物与水分的关系研究中常用水分活度（A_w）作为指标。各种微生物，在可能生长发育的水分活度范围内，均具有狭小的水分活度区域。例如，细菌的 A_w 值的下限为 0.9，酵母菌的 A_w 值下限为 0.87，霉菌的 A_w 值下限为 0.80。一些耐渗透压微生物除外。在日常生活中常采用晒干或红外线干燥等方法对粮食、食品等进行干燥保藏，防止霉变。此外，在密封条件下，用石灰、无水氯化钙、五氧化二磷、浓硫酸、氢氧化钾或硅胶等作吸湿剂，也可很好地达到食品、药品和器材等长期防霉变的目的。

3. 氧气

不同的微生物对氧气的需求各不相同，按照微生物与氧气的关系，可把它们分成好氧菌和厌氧菌两大类。好氧菌又分为专性好氧菌、兼性厌氧菌、微好氧菌；厌氧菌分为专性厌氧菌、耐氧菌，见图 2-16。

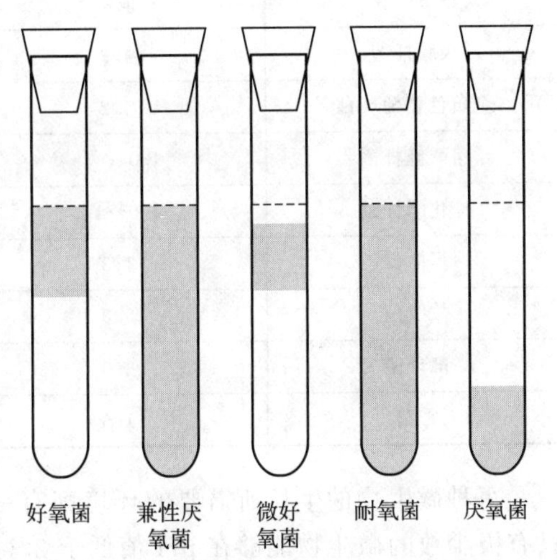

图 2-16　5 类对氧关系不同的微生物在半固体培养基中的生长状态

(1) 专性好氧菌　必须在有较高氧分压（约 0.02MPa）的条件下才能生长，它们有完整的呼吸链，以分子氧为最终氢受体，细胞具有超氧化物歧化酶（SOD）和过氧化氢酶。绝大多数丝状真菌和多数细菌、放线菌都是专性好氧菌。

(2) 兼性厌氧菌　在有氧气或无氧气情况下都能生长，不过所进行的能量代谢途径不同。在有氧气的条件下，它进行呼吸产能；在无氧气的条件下，进行无氧呼吸或发酵作用来产生能量。例如，酵母菌在无氧条件下，进行发酵作用，经过 EMP 途径产生的丙酮酸，不能通过三羧酸循环彻底氧化产生能量，只能通过发酵作用生成乙醇作为最终产物，同时在低水平上产生能量；在有氧条件下，便进行有氧呼吸，产能水平较高，因此，一般兼性厌氧菌在有氧条件下比在无氧条件下的生长繁殖速度要快。绝大多数酵母菌和部分细菌属于这种类型。

(3) 微好氧菌　需要氧气才能生长，但在较低的氧分压（0.002～0.01MPa）条件下生长正常，通过呼吸链进行有氧呼吸产能。这可能是由于它们含有在强氧化条件下失活的酶，因而只有在低压下作用。只有少数细菌属于此类型，如拟杆菌属中的个别种。

(4) 耐氧菌　一类可在分子氧存在下进行发酵性厌氧生活的厌氧菌。它们的生长不需要任何氧，但分子氧对它也无毒害。它们不具有呼吸链，仅依靠专性发酵和底物水平磷酸化而获得能量。耐氧菌的耐氧机制是细胞内存在超氧化物歧化酶（SOD）和过氧化物酶，但缺乏过氧化氢酶。一般的乳酸菌多数是耐氧菌。

(5) 专性厌氧菌　在生长繁殖时不需要氧气，并且分子态氧的存在对这类微生物的生长有害。因此专性厌氧菌必须在无氧环境中才能正常生长，通过无氧呼吸、发酵作用、循环光合磷酸化或甲烷发酵等方式产能；缺乏 SOD 和细胞色素氧化酶，大多还缺乏过氧化氢酶，其代谢产能水平较低。常见专性厌氧菌有梭状芽孢杆菌属、拟杆菌属、双歧杆菌属、产甲烷杆菌属等。

在培养不同需氧类型的微生物时，一定要采取相应的措施保证不同类型的微生物能正常生长。例如培养专性好氧微生物可以通过摇瓶振荡或通气等方式，使其有充足的氧气供它们生长；培养专性厌氧微生物则要排除环境中的氧，同时通过在培养基中添加还原剂的方式，降低培养基的氧化还原电位；培养耐氧性厌氧菌，可以用深层静置培养的方式等。

4. pH 值

各类微生物的生长繁殖所需要环境的 pH 值是不同的，但绝大多数微生物的生长 pH 都在 5～9 之间。与温度的三基点相似，不同微生物的生长 pH 也存在最低、最适与最高 3 个数值，见表 2-10。

表 2-10　微生物最适 pH 值和能适应的 pH 值范围

微生物	pH 值		
	最低	最适	最高
大肠杆菌	4.3	6.0～8.0	9.5
金黄色葡萄球菌	4.2	7.0～7.5	9.3
嗜酸乳杆菌	4.0～4.6	5.8～6.6	6.8
醋化醋杆菌	4.0～4.5	5.4～6.3	7.0～8.0
黑曲霉	1.5	5.0～6.0	9.0
放线菌	5.0	7.0～8.0	10.0
酵母菌	3.0	4.8～6.0	8.0
霉菌	1.5	3.8～6.0	7.0～11.0

每种微生物的生长所需要的环境都有一个 pH 值范围，也有一个最适合生长的 pH 值。只有极少数的微生物能够在 pH 值低于 2（强酸性）或 pH 值大于 10（强碱性）的环境中生长，被称为嗜酸微生物或嗜碱微生物。如嗜碱性环境的硝化细菌、尿素分解菌和嗜酸性环境的硫杆菌、乳酸杆菌等。

无论微生物对环境 pH 值的适应性多么不同，但其细胞内的 pH 值却是相对稳定的，都接近于中性，这就可避免 DNA、ATP、菌绿素和叶绿素等重要成分被酸破坏，或 RNA、磷脂类等被碱破坏。pH 值对微生物生长的影响，主要表现在影响细胞膜的电荷，从而影响微生物对营养物质的吸收；影响代谢过程中酶的活性，从而影响微生物的生命活动。

微生物在生长过程中，由于代谢作用，会产生酸性或碱性的代谢产物，从而改变培养基或周围环境的 pH 值。例如乳酸细菌分解葡萄糖产生乳酸，使 pH 值下降；尿素细菌水解尿素产生氨，使 pH 值上升。蛋白质和氨基酸的分解，也能由于产生氨而使 pH 值上升。为了避免 pH 值大幅度改变，而影响微生物生命活动的正常进行，通常采用在培养基中添加缓冲剂或加入在中性条件下不溶解的碳酸钙的方法，在一定程度上对 pH 值的改变起到缓解作用。

发酵过程中培养液中的 pH 值是微生物在一定环境条件下代谢活动的综合指标，是一项重要的发酵参数，对菌体的生长和产品的积累有很大的影响，因此必须掌握发酵过程中 pH 值的变化规律，以便对发酵过程进行合理有效的控制。微生物生长阶段和产物合成阶段的最适 pH 值不一定相同，这不仅与菌种的特性有关，也取决于产物的化学性质。因此，为了更有效地控制生产，必须充分了解微生物生长和合成产物的最适 pH 值。

5. 渗透压

大部分微生物最适合在等渗溶液中生长，即细胞内溶质浓度与细胞外溶液的溶质浓度相近（如 0.85%生理盐水）时，细胞形态正常，能正常生长。如果把微生物置于低渗溶液中，微生物细胞会产生水溶现象，溶液中的水分进入细胞而使其膨胀破裂，最后死亡；如果把微生物置于高渗溶液（5%～30%食盐或 30%～80%糖）中，细胞内的水分渗透到细胞外，造成细胞质与细胞壁分离现象，甚至死亡。微生物对渗透压有一定的适应能力，逐渐改变渗透压，对微生物生长影响不大。但突然较大程度地改变渗透压，则对微生物的生长不利。利用这一原理可以在食品加工和日常生活中用高浓度的盐或糖来加工蔬菜、肉类和水果等，这是在民间流传已久的防腐方法。常用的食盐浓度为 10%～15%，蔗糖浓度为 50%～70%。

大多数微生物能通过胞内积累某些能调整胞内渗透压的介质，来适应培养基渗透压的变化。这类介质称为渗透稳定剂或渗透保护剂，包括某些阳离子（如 K^+）、氨基酸（如谷氨酸、脯氨酸）、氨基酸衍生物（如甜菜碱）、糖（如海藻糖）等。

必须在高盐浓度中才能生长的微生物称为嗜盐微生物，如海洋中生长的微生物。嗜盐微生物对氯化钠有特殊要求，根据微生物对嗜盐量的要求不同，分为轻度嗜盐菌（需要 1%～6%氯化钠）、中度嗜盐菌（需要 6%～15%氯化钠）和极端嗜盐菌（需要 10%～30%氯化钠）。能在高糖环境中生长的微生物称为嗜高糖微生物，能够在极干燥环境中生长的微生物称为嗜干性微生物。

6. 辐射

辐射灭菌是利用电磁辐射产生的电磁波杀死大多数物体上的微生物的一种有效方法。用于灭菌的电磁波有可见光、紫外线（UV）、电离辐射（X 射线、α 射线、β 射线、γ 射线）等，能通过特定的方式控制微生物的生长或杀死微生物。它们的共同特点是波长短、能量大，能使被照射的物质分子发生电离作用产生自由基，自由基能与细胞内的大分子化合物作用使之变性失活。其中，电离辐射灭菌效果可靠，无残留毒性，穿透力强，可对完整的物体灭菌，一般采用 ^{60}Co 辐射的 γ 射线灭菌，也有少数采用 ^{137}Cs，或采用电子加速器，利用高能电子束灭菌。但是，电离辐射灭菌目前在我国应用得并不普遍，这是由于辐射源造价高，灭菌成本并不比用热和环氧乙烷气体低。

紫外线灭菌是指用紫外线（波长为 200～300nm）照射杀灭微生物的方法。紫外线的照射能使微生物核酸蛋白变性，并且能使空气中的氧气产生微量臭氧，从而达到共同杀菌的作用。因紫外线的穿透能力差，只适用于被照射物体表面灭菌、无菌室空气的灭菌。紫外线灭菌在食品工业中适于厂房车间内的空气和物体表面灭菌，也有用于饮用水消毒。

一般紫外线在 1～2s 内就可达到灭菌的效果，所有的微生物对紫外线都很敏感，能杀灭细菌、霉菌、病毒和单胞藻类等。细菌受致死量的紫外线照射后，3h 若给以可见光的照射，部分细菌又能恢复活力，细菌的这种特性称为光复活作用。细菌的光复活作用是在光复活酶的作用下完成的，缺乏该酶的细菌则不具有光复活的能力。

7. 化学因素

许多化学药物能够抑制或杀死微生物，故广泛用于消毒、防腐和治疗疾病。其中，通过破坏微生物细胞结构或代谢功能而杀死微生物的化学药剂称为消毒剂或杀菌剂；另一类不破坏细胞结构而只干扰新细胞物质合成和微生物生长繁殖的化学药剂称为防腐剂或抑菌剂。常用的消毒剂和防腐剂见表 2-11。

表 2-11　常用的消毒剂、防腐剂及其应用

类型	名称及使用方法	作用原理	应用范围
醇类	70%～75%乙醇	脱水、蛋白质变性	皮肤、器皿
醛类	0.5%～10%甲醛 2%戊二醛(pH=8)	蛋白质变性	房间、物品消毒(不适合食品厂)
酚类	3%～5%苯酚(又称石炭酸) 2%煤酚皂溶液(又称来苏尔) 3%～5%煤酚皂溶液(又称来苏尔)	破坏细胞膜、蛋白质变性	地面、器具 皮肤 地面、器具
氧化剂	0.1%高锰酸钾 3%过氧化氢 0.2%～0.5%过氧乙酸	氧化蛋白质活性基团，酶失活	皮肤、水果、蔬菜 皮肤、物品表面 水果、蔬菜、塑料
重金属盐类	0.05%～0.1%升汞 2%红汞 0.1%～1%硝酸银 0.1%～0.5%硫酸铜	蛋白质变性、酶失活 变性、沉淀蛋白 蛋白质变性、酶失活	非金属器皿 皮肤、黏膜、伤口 皮肤、新生儿眼睛 防治植物病害
表面活性剂	0.05%～0.1%新洁尔灭 0.05%～0.1%杜灭芬	蛋白质变性、破坏细胞膜	皮肤、黏膜、器械 皮肤、金属、棉织品、塑料
卤素及其化合物	0.2～0.5mg/L氯气 10%～20%漂白粉 0.5%～1%漂白粉 2.5%碘酒	破坏细胞膜、蛋白质	饮水、游泳池水 地面 水、空气等 皮肤
染料	2%～4%龙胆紫	与蛋白质的羧基结合	皮肤、伤口
酸类	0.1%苯甲酸 0.1%山梨酸		食品防腐 食品防腐

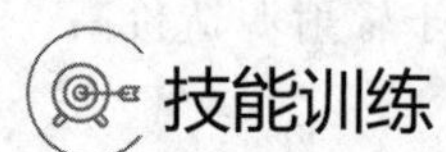

技能训练一　培养液体酵母菌及生长曲线制作

【训练要求】

发酵食品生产过程中在原料中接入少量微生物后，利用微生物的生长繁殖产生大量微生物个体细胞及大量的代谢产物，制造出发酵产品。

配制液体培养基，接种酵母菌进行培养；利用血球计数板进行酵母菌生长过程的细胞数量跟踪测量，并将测量数据绘制成曲线图，分析酵母菌的生长特点，反映微生物生长过程中细胞数量的变化规律及特征。

【训练准备】

1. 菌种

酿酒酵母。

2. 试剂与溶液

(1) 培养基 豆芽汁蔗糖培养基。

(2) 无菌生理盐水

3. 仪器及其他用品

(1) 玻璃仪器 试管（150×15，配硅胶塞）20 支、试管（200×20，配硅胶塞）3 支、锥形瓶（配硅胶塞）1 只、移液管（1mL）20 支、移液管（10mL）2 支、烧杯（500mL）1 只、量筒（100mL）1 只，玻棒。

(2) 常规仪器 高压蒸汽灭菌锅、电热干燥箱、生物培养箱、摇瓶机、普通光学显微镜；血球计数板。

(3) 其他用品 旧报纸（或牛皮纸）、纱布棉绳、镊子、消毒酒精棉球、酒精灯、盖玻片、无菌吸管、滤纸、擦镜纸。

【训练步骤】

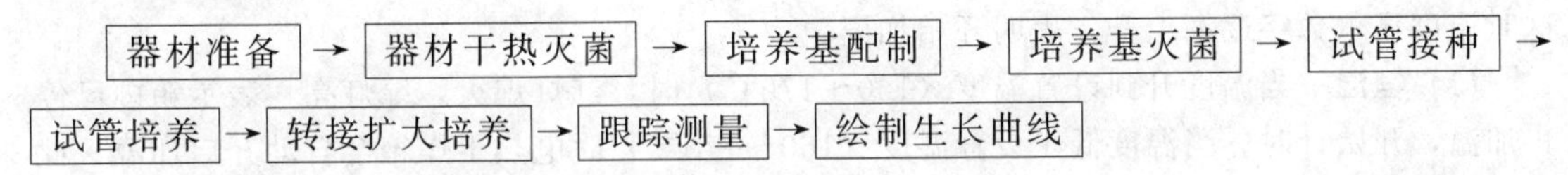

1. 器材准备

移液管的准备：取洗净、晾干后的移液管（1mL）20 支。每支移液管用一条 4～5cm 宽的纸条（旧报纸或牛皮纸），以 30°～50°的角度螺旋形卷起来，移液管的尖端为头部，卷纸前先将头部包裹好，卷纸后另一端用剩余的纸条打成一结，以防散开，如图 2-17，标上容量，若干支移液管用棉绳包扎成一束进行灭菌。使用时，从吸管中间拧断纸条，抽出移液管。另外，也可以将数支移液管放入金属筒内进行灭菌处理。

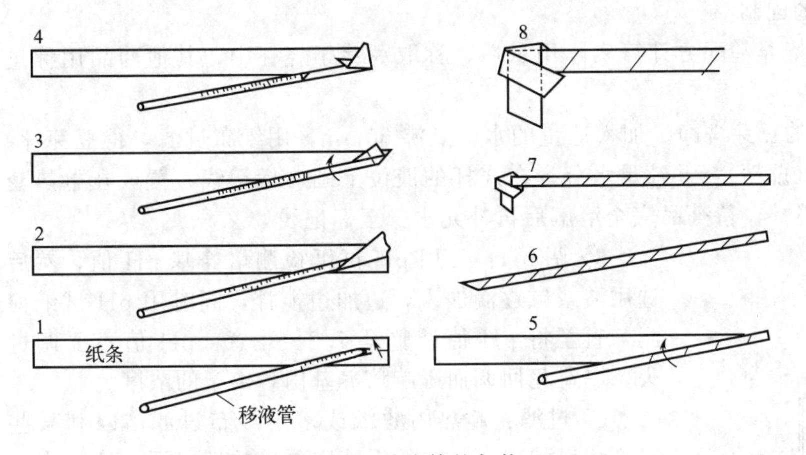

图 2-17 移液管的包扎

无菌器材包扎操作

2. 器材干热灭菌

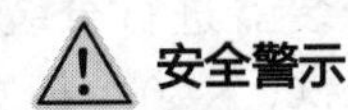
安全警示

① 干热灭菌利用高温干燥空气（160～170℃）进行灭菌，适用于玻璃器皿如移液管和培养皿等的灭菌。培养基、橡胶制品、塑料制品不能采用干热灭菌方法。

② 干热灭菌温度不能超过180℃，否则，包器材的纸或棉塞就会烧焦，甚至引起燃烧。

③ 干热灭菌过程中，严防恒温调节的自动控制失灵而造成安全事故。电热干燥箱具有可以观察的窗口，灭菌过程中玻璃温度较高，注意避免烫伤。

④ 电热干燥箱内温度未降到70℃以前，切勿自行打开箱门，以免骤然降温导致玻璃器皿炸裂。

(1) 装入待灭菌物品 将包扎好的待灭菌物品（培养皿、试管、移液管等）放入电热干燥箱内，物品不要摆得太挤，以免妨碍热空气流通。同时，灭菌物品也不要接触电热干燥箱内壁的铁板，以防包装纸烤焦起火。

(2) 开启、设置温度 关好电热干燥箱的箱门，接通电源，拨动开关。按下设置按钮或开关，通过调节按钮将温度设置为160～170℃，再将测量按钮按下或将开关拨到测量位置，这时温度显示数字逐渐上升，表明开始加温。

(3) 恒温 当温度升到设置温度（160～170℃）时，红灯熄灭，绿灯亮，表示箱内已停止加温，开始计时。当温度低于设置温度（160～170℃）时电热干燥箱会自动开启加温，此时红灯亮绿灯灭，如此反复。借恒温调节器的自动控制，保持此温度2h。

(4) 降温 灭菌时间达到后，关闭电热干燥箱的开关，切断电源，自然降温至70℃以下。

(5) 开箱取物 待电热干燥箱内温度降到70℃以下后，打开箱门，取出灭菌物品，干燥处放置备用。

3. 培养基配制

(1) 豆芽汁培养基的配制

① 称量：按豆芽汁培养基配方计算实际用量后，称取豆芽于烧杯中，其他药品用称量纸称量。

② 溶化：将称量后的豆芽洗净，加入适量的水，煮沸30min，用纱布过滤，得豆芽汁。加入已称量的其他药品（蔗糖），并补足水分，在烧杯的液位上画一标记线，置放在电热套上，小火加热，用玻棒搅拌，待药品完全溶解后再补充水分至标记线处。

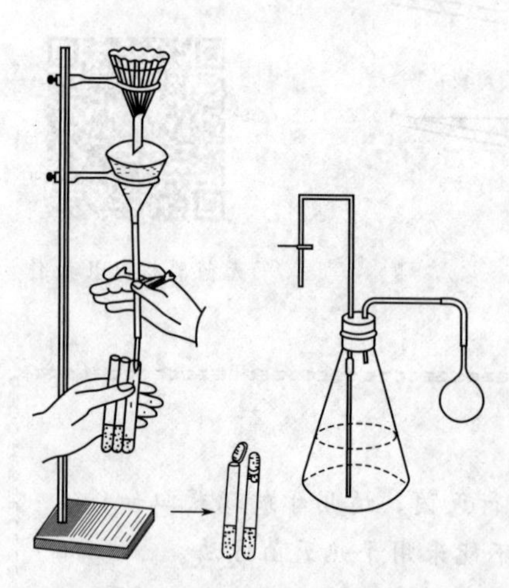

图2-18 培养基分装图

③ 调pH：先用pH试纸检测培养基pH值，然后选用酸或碱逐滴加入，边加边搅拌，同时用pH试纸检测，直至将pH值调整至7.2。注意：pH值不要调过头，以避免回调而影响培养基内各离子的浓度。

④ 过滤：趁热用滤纸或多层纱布过滤，以利某些实验结果的观察。一般无特殊要求的情况下，这一步可以省去（本实验无须过滤）。

⑤ 分装：按实验要求，可将配制的培养基分装入试管或锥形瓶内。分装时可用漏斗或分装器进行分装，如图2-18。本实验分装量为3支试管（200×20）每支9mL，1只锥形瓶（250mL）50mL。[注意：分装过程中，不要使培养基沾在管（瓶）口上，以免引起污染。]

⑥ 加塞：试管口和锥形瓶口塞上大小和松紧度合

适的硅胶塞（或棉塞、试管帽），四周紧贴管壁，不留缝隙，这样才能起到防止杂菌侵入和有利通气的作用。

⑦ 包扎：加塞后，将锥形瓶的硅胶塞外包一层牛皮纸或双层报纸，用棉绳捆好，以防灭菌时冷凝水润湿棉塞。分装培养基并加塞后的试管，则应以5～7支在一起，再于管塞外包一层牛皮纸或双层报纸，用棉绳捆好。然后用记号笔注明：培养基名称、组别、配制日期。

知识点：

① 液体培养基分装：分装高度以试管高度的1/4左右为宜。分装锥形瓶的量则根据需要而定，一般以不超过锥形瓶容积的1/2为宜，如果是用于振荡培养，则根据通气量的要求酌情减少。有的液体培养基在灭菌后，需要补加一定量的其他无菌成分，如抗生素等，则装量一定要准确。

② 固体培养基分装：分装试管，其装量不超过管高的1/5，灭菌后制成斜面。分装锥形瓶的量以不超过锥形瓶容积的1/2为宜。

③ 半固体培养基分装：一般以试管高度的1/3为宜，灭菌后垂直待凝。

(2) 生理盐水的配制

① 配制：按生理盐水配方计算实际用量后，称取氯化钠于烧杯中，加水，搅拌溶解。

② 分装：用移液管准确量取9mL生理盐水装入洗净干燥的试管（150×15）中，本实验需要分装20支试管。

③ 加塞：试管口塞上大小和松紧度合适的硅胶塞（或棉塞、试管帽），四周紧贴管壁，不留缝隙，这样才能起到防止杂菌侵入和有利通气的作用。

④ 包扎：加塞后，将分装生理盐水并加塞后的试管10支在一起，再于管塞外包一层牛皮纸或双层报纸，用棉绳捆好。然后用记号笔注明：培养基名称、组别、配制日期。

4. 培养基灭菌

⚠ 安全警示

① 采用高压灭菌，每次使用前必须向锅内加水，加入量以达到水位标记为度。切忌空烧或加水不足导致中途烧干而引起爆炸事故。

② 关闭放气阀之后操作员一定要在旁边时刻监控压力表，防止压力过大，安全阀冲开！有计时器的灭菌锅则可以自动停止加热。

培养基、生理盐水等需采用高压蒸汽灭菌锅进行灭菌，以手提式高压蒸汽灭菌锅（18L）为例。

高压蒸汽灭菌锅使用操作

① 首先将内层锅取出，再向外层锅内加入适量的水，使水面与三角搁架相平为宜。

② 放回内层锅，并装入待灭菌物品。注意不要装得太挤，以免妨碍蒸汽流通而影响灭菌效果。锥形瓶与试管口端均不要与桶壁接触，以免冷凝水淋湿包口的纸而透入棉塞。（注意：放入锅内灭菌的培养基、物料等，排放时需留有缝隙，使蒸汽畅通。如果叠放得过于紧密，将阻碍蒸汽穿透，造成物料内外温度

不均匀，形成“死角”，致使灭菌不彻底。）

③ 加锅盖，并将盖上的排气软管插入内层锅的排气槽内。再以两两对称的方式同时旋紧相对的两个螺栓，使螺栓松紧一致，防止漏气。

④ 打开电源开关，并同时打开排气阀，使水沸腾以排除锅内的冷空气。待冷空气完全排尽后，关上排气阀，让锅内的温度随蒸汽压力增加而逐渐上升。当锅内压力升到所需压力时，控制电源开关，维持压力至所需时间。本实验用 0.1MPa，121℃，20min 灭菌。

注意：若灭菌锅内冷空气未排尽，则它受热后很快膨胀，压力上升，使压力与温度形成差异，这时虽然压力达到，但温度达不到规定的要求，产生压力虽高而实际灭菌温度低的假压现象，致使灭菌不彻底。灭菌的主要因素是温度而不是压力，因此锅内冷空气必须完全排尽后，才能关上排气阀，维持所需压力。

⑤ 灭菌所需时间到后，切断电源，让灭菌锅内温度自然下降，当压力表的压力降至“0”时，打开排气阀，旋松螺栓，打开盖子，取出灭菌物品。

注意：压力一定要降到“0”时，才能打开排气阀，开盖取物。否则就会因锅内压力突然下降，容器内的培养基由于内外压力不平衡而冲出锥形瓶口或试管口，造成棉塞沾染培养基而发生污染，甚至烫伤操作者。

⑥ 将取出的灭菌培养基放入 37℃ 生物培养箱培养 24h，经检查若无杂菌生长，即可待用。

5. 试管接种

用 75%酒精擦手，待酒精蒸发后点燃酒精灯。将酿酒酵母菌种及盛有 9mL 豆芽汁培养基的试管管口靠近酒精灯火焰烤一下，轻轻转动硅胶塞，以便在接种时容易拔出。左手持两支欲接种的试管，于前三指之间，用大拇指压紧，能看清液面，将接种管靠里，在火焰上灼烧灭菌。移试管口于火焰上方，用右手的中指、无名指和小指，并借助于手掌拔出试管的棉塞。灼烧试管口，用 1mL 无菌移液管吸取酿酒酵母种子液 1mL，立即沿管壁缓慢注于盛有 9mL 豆芽汁培养基的试管中（注意吸管或吸头尖端不要触及稀释液面）。接种完毕，重新插入硅胶塞，振摇试管，混合均匀。盛有豆芽汁培养基的试管接种 2 支，留 1 支作空白对比。

6. 试管培养

将接种好的 2 支试管及未接种的 1 支试管，置于 (28±1)℃的生物培养箱中，直立放置（于试管架或烧杯内），培养 48h。

7. 转接扩大培养

将生长状态最好的一支试管培养物，按无菌操作转接入（倒入）装有 50mL 培养基的锥形瓶（250mL）中，放于摇瓶机内，(28±1)℃摇瓶培养，然后计时开始，测定初始酵母细胞数，以后每隔 2h 取样测定一次酵母细胞数。

8. 跟踪测量酵母菌数量

每隔 2h 取样测定一次活酵母细胞数，直至活酵母细胞数下降。每次用无菌吸管取样 1mL（取样时必须无菌操作，避免杂菌污染），直接或稀释一定倍数后用作待测菌液。

(1) 检查血球计数板 在正式计数前，先用显微镜检查计数板的计数室，看其是否沾有杂质或菌体，若有污物则需用脱脂棉蘸取 95%乙醇轻轻擦洗计数板的计数室，再用蒸馏水冲洗计数板，用滤纸吸干其上的水分（勿用火焰烤干），最后再用擦镜纸擦干净。

（2）稀释样品 稀释的目的在于便于计数，稀释后的样品以每小格内含有 4～5 个酵母细胞为宜，一般稀释 10 倍即可。

（3）加样 先将盖玻片放在计数室上面，用吸管吸取一滴已稀释好的菌液于盖玻片的边缘，让菌液自行渗入，多余的菌液用滤纸吸去，稍等片刻，待酵母细胞全部沉降到计数室底部再进行计数。

（4）计数 将加好样的计数板放到显微镜载物台中央，先在低倍镜下寻找计数板大方格网的位置。寻找时，显微镜的光圈要适当缩小，将视野小格移至视野中。转至高倍镜后，适当调节光亮度，使菌体和计数室线条清晰为止，然后将计数室一角的小格移至视野中。

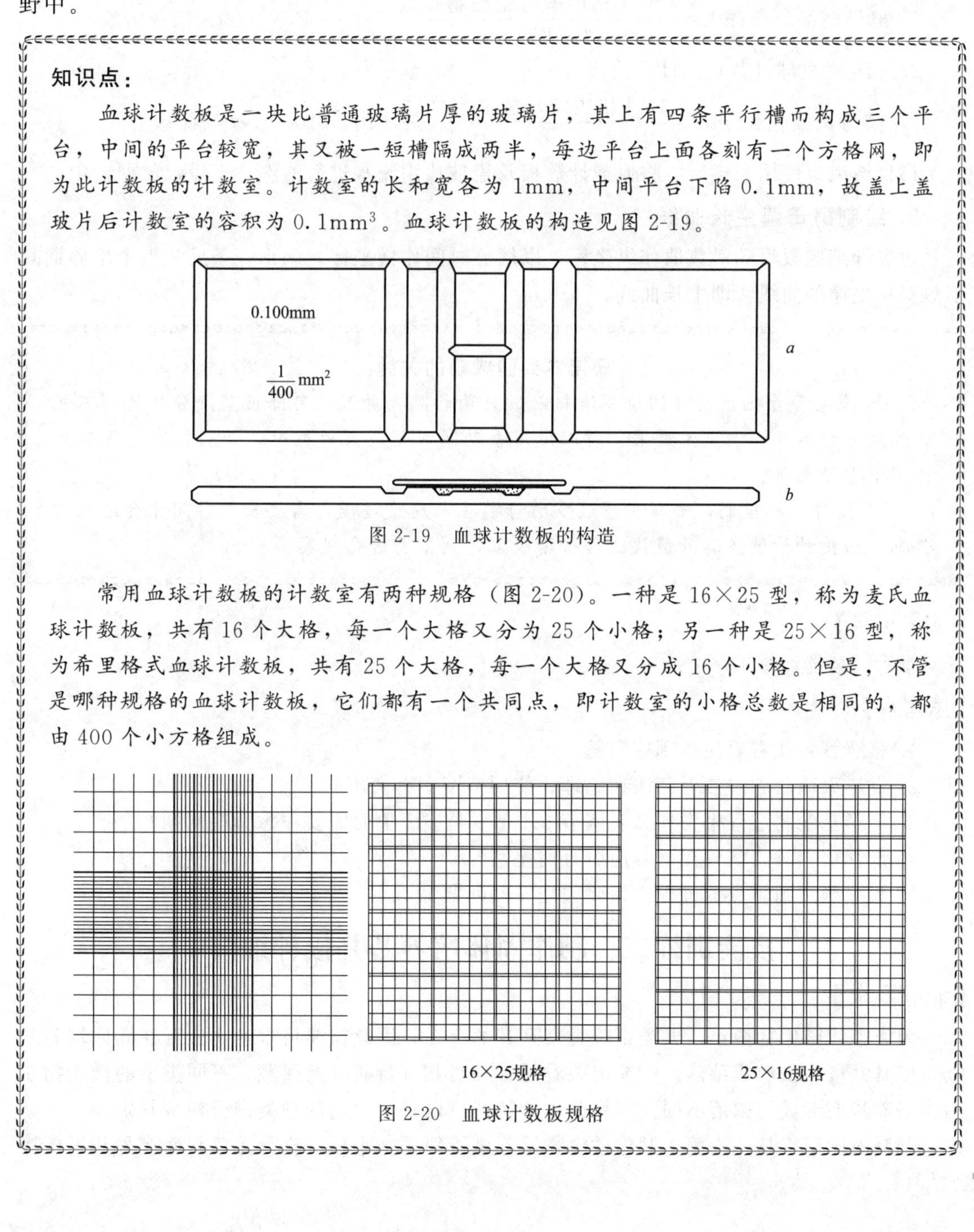

知识点：

血球计数板是一块比普通玻璃片厚的玻璃片，其上有四条平行槽而构成三个平台，中间的平台较宽，其又被一短槽隔成两半，每边平台上面各刻有一个方格网，即为此计数板的计数室。计数室的长和宽各为 1mm，中间平台下陷 0.1mm，故盖上盖玻片后计数室的容积为 $0.1mm^3$。血球计数板的构造见图 2-19。

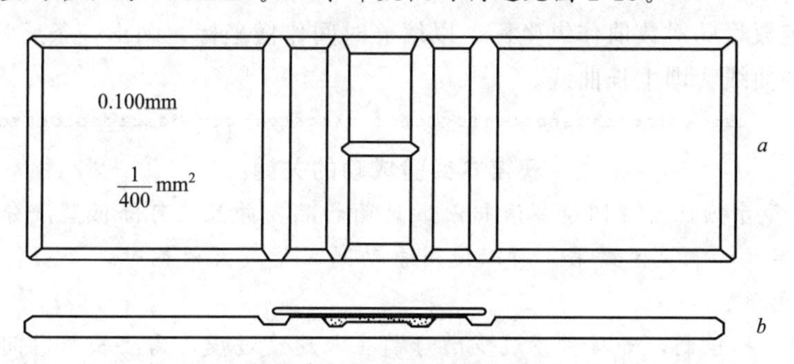

图 2-19 血球计数板的构造

常用血球计数板的计数室有两种规格（图 2-20）。一种是 16×25 型，称为麦氏血球计数板，共有 16 个大格，每一个大格又分为 25 个小格；另一种是 25×16 型，称为希里格式血球计数板，共有 25 个大格，每一个大格又分成 16 个小格。但是，不管是哪种规格的血球计数板，它们都有一个共同点，即计数室的小格总数是相同的，都由 400 个小方格组成。

16×25规格　　25×16规格

图 2-20 血球计数板规格

读数时，如用16×25规格的计数板，要按对角线方位，取左上、右上、左下、右下四个大格（共4个大格、100个小格）内的细胞逐一进行计数；如果使用规格为25×16型的计数板，除了取左上、右上、左下、右下四个大格外，还需加数中央的一个大格（共5个大格、80个小格）内的细胞。计数时当遇到位于大格线上的酵母细胞时，一般只计此大格的上方及右方线上的细胞（或只计下方及左方线上的细胞），将计得的细胞数填入记录表中，按下列公式计算每毫升菌液中所含的酵母细胞数。

血球计数板使用操作

16×25型血球计数板的计算公式：

$$\text{酵母菌细胞数/mL}=\frac{\text{100小格内酵母菌细胞总数}}{100}\times 400\times 10\times 1000\times \text{稀释倍数}$$

25×16型血球计数板的计算公式：

$$\text{酵母菌细胞数/mL}=\frac{\text{80小格内酵母菌细胞总数}}{80}\times 400\times 10\times 1000\times \text{稀释倍数}$$

(5) 结束 使用完毕后，将血球计数板及盖玻片用流水进行清洗、干燥，放回盒中。

9. 绘制酵母菌生长曲线

以酵母细胞数目的对数值作纵坐标，以培养时间作横坐标，画出一条反映整个培养期间菌数变化规律的曲线，即生长曲线。

获得本实验成功的关键

① 冷空气导热性差，阻碍蒸汽接触欲灭菌物品，并且还可降低蒸汽分压使之不能达到应有的温度影响灭菌效果，所以使用手动高压蒸汽灭菌锅时，必须将冷空气从灭菌锅中排除干净。

② 接种量的控制，如接种量过少酵母菌生长速度过慢，需要较长时间才会进入增长期，如接种量过多酵母菌快速进行增长期，则不易进行观察。

【结果记录】

填写《技能训练工单》。

【思考题】

1. 移液管包扎需要注意哪些问题？
2. 干热灭菌法和湿热灭菌法在原理、使用范围上有何不同？
3. 培养基配制过程中为什么要调节pH值？调pH值时需要注意哪些问题？
4. 试管培养时，试管在培养前后有何差别？
5. 跟踪测定细胞数的过程中需要关注哪些问题？

技能训练二　制作固体培养基并接种细菌

【训练要求】

因为个体微生物微小，人类很难观察到其的存在，因此需要将微生物放置在固体培养基上，使其大量生长形成菌落，才能肉眼看见，并对其进行研究及保藏。不同类型的微生物在固体培养基上形成的菌落不同，利用菌落的特征可以对微生物的种类进行初步判别。

配制固体培养基，灭菌，制作微生物培养试管斜面、平板。进行无菌斜面接种和平板接种。培养后，对单菌落点进行菌落形态观察，记录菌落形态特征。

【训练准备】

1. 菌种

大肠杆菌、枯草杆菌、金黄色葡萄球菌。

2. 试剂与溶液

(1) 培养基 牛肉膏蛋白胨（NB）培养基（又称营养肉汤）。

(2) 染色液 革兰氏染液。

3. 仪器及其他用品

(1) 玻璃仪器 培养皿（90cm）10套、试管（150×15，配硅胶塞）10支、锥形瓶（500mL，配硅胶塞）1只、烧杯（500mL）1只、量筒（100mL）1只。

(2) 常规仪器 高压蒸汽灭菌锅、电热干燥箱、生化培养箱、普通光学显微镜。

(3) 其他用品 旧报纸（或牛皮纸）、棉绳、镊子、消毒酒精棉球、酒精灯、接种针、载玻片、滤纸、擦镜纸。

【训练步骤】

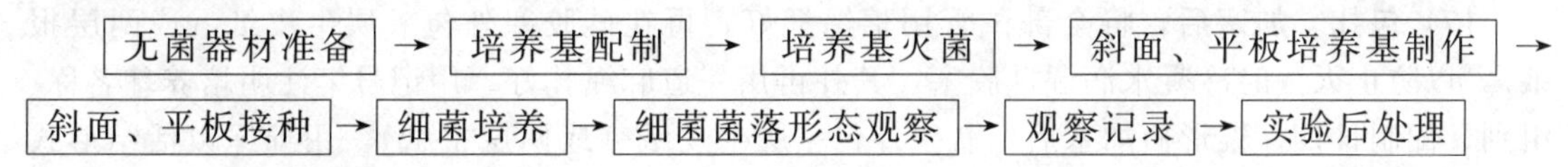

1. 无菌器材准备

无菌培养皿的准备：培养皿洗净、晾干，将10套培养皿顺式叠在一起，用旧报纸将其卷成一包，包装平皿时，双手同时折报纸往前卷，边卷边收边，使报纸贴于平皿边缘，最后的纸边折叠结实即可。置于电热干燥箱中进行干热灭菌（160℃，2h）。使用时在无菌室中打开包装，取出平皿。（注：也可将几套培养皿直接置于特制的不锈钢带盖圆筒内。）

2. 培养基配制

固体培养基配制操作

(1) 称量 按培养基配方比例依次准确地称取牛肉膏、蛋白胨、NaCl放入烧杯中。牛肉膏常用玻棒挑取，放在小烧杯或平皿中称量，用热水溶化后倒入烧杯。蛋白胨很易吸湿，在称取时动作要迅速。另外，称量药品时严防药品混杂，一把牛角匙只用于一种药品，或称取一种药品后，洗净、擦干，再称取另一种药品。瓶盖也不要盖错。

(2) 熔化 在上述烧杯中先加入所需要的水量，用玻棒搅匀，用记号笔在烧杯外壁上画液位线标记，然后将烧杯置于有石棉网的电炉上加热使其溶解，或在磁力搅拌器上加热溶解，待药品完全溶解后，补充水至液位线标记。如果配制固体培养基，将称好的琼脂放入已溶的药品中，再加热熔化，最后补足损失的水分。在制备用锥形瓶存放的固体培养基时，一般也可先将一定体积的液体培养基分装于锥形瓶中，然后按15～20g/L将琼脂直接分别加入各锥形瓶中，不必加热熔化，而是灭菌和加热熔化同步进行，节省时间。

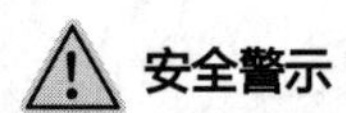

在琼脂熔化过程中，应控制火力，以免培养基因沸腾而溢出容器，同时，需不断搅拌，以防琼脂煳底烧焦。配制培养基时，不可用铜或铁锅加热熔化，以免离子进入培养基中，影响细菌生长。

(3) 调 pH 值 在未调 pH 值前，先用精密 pH 试纸测量培养基的原始 pH 值，如果偏酸，用滴管向培养基中逐滴加入 1mol/L NaOH 溶液，边加边搅拌，并随时用 pH 试纸测其 pH 值，直至 pH 值达到 7.4～7.6。反之，用 1mol/L HCl 溶液进行调节。对于有些要求 pH 值较精确的微生物，其 pH 值的调节可用酸度计进行。(注意：pH 值不要调过头，以避免回调而影响培养基内各离子的浓度。配制 pH 值低的琼脂培养基时，若预先调好 pH 值并在高压蒸汽下灭菌，则琼脂因水解不能凝固。因此，应将培养基的其他成分和琼脂分开灭菌后再混合，或在中性 pH 值条件下灭菌，再调节 pH 值。)

(4) 过滤 趁热用滤纸或多层纱布过滤，以利某些实验结果的观察。一般无特殊要求的情况下，这一步可以省去(本实验无须过滤)。

(5) 分装 按实验要求，可将配制好的培养基分装入试管内或锥形瓶内。本实验为固体培养，分装试管，其装量不超过管高的 1/3，灭菌后制成斜面。分装锥形瓶的量以不超过锥形瓶容积的 1/2 为宜。[注意：分装过程中，不要使培养基沾在管(瓶)口上，以免沾污硅胶塞而引起污染。]

(6) 加塞 培养基分装完毕后，在试管口或锥形瓶口上塞上硅胶塞(或棉塞、试管帽等)，以阻止外界微生物进入培养基内而造成污染。

(7) 包扎 加塞后，将全部试管用棉绳捆好，再在硅胶塞外包一层牛皮纸(或两层报纸)，以防止灭菌时冷凝水润湿硅胶塞，其外再用一道麻绳扎好。用记号笔注明培养基名称、组别、配制日期。锥形瓶加塞后，瓶塞外包一层牛皮纸(或两层报纸)，用棉绳以活结形式扎好，使用时容易解开，同样用记号笔注明培养基名称、组别、配制日期。(有条件的实验室，可用市售的铝箔代替牛皮纸，省去用绳扎，而且效果好。)

3. 培养基灭菌

上述分装后的培养基采用 121℃、20min 高压蒸汽灭菌。

4. 斜面、平板培养基制作

(1) 斜面制作 将灭菌的或熔化后的固体培养基试管垂直放置，冷却至 50℃左右(以防斜面上冷凝水太多)，然后将试管斜置于玻璃试管或其他合适高度的器具上，搁置的斜面长度以不超过试管总长的 2/3 为宜(如图 2-21)，使之冷却凝固成斜面。

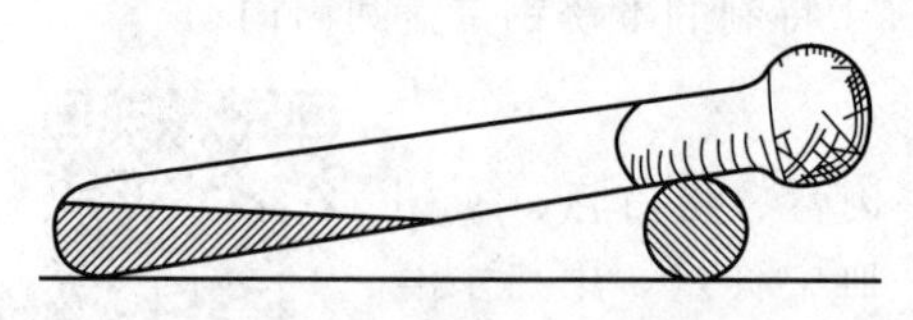

图 2-21 摆试管斜面

(2) 平板制作 在点燃的酒精灯旁(或无菌操作室内)打开包扎灭菌后的培养皿的牛皮纸或报纸，培养皿底在下、盖在上，叠放于火焰旁。

将灭菌或加热熔化后的固体培养基锥形瓶，冷至 55～60℃时，右手持装固体培养基的锥形烧瓶置火焰旁边，用左手将瓶塞轻轻地拔出，瓶口保持对着火焰；然后用右手手掌边缘或小指与无名指(环指)夹住瓶塞，左手持培养皿并将皿盖在火焰旁打开一缝，迅速倒入培养基约 15mL(图 2-22)，加盖后轻轻摇动培养皿，使培养基均匀分布在培养皿底部，然后平置于桌面上，待凝固后即为平板。(注意：也可将瓶塞放在左手边缘或小指与无名指

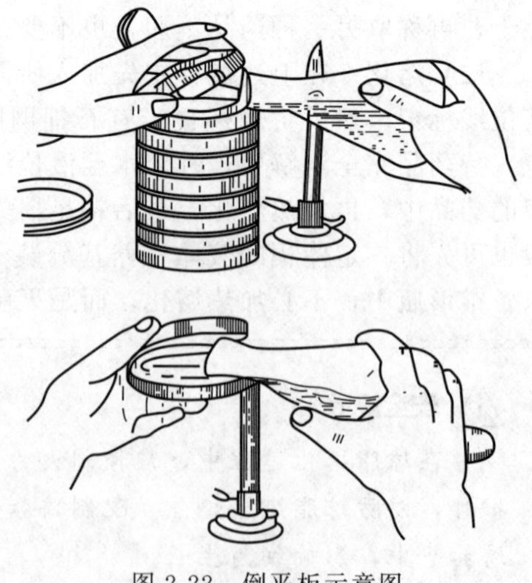

图 2-22 倒平板示意图

之间夹住。如果锥形瓶内的培养基一次用完，瓶塞则不必夹在手中。）

安全警示

① 无菌操作需要在火焰旁进行，因此，在操作时要小心，不要将手烫伤。

② 实验使用的细菌菌种（特别是金黄色葡萄球菌）对人体存在一定的危害性，实验过程中注意避免菌种接触到手、脸部等人体皮肤。如不小心接触后，立即用消毒酒精消毒。

③ 实验操作完成后用消毒洗手液洗手，避免细菌感染。

5. 接种

(1) 斜面接种 斜面接种是从已长好的菌种培养物中挑取少许菌种移植至另一支新鲜斜面培养基上的一种接种方法，如图 2-23。本实验将 3 种菌种分别各接种 3 支试管斜面，余下 1 支空白。

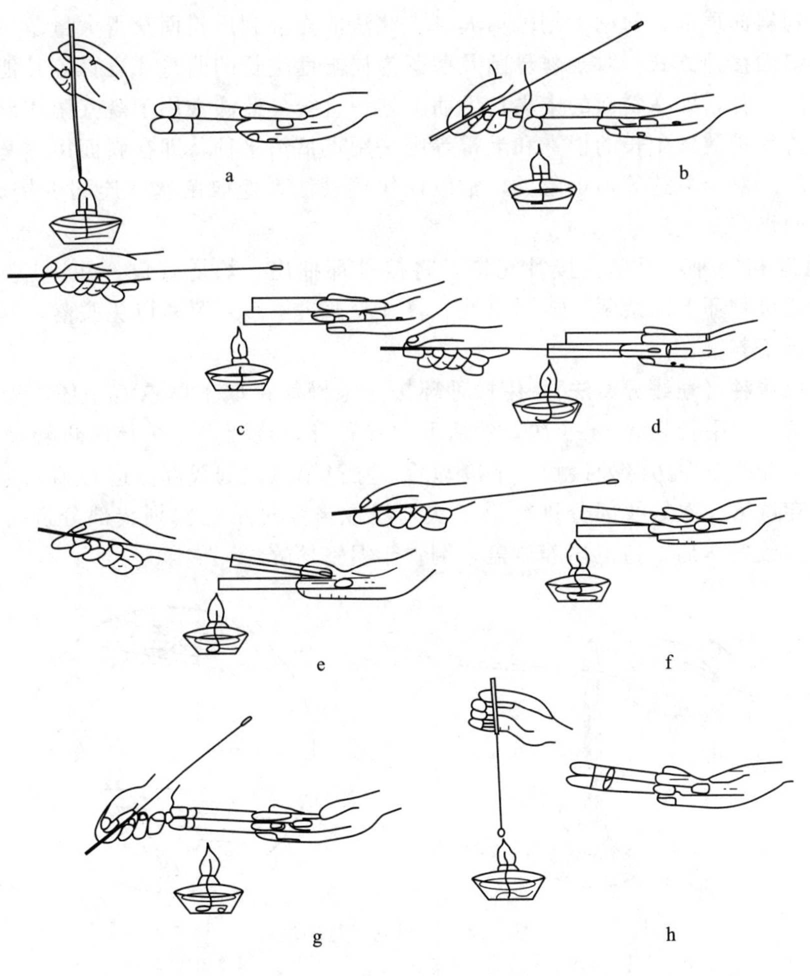

图 2-23 试管接种示意图

① 准备工作：接种前在空白斜面试管上贴标签纸，注明菌名、接种日期等，若用记号笔标记则不需标签。点燃酒精灯，并用 75%酒精棉球消毒双手。将菌种管（置于外侧）和

空白斜面试管（置于内侧）持在左手的大拇指和其他四指之间，掌心和试管斜面向上，管口对齐朝向酒精灯火焰，近于水平位置（0°～45°）。用右手在火焰旁旋松两管硅胶塞，以便接种时易于拔出。

② 接种环灭菌：以右手持接种环柄（如同拿毛笔一样），将接种金属环垂直立于火焰上烧红灭菌，再将要伸入试管部分的金属柄、螺丝口、金属丝水平通过火焰数次，并不断捻动金属柄在火焰上烧灼灭菌。

③ 拔管塞和灼烧试管口：于酒精灯火焰内侧，用右手小指与手掌拔出两试管硅胶塞，再以火焰灼烧试管口灭菌。(注意：硅胶塞应始终夹在手中，如掉落应更换无菌硅胶塞。)

④ 接种环冷却和取菌：将灼烧灭菌过的接种环伸入菌种管内，先接触管壁或无菌苔生长的琼脂表面，待冷却后再从斜面上轻轻刮取少许菌苔，并将接种环小心从试管中抽出，勿接触管壁和通过火焰。

⑤ 接种：在火焰旁迅速将带菌接种环伸入另一空白斜面试管，进行接种。不同种类微生物的接种方式各异，现分述如下。

细菌与放线菌的斜面接种方式：由斜面培养基的底部自下而上来回做“Z”形密集划线，一直划到斜面顶部，勿用力划破培养基。此法能充分利用斜面获得大量菌体细胞。

真菌的斜面接种方式：对于酵母菌及菌落为局限性生长的曲霉、青霉等其他霉菌采用斜面上下涂布法接种，即在斜面的中央自下而上划一直线。此法常用于观察菌体形态与培养特征。对于菌落为扩散性生长的根霉和毛霉等则采用点植法接种，即在斜面培养基的基部中央处以一点接种。对于灵芝等担子菌类，常以挖块接种法，挖取菌丝体连同少量琼脂培养基，再移植到斜面培养基上。

⑥ 塞管塞和接种环灭菌：接种完毕，将接种环抽出，灼烧管口，并迅速塞上硅胶塞。最后仔细烧死接种环上的余菌，放回原处。将硅胶塞进一步塞紧，以免脱落，并将试管放入试管架，进行培养。

(2) 平板接种（划线分离法） 用接种环按无菌操作挑取土壤悬液一环，先在平板培养基的一边作第一次平行划线3～4次，然后取出接种环，烧死多余菌体。再转动平板约70°，待接种环在培养基空白边缘处接触一下冷却后，穿过第一次划线部分进行第二次划线，再用同样的方法穿过第二次划线部分进行第三次划线或再穿过第三次划线部分进行第四次划线（图2-24）。划线完毕后，盖上培养皿盖，倒置于温室培养。

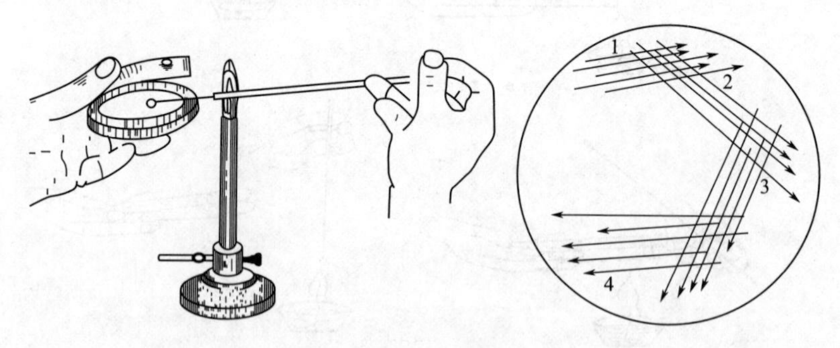

图2-24 平板划线接种法

本实验将3种菌种分别各接种3个平板，余下1个平板做空白。

6. 细菌培养

① 试管培养：将上述已接种的9支试管斜面和1支空白试管斜面，置入(37±1)℃的

生化培养箱中，培养 1～2 天。

② 将上述已划线接种的 9 个培养皿平板和 1 个未划线接种的培养皿平板，倒置叠放，置入（37±1)℃的生化培养箱中，培养 1～2d。

7. 细菌菌落形态观察

取出生化培养箱中的试管斜面和培养皿平板，进行菌落特征观察。

观察菌落的大小、表面光滑或粗糙、透明度、色泽、边缘整齐或不规则等特征。比较 3 种菌的斜面培养物、平板划线中的单菌落，并列表说明。

细菌的菌落特征包括：大小［大菌落（5mm 以上)、中等菌落（3～5mm)、小菌落（1～2mm)、露滴状菌落（1mm 以下)］、形状（圆形、放射状、假根状、不规则状等)、表面状态（光滑、皱褶、颗粒状、龟裂状、同心环状等)、隆起形状（扩展、扁平、台状、低凸起、凸起、高凸起、草帽状、脐状、乳头状等)、边缘状况（整齐、波浪状、裂叶状、齿轮状、锯齿状等)、表面光泽（闪光、金属光泽、无光泽等)、质地（油脂状、膜状、松软、黏稠、脆硬等)、颜色（乳白色、灰白色、柠檬色、橘黄色、金黄色、玫瑰红色、粉红色等，注平皿正反面或菌落边缘与中央部位的颜色有差异)、透明度（透明、半透明、不透明等）等（图 2-25)。

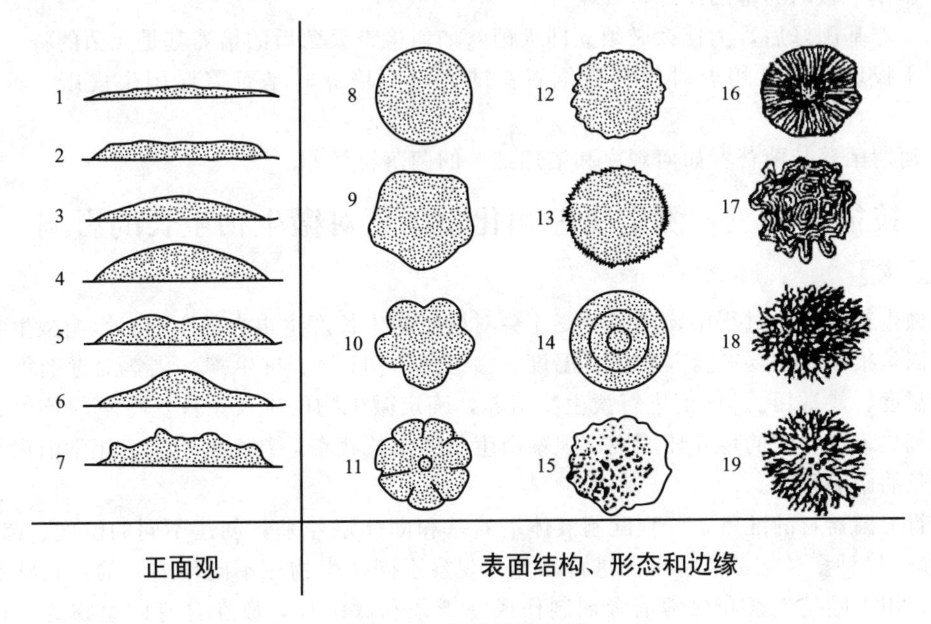

图 2-25 细菌菌落特征

正面观		表面结构、形态和边缘			
1	扁平	8	圆形,边缘完整	14	规则,有同心环,边缘完整
2	隆起	9	不规则,边缘波状	15	不规则,似毛毯状
3	低凸起	10	不规则,颗粒状,边缘叶状	16	规则,似菌盖状
4	高凸起	11	规则,放射状,边缘呈叶状	17	不规则,卷发状,边缘波状
5	脐状	12	规则,边缘呈扇边状	18	不规则,呈丝状
6	草帽状	13	规则,边缘呈齿状	19	不规则,根状
7	乳头状				

8. 实验后处理

实验完成后，所有斜面试管和平板培养皿必须经高压蒸汽灭菌后才能进行清洗。

获得本实验成功的关键

① 细菌对培养基的pH值要求较严格，因此培养基配制过程中pH调节需严格控制，避免回调。

② 菌落观察要求单菌落，平板划线分离是否能形成单菌落是本实验的关键点，按要求控制烧针和划线交叉过程以获得较多的单菌落。

【结果记录】

填写《技能训练工单》。

【思考题】

1. 固体培养基与液体培养基在配制上有何区别？培养基配制过程中注意哪些问题？
2. 制作斜面培养基时需要注意哪些问题？
3. 制作平板培养基的注意事项是什么？
4. 培养基配好后，为什么必须立即灭菌？如何检查灭菌后的培养基是无菌的？
5. 平板培养基在培养时为何要倒置？试管斜面培养时是否需要用牛皮纸（或报纸）包扎？
6. 何谓菌落与菌苔？如何观察和描述细菌的菌落特征？

技能训练三 测定物理和化学因素对微生物生长的影响

【训练要求】

在微生物的培养过程中，环境的变化会对微生物生长产生很大的影响。影响微生物生长的外界因素很多，主要有营养物质、温度、渗透压、pH值、抗生素、化学消毒剂等。采用不同的温度、渗透压、pH值进行微生物培养，确定微生物的生长条件。将不同抗生素、化学消毒剂放入微生物的培养环境中，观察微生物的生长状态，判断抗生素、化学消毒剂对微生物生长的影响作用。

进行无菌器材的准备，分别配制液体培养基和固体培养基。创建不同的温度、渗透压、pH环境，接种多种细菌、酵母菌进行培养，观察不同微生物在不同环境下的生长状态，并作记录。用不同抗生素和化学消毒剂制作成滤纸条和滤纸片，放在含有微生物的平板上培养，观察在滤纸条或滤纸片的周围是否有微生物生长（即溶菌圈），判断抗生素和化学消毒剂对微生物的影响。

【训练准备】

1. 菌种

大肠杆菌、枯草杆菌、金黄色葡萄球菌、嗜热脂肪芽孢杆菌、酿酒酵母、干酪乳杆菌。

2. 试剂与溶液

(1) 培养基 固体牛肉膏蛋白胨培养基；胰胨豆胨培养基。

(2) 试剂 无菌生理盐水、无菌蒸馏水、青霉素溶液（80万单位/mL），氨苄青霉素溶液（80万单位/mL），2.5%碘液，0.1%升汞，5%石炭酸，75%乙醇，100%乙醇，1%来苏尔，0.25%新洁尔灭，0.005%龙胆紫和0.05%龙胆紫等。

3. 仪器及其他用品

(1) 玻璃仪器 培养皿（90cm）22套、试管（150×15，配硅胶塞）20支、锥形瓶（500mL，配硅胶塞）1只、锥形瓶（150mL，配硅胶塞）5只、烧杯（500mL）2只、量筒（100mL）1只、移液管（1mL）3支。

(2) 常规仪器 高压蒸汽灭菌锅、电热干燥箱、生化培养箱。

(3) 其他用品 旧报纸（或牛皮纸）、棉绳、镊子、消毒酒精棉球、酒精灯、接种针、记号笔、镊子。

【训练步骤】

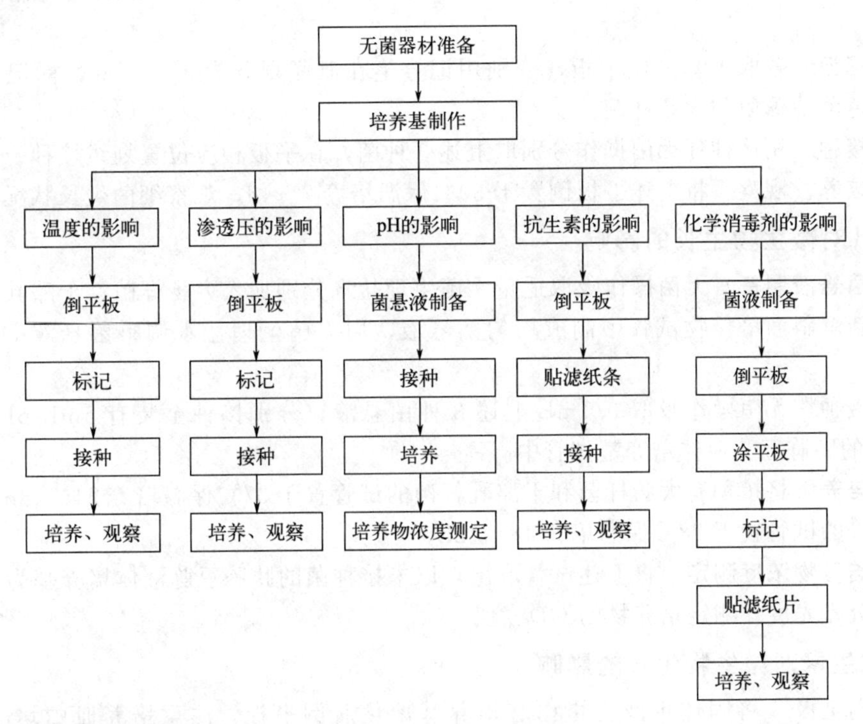

1. 无菌器材准备

无菌培养皿准备：培养皿洗净、晾干，包扎，干热灭菌，备用。

无菌移液管准备：移液管洗净、晾干，包扎，干热灭菌，备用。

2. 培养基制作

(1) 固体牛肉膏蛋白胨培养基（200mL） 按培养基配方比例依次准确地称取牛肉膏、蛋白胨、NaCl放入烧杯中，加水，加热熔化后，冷却，调节pH值，分装于锥形瓶（500mL）中，加入琼脂，加塞，包扎，灭菌。

(2) 不同NaCl浓度的固体牛肉膏蛋白胨培养基（各50mL） 将固体牛肉膏蛋白胨培养基中的NaCl含量分别调整为0.85%、5%、10%、15%、25%。按上述方法各配制50mL，分装于锥形瓶（150mL）中，加入琼脂，加塞，包扎，灭菌。

(3) 胰胨豆胨培养基 按培养基配方比例依次准确地称取各成分于烧杯中，加水，加热溶解，冷却。用4个小烧杯将培养基分成4份，分别调整pH值为3、5、7、9。再将调整pH值后的培养基分装于试管（150×15）中，每支5mL，加塞，包扎，灭菌。

3. 温度对微生物生长的影响

(1) 倒平板 将固体牛肉膏蛋白胨培养基熔化后倒平板，厚度为一般平板的1.5～2倍。

(2) 标记 取4套平板，分别用记号笔在皿底划分为4个区域，标记上枯草杆菌、金黄色葡萄球菌、大肠杆菌和嗜热脂肪芽孢杆菌。

(3) 接种 用接种环无菌操作分别取上述4种菌，在平板相应位置划线接种。

(4) 培养、观察 各取1套平板倒置于4℃、20℃、37℃和60℃条件下保温培养24～48h，观察细菌生长状况并记录。

4. 渗透压对微生物生长的影响

(1) 倒平板 将含0.85%、5%、10%、15%及25% NaCl的营养琼脂熔化后分别倒平板。

(2) 标记 各取1套上述平板，分别用记号笔在皿底划分为3个区域，标记上枯草杆菌、金黄色葡萄球菌和大肠杆菌。

(3) 接种 用接种环无菌操作分别取上述3种菌，在平板相应位置划线接种。

(4) 培养、观察 将上述平板倒置于30℃保温培养2～4d，观察细菌生长状况并记录。

5. pH对微生物生长的影响

(1) 菌悬液制备 无菌操作吸取适量无菌生理盐水分别加入大肠杆菌、干酪乳杆菌和酿酒酵母的新鲜斜面培养物试管中制成均匀菌悬液，用无菌生理盐水调整菌悬液OD_{600}值均为0.05。

(2) 接种 无菌操作吸取0.1mL上述3种菌悬液，分别接种至装有5mL pH值为3、5、7和9的胰胨豆胨液体培养基试管中。

(3) 培养 将接种有大肠杆菌和干酪乳杆菌的试管置于37℃保温培养24～48h，将接种有酿酒酵母的试管置于28℃保温培养48～72h。

(4) 培养物浓度测定 将上述试管取出，以未接种菌的胰胨豆胨液体培养基为对照，利用可见光分光光度计测定培养物的OD_{600}值。

6. 抗生素对微生物生长的影响

(1) 倒平板 将固体牛肉膏蛋白胨培养基熔化后倒平板，注意培养皿中培养基厚度均匀。

(2) 贴滤纸条 无菌操作，用镊子取无菌滤纸条分别浸入青霉素溶液和氨苄青霉素溶液润湿，在容器内壁沥去多余溶液，再将滤纸条分别贴在两个平板上。

(3) 接种 无菌操作，用接种环分别取枯草杆菌、金黄色葡萄球菌和大肠杆菌，从滤纸条边缘分别垂直向外划线接种，如图2-26。

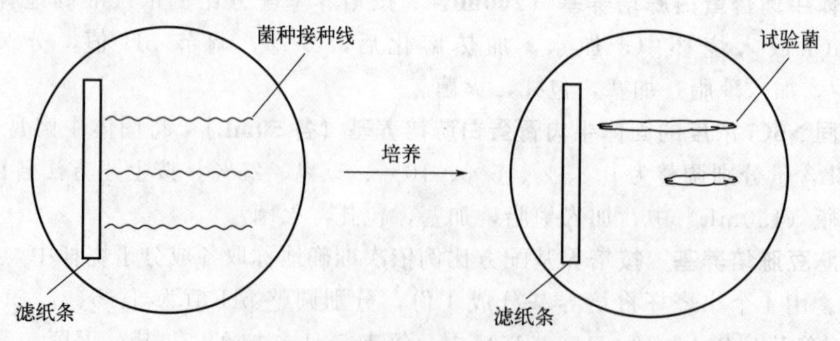

图2-26 抗生素抗菌谱试验示意图

(4) 培养、观察 上述平板倒置于37℃保温培养24h。观察细菌生长状况并记录。

7. 化学消毒剂对微生物生长的影响

> **安全警示**
>
> ① 化学消毒剂对人体有一定的危害作用，操作过程避免接触皮肤，实验完成后用清水洗手。
>
> ② 实验使用的细菌菌种（特别是金黄色葡萄球菌）对人体存在一定的危害性，实验过程中注意避免菌种接触到手、脸部等人体皮肤。如不小心接触后，立即用消毒酒精消毒。
>
> ③ 实验操作完成后用消毒洗手液洗手，避免细菌感染。

(1) 菌液制备 无菌操作将金黄色葡萄球菌接种至装有5mL牛肉膏蛋白胨液体培养基的试管中，37℃保温培养18h。

(2) 倒平板 将牛肉膏蛋白胨琼脂培养基熔化后倒平板，注意培养皿中培养基厚度均匀。

(3) 涂平板 无菌操作吸取0.2mL金黄色葡萄球菌液加入上述平板，用无菌三角涂棒涂布均匀。

(4) 标记 将上述平板皿底用记号笔划分成4～6等份，分别标明一种消毒剂名称。

(5) 贴滤纸片 无菌操作，用镊子取无菌滤纸片分别浸入各种消毒剂润湿，在容器内壁沥去多余溶液，再将滤纸片分别贴在平板上相应位置，在平板中央贴上浸有无菌生理盐水的滤纸片作为对照，如图2-27。

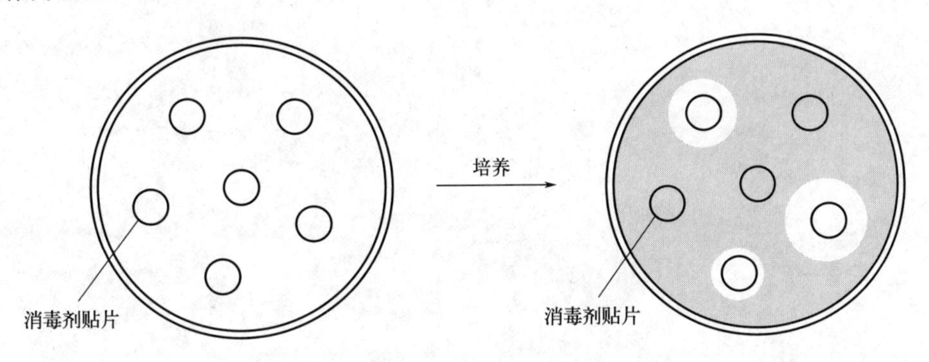

图2-27 滤纸片法测化学消毒剂杀菌作用

(6) 培养、观察 将上述平板倒置于37℃保温培养24h，观察并记录抑（杀）菌圈的大小。

8. 实验后处理

实验完成后，所有斜面试管和平板培养皿必须经高压蒸汽灭菌后才能进行清洗。

> **获得本实验成功的关键**
>
> ① 无菌操作必须严格，避免将不同菌种混杂。
>
> ② 用于在高温（60℃）条件下培养微生物的平板厚度为一般平板的1.5～2倍，避免高温导致培养基干裂。

③ 培养皿、试管上各因素的浓度、pH 值、消毒剂名称和菌名等要标记清楚，以免因平板较多造成混乱。

④ 必须将培养后菌悬液完全混匀后再进行观察和测定。

⑤ 制备平板厚度均匀，滤纸片形状大小一致，不要在培养基表面拖动滤纸片，避免消毒剂不均匀扩散。

⑥ 涂布平板要均匀，使细菌均匀分散。

【结果记录】

填写《技能训练工单》。

【思考题】

1. 为什么微生物的最适生长温度并不等于发酵最适温度？

2. 金黄色葡萄球菌和大肠杆菌在不同 NaCl 浓度条件下生长状况有何区别？解释原因。

3. 环境 pH 值如何影响微生物的生长？怎样测定微生物的最适生长 pH 值？

4. 为什么在培养微生物的时候需要在培养基中加入缓冲剂？试列举几种常用缓冲系统。

5. 根据青霉素的抗菌机制，你的实验平板上出现的抑（杀）菌带是致死效应还是抑制效应？若抑（杀）菌带在隔一段时间后又长出少数菌落，你如何解释这种现象？

6. 在你的实验中，75%和100%的乙醇对金黄色葡萄球菌的作用效果有无差别？医院用作消毒剂的乙醇浓度是多少？为何采用该浓度乙醇作为消毒剂？

项目三

识别微生物

自然环境中的微生物几乎都是杂居在一起，要研究和利用某一微生物，首先必须把它从混杂的微生物类群中分离出来，这种过程就称为纯种分离。微生物学中把从单个细胞或一种细胞群繁殖得到的后代称为纯种微生物或纯培养。此外，从自然界分离到的野生型，或经人工选育得到的变异型纯种，使其存活、不丢失、不污染杂菌、不发生或少发生变异，保持菌种原有的各种特征和生理活性的技术，称为微生物的菌种保藏。利用优良的微生物菌种保藏技术，使菌种经长期保藏后保证高产突变株不改变表型和基因型，特别是不改变初级代谢产物和次级代谢产物生产的高产能力，这对于菌种极为重要。

本项目的学习重点是微生物的分离纯化及鉴定技术，对不同的微生物采用不同的微生物分离方法。从食品的原料、半成品及成品中分离出所需的微生物，对分离得到的微生物进行纯化处理，得到纯菌种，通过鉴定技术对其进行属、种等的鉴定。微生物的分离纯化和鉴定技术对实验技能要求较高，如培养基的选择配制、稀释平板法、划线分离法、涂布法等技能的操作熟练程度和技巧应用对微生物的分离纯化结果会产生很大的影响，在实验过程中注重学生技能技巧的训练是本项目学习的关键。

知识目标

① 掌握微生物分离与纯化的原理和方法。
② 掌握微生物经典分类鉴定方法的原理及鉴定指标。
③ 掌握选择培养基的选择和使用方法。
④ 了解微生物的快速鉴定原理及方法。
⑤ 了解微生物的核酸分析鉴定原理及方法。
⑥ 掌握微生物的保藏原理及方法。

技能目标

① 熟练进行含微生物样品的无菌取样。
② 熟练完成稀释平板分离法的操作。
③ 熟练完成平板划线法分离法的操作。
④ 熟练进行细菌生理生化鉴定试验及结果判断。
⑤ 熟练完成斜面菌种的保藏。

素质目标

① 树立采用科学方法解决制造生产中问题的探索精神。
② 培养研究传统发酵生产中微生物的兴趣。

③ 提升复杂实验的成功率。

④ 具备正确使用相关学科资料的思维。

⑤ 养成对待科学实验认真严谨的态度。

⑥ 提高对本专业的兴趣。

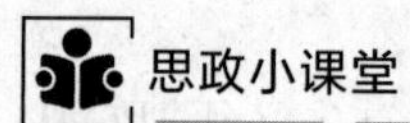

【事件】

方心芳，微生物学家，我国现代工业微生物学的开拓者和应用现代微生物学理论和方法研究传统发酵产品的先驱者之一。

方心芳从20世纪30年代初期开始从事食品发酵微生物学研究，在酿酒、烷烃发酵生产等方面取得了显著成绩。他毕生重视微生物菌种的收集、研究、应用和开发。20世纪50年代后他组织和指导建立了我国现代微生物学的一些新兴分支学科，培养了一批高级专业人才，为我国微生物学和现代微生物产业的发展作出了重要贡献。

方心芳在60多年的科学生涯中，自觉地克服一切困难，为国家、为人民解决实际问题。当总结从事工业微生物学研究50年的时候，他的结论是：人民的需要就是方向，国家需要工业微生物学为发展农副产品加工业服务，需要就是催他出征的战鼓。我国民族化学工业的拓荒者范旭东说："方心芳先生心目中的微生物，绝不比一头牛小，他是一个忠实的牧童。"

【启示】

人民的需要是我们的奋斗目标，坚持以人民为中心的发展思想。科研工作需要坚持以人民为中心确定奋斗方向，通过解决人民建设美好生活过程中在生产和生活方面需要的问题，让科研工作成果能够服务人民、为人民所共享，最终将人民对美好生活的向往变成现实。

大力弘扬艰苦奋斗精神。"艰难困苦，玉汝于成"，中华民族历史上经历过很多磨难，但从来没有被压垮过，而是愈挫愈勇，不断在磨难中成长、从磨难中奋起。不怕苦、能吃苦，是根植于中华文明基因的精神，更是我们应该传承的优秀品质。

基础知识

一、微生物的分离与纯化

为了生产和科研的需要，人们往往需从自然界混杂的微生物群体中分离出具有特殊功能的纯种微生物。一些被其他微生物污染的菌株，或在长期培养或生产过程丧失原有优良性状的菌株以及经过诱变或遗传改造后的突变株、重组菌株，均需进行分离和纯化。纯培养的分离方法很多，常用的是稀释倾注平板法、稀释涂布平板法和平板划线分离法（图 3-1）。这些方法都是使待分离样品中的微生物细胞分离接于合适的培养基上，经扩大培养后，即可得到纯种微生物。

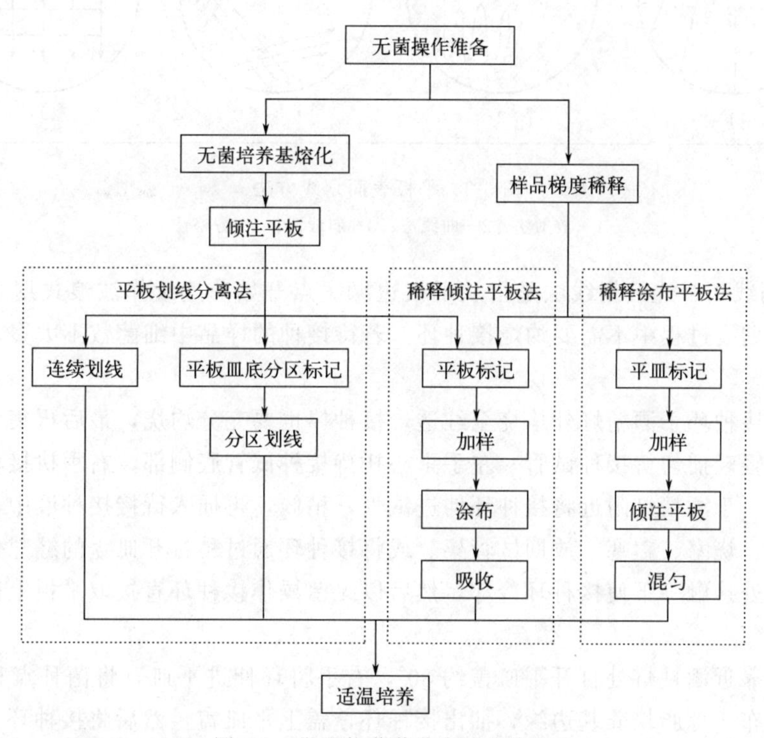

图 3-1 微生物菌落分离纯化步骤

1. 平板划线分离法

平板划线分离法是最简单、最易操作的分离培养方法。

（1）培养基准备 将装有无菌培养基的锥形瓶放入沸水浴加热，直至充分熔化。将已熔化的无菌培养基冷却至 47～50℃，按无菌操作法倾注平板，凝固后即成平板培养基。

（2）划线分离 用无菌的接种环取培养物少许在平板表面划线接种。平板划线时，需要把培养皿中的培养基平面倾斜，单手将培养皿的盖打开一小部分（无菌操作下），利用接种工具进行接种，如图 3-2。

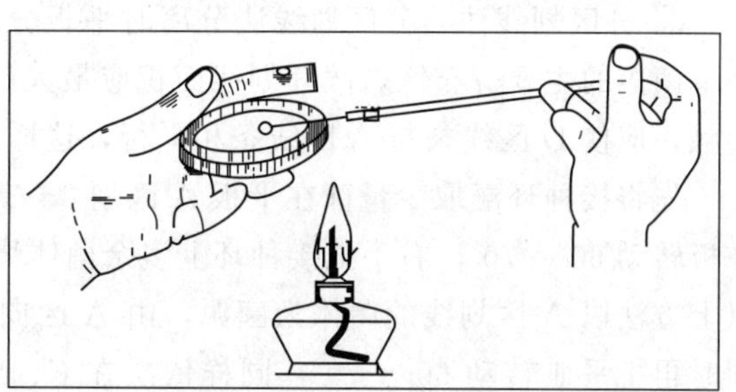

图 3-2 平板表面划线分离法操作

在平板表面进行划线的方法有很多

（如图 3-3），比较容易出现单个菌落纯培养物的划线方法有连续划线法、分区划线法等。划线过程中可以完成对菌液的稀释，即利用接种环在培养基表面往后移动，同时接种环上的菌液逐渐稀释，此时微生物细胞数量将随着划线次数的增加而减少，并逐步分散开来。如果划线适宜，微生物能最后在所划的线上分散成单个细胞，经培养后，这些单个细胞可在平板表面某些区域形成肉眼可见的单菌落。这些单菌落可能是由一个细胞（孢子）生长繁殖而来，故可以获得该细菌细胞的纯培养物。

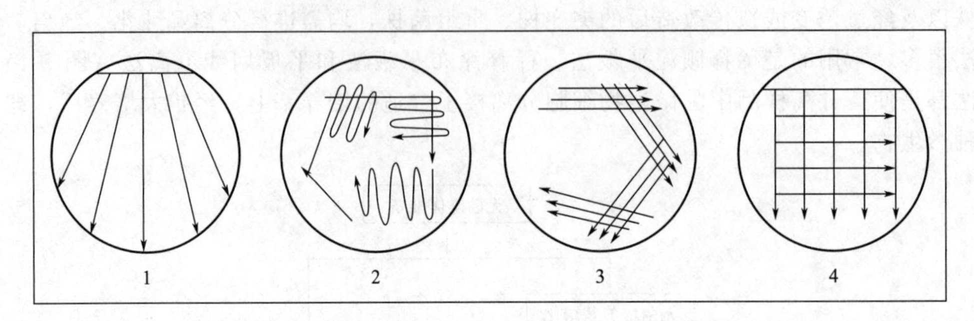

图 3-3　平板表面划线方法

1—放射法；2—曲线法；3—斜线法；4—方格法

① 连续划线法　连续划线法是指从平板边缘一点开始，连续作波浪式划线直到平板的另一端为止，划线过程中不需要灼烧接种环。若待接种的样品中细菌数不太多，可使用连续划线法。

操作时，接种环于酒精灯外焰烧至红透，接种棒也要充分灼烧，最后再集中烧接种环至通红。然后，轻轻摇匀待接种试管，左手手心托待接种试管底侧部，右手执接种环，右手小指拔下试管塞，于酒精灯附近将接种环伸进试管，稍候，再插入待接接种液中，蘸一下，取满一环，抽出、烧塞、盖塞、放回试管架。或将接种环通过稍打开皿盖的缝隙伸入平板，在平板边缘空白处接触一下使接种环冷却，然后以无菌操作接种环直接取平板上待分离纯化的菌落。

下一步，靠近酒精灯处打开平皿盖约 30°，右手将环伸进平皿，将菌种点种在平板边缘一处，轻轻涂布于琼脂培养基边缘，抽出接种环，盖上平皿盖，然后将接种环上多余的培养液在火焰中灼烧。打开平皿盖约 30°伸入接种环，待接种环冷却后，再与接种液处轻轻接触，开始在平板表面轻巧滑动划线，接种环不要嵌入培养基内划破培养基，线条要平行密集，充分利用平板表面积，注意勿使前后两条线重叠，划线完毕，关上皿盖。灼烧接种环，待冷却后放置接种架上，如图 3-4。

② 分区划线法　分区划线法分离时平板分四个区，故又称四分区划线法。其中第 4 区是单菌落的主要分布区，故其划线面积应最大。为防止第 4 区内划线与 A、B、C 区线条相接触，应使 D 区线条与 A 区线条相平行，这样区与区间线条夹角最好保持 120°左右。

先将接种环蘸取少量菌在平板 A 区划 3～5 条平行线，取出接种环，左手关上皿盖，将平板转动 60°～70°，右手把接种环上多余菌体烧死，将烧红的接种环在平板边缘冷却，再按以上方法以 A 区划线的菌体为菌源，由 A 区向 B 区作第 2 次平行划线。第 2 次划线完毕，同时再把平皿转动 60°～70°，同样依次在 C、D 区划线。划线完毕，灼烧接种环，关上皿盖，同上法培养，在划线区观察单菌落，如图 3-5。

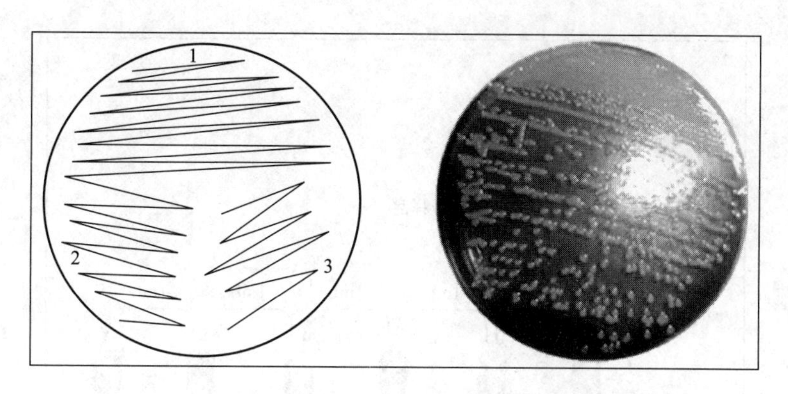

图 3-4 连续划线法及菌落生长特征

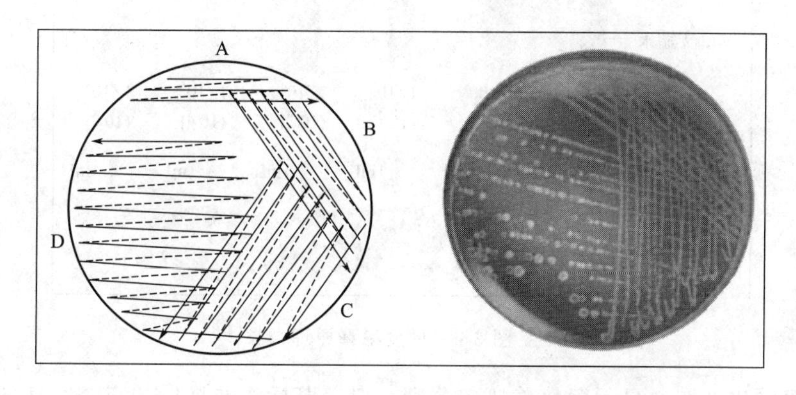

图 3-5 分区划线法及菌落生长特征

划线时每次将平板转动 60°～70°划线，每换一次角度，应将接种环上的菌烧死后，再通过上次划线处划线。

2. 稀释倾注平板法

平板是指经熔化的固体培养基倒入无菌培养皿中，冷却凝固而成的盛有固体培养基的平皿。该法是先将待分离的含菌样品用无菌生理盐水作一系列的稀释（常用 10 倍稀释法，稀释倍数要适当），然后分别取不同稀释液少许（0.5～1mL）于无菌培养皿中，倾入已熔化并冷却至 50℃左右的琼脂培养基，迅速旋摇，充分混匀。待琼脂凝固后，即成为可能含菌的琼脂平板，于恒温箱中倒置培养一定时间后，在琼脂平板表面或培养基中即可出现分散的单个菌落。每个菌落可能是由 1 个细胞繁殖形成的。挑取单个菌落，一般再重复该法 1～2 次，结合显微镜检测个体形态特征，便可得到真正的纯培养物。

(1) 培养基准备 将无菌培养基锥形瓶放入沸水浴加热，直至充分熔化。将已熔化的无菌培养基冷却至 47～50℃并保温备用。

(2) 样品梯度稀释 取 6～8 支 9mL 无菌水试管，分别标注 10^{-1}、10^{-2}…10^{-6}（或至 10^{-8}，视菌液浓度而定）。先取一支 1mL 无菌移液管以无菌操作法对样品来回吹吸数次，再精确移取 1mL 样本菌液至标注 10^{-1} 的无菌水试管；然后再换用一支 1mL 无菌移液管，以同样的方式，先吹吸混匀 10^{-1} 稀释液，并精确移取 1mL 10^{-1} 稀释液至标注 10^{-2} 的无菌水试管；如此稀释至 10^{-6}（或至 10^{-8}）为止。通过梯度稀释，样品中微生物细胞逐级递减到适合稀释度，适温培养后使得每一个微生物细胞都能形成一个单独菌落，从而实现分离纯化的目的（图 3-6）。

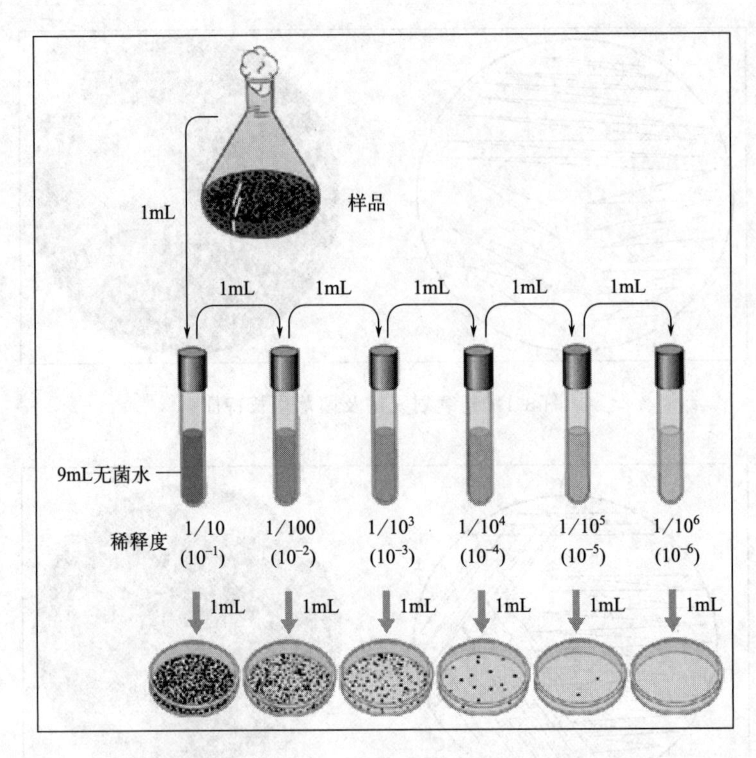

图 3-6　梯度稀释原理

(3) 分离纯化　取6只无菌培养皿，分别在皿盖壁标注选择后的三个合适的连续稀释度（如10^{-4}、10^{-5}、10^{-6}）各两皿（可在稀释样品之前，标注无菌水试管时同时进行）。

在梯度稀释的同时，以无菌操作法用相应的1mL无菌移液管分别从10^{-4}、10^{-5}和10^{-6}稀释液中吸取1mL稀释液至标注相应稀释度的无菌空皿中［见图3-7(a)］；等完成所有6个培养皿加样后，以无菌操作法向各皿中分别倒入熔化并冷却到47～50℃的固体培养基［见图3-7(b)］。

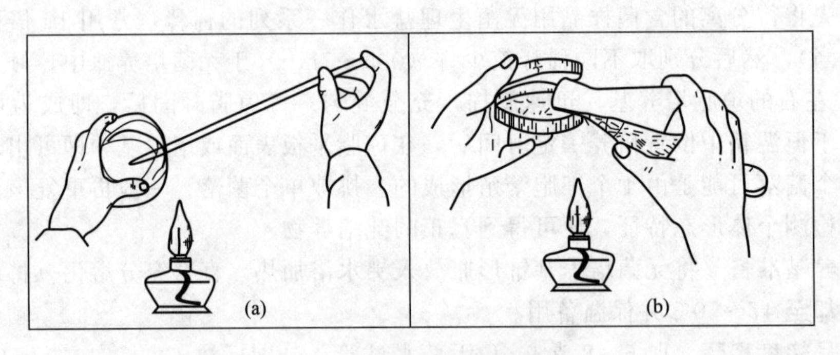

图 3-7　浇混分离法操作示意

每倒一个培养皿即将含稀释液和熔化琼脂培养基的培养皿快速地前后、左右轻轻倾斜晃动或以顺时针和逆时针方向使培养液旋转摇匀（见图3-8），使待分离的细菌细胞能均匀分布在平板的培养基内，培养后的菌落能均匀分布于培养基中，便于分离或计数。混匀后水平放置培养皿待凝后，置适温下倒置培养，观察结果。挑取单菌落，涂片镜检为纯种后，可再接种斜面。

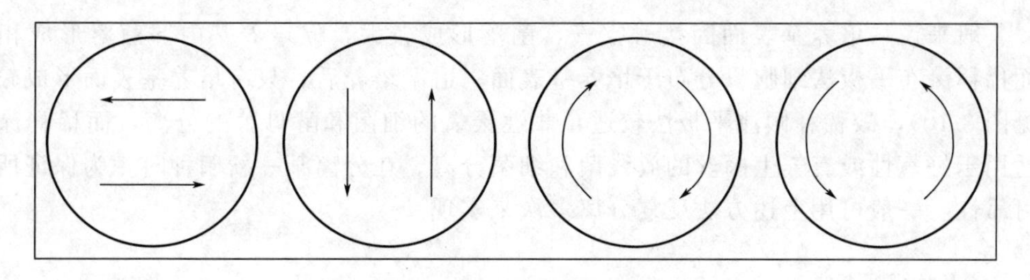

图 3-8 混菌摇匀方式示意

3. 稀释涂布平板法

稀释涂布平板法是将已熔化并冷却至约 50℃（减少冷凝水）的琼脂培养基，先倒入无菌培养皿中，制成无菌平板。待充分冷却凝固后，将一定量（约 0.1mL 或 0.2mL）的某一稀释度的样品悬液滴加在平板表面，再用三角形无菌玻璃涂棒涂布，使菌液均匀分散在整个平板表面，倒置温箱培养后挑取单个菌落。

(1) 培养基准备 将无菌培养基锥形瓶放入沸水浴加热，直至充分熔化。将已熔化的无菌培养基冷却至 47～50℃并保温备用。

(2) 样品梯度稀释 同稀释倾注平板法。

(3) 分离纯化 取 6 只无菌培养皿，以无菌操作法向各皿中分别倒入熔化并冷却到 47～50℃的固体培养基适量，轻轻摇动培养皿使培养基均匀铺开后水平放置培养皿，培养基凝固后即为无菌平板。分别在无菌平板皿盖壁标注选择后的三个合适的连续稀释度（如 10^{-4}、10^{-5}、10^{-6}）各两皿（可在稀释样品之前，标注无菌水试管时同时进行）。

在梯度稀释的同时，以无菌操作法用相应的 1mL 无菌移液管分别从 10^{-4}、10^{-5} 和 10^{-6}稀释液中吸取 0.2mL 稀释液至标注相应稀释度的无菌平板表面中心位置［见图 3-9(a)］；然后取一根玻璃涂布棒，先把涂布棒蘸取无水乙醇，在酒精灯上点燃涂布棒表面酒精，灼烧灭菌涂布棒［见图 3-9(b)(c)］。再以无菌操作方式，打开平皿盖约 30°，先把涂布玻棒贴在培养皿边缘空白培养基上冷却，然后把涂布棒贴在平板中心加菌液的位置（涂布棒靠里一角大约放置于平板圆心位置），以顺时针方向把菌液均匀地涂布在整个平板表面［见图 3-9(d)］。

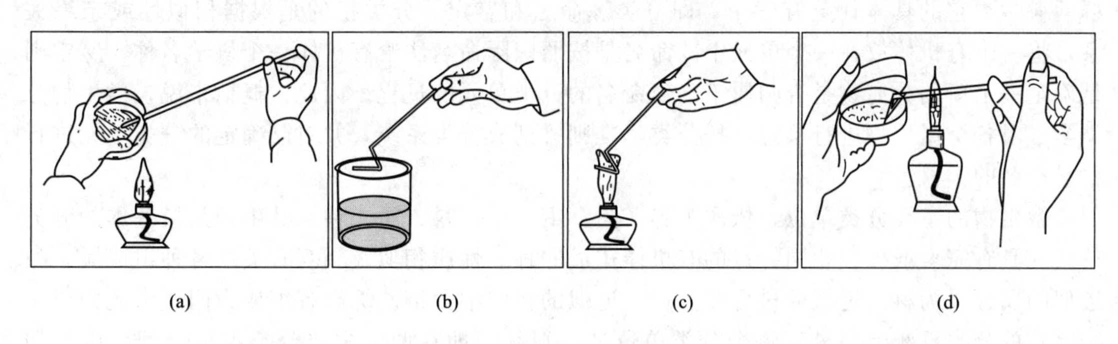

图 3-9 涂布分离法操作示意

所有平板涂布完成后，静置 3～5min，让培养基吸收稀释液，置适温下倒置培养，观察结果。挑取单菌落，涂片镜检为纯种后，可再接种斜面。

4. 稀释倾注平板法和稀释涂布平板法的区别

稀释倾注平板法细胞均匀分布于培养基中，适温培养后，菌落也会形成于培养基内部与表面。一般来说，培养基表面因接触空气，菌落形成较大，但培养基内部菌落形成相对较小。而稀释涂布平板法细胞只分布于培养基表面，适温培养后，只有培养基表面形成较大菌落（见图 3-10）。故稀释倾注平板法较适合兼性厌氧的细菌和酵母菌的分离，而稀释涂布平板法适用于好氧性或有气生菌丝的放线菌和细菌分离。在分离某一新菌种时，为保证所获纯种的可靠性，一般可用上述方法反复分离多次来实现。

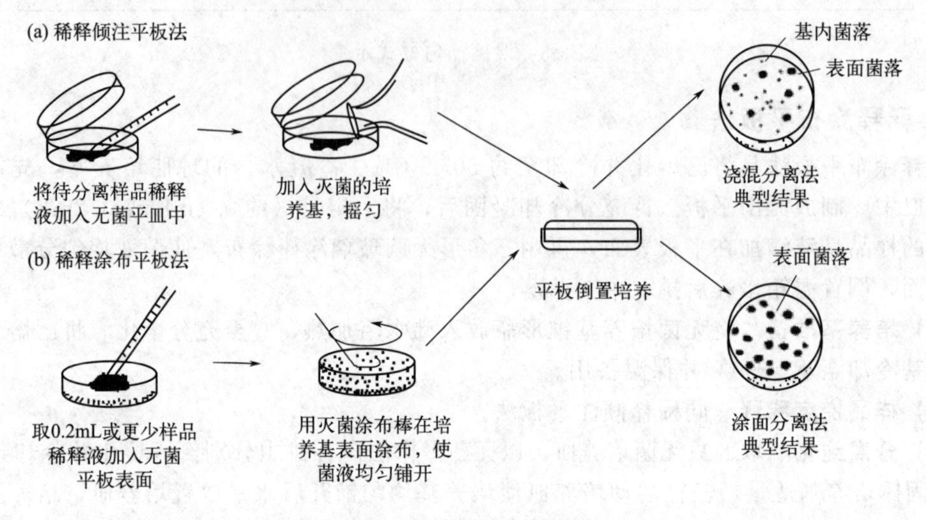

图 3-10　两种稀释分离法对比

二、微生物的分类和鉴定

1. 微生物的分类

分类是人类认识微生物，进而利用和改造微生物的一种手段，微生物工作者只有在掌握了分类学知识的基础上，才能对纷繁的微生物类群有一清晰的轮廓，了解其亲缘关系与演化关系，为人类开发利用微生物资源提供依据。

微生物分类学是一门按微生物的亲缘关系把它们安排成条理清楚的各种分类单元或分类群的科学，它的具体任务有三个，即分类、命名和鉴定。分类指的是根据相似性或亲缘关系，将一个有机体放在一个单元中。命名是按照国际命名法给有机体一个科学名称。鉴定则是确定一个新的分离物是否归属于已经命名的分类单元的过程。因此，概括来说，微生物分类学是对各个微生物进行鉴定，按分类学准则排列成分类系统，并对已确定的分类单元进行科学命名的学科。

微生物的主要分类单位，依次为界、门、纲、目、科、属、种。其中种是最基本的分类单位。具有完全或极多相同特点的有机体构成同种。性质相似、相互有关的各种组成属。相近似的属合并为科。近似的科合并为目。近似的目归纳为纲。综合各纲成为门。由此构成一个完整的分类系统。另外，每个分类单位都有亚级，即在两个主要分类单位之间，可添加“亚门”“亚纲”“亚目”“亚科”等次要分类单位。在种以下还可以分为亚种、变种、型、菌株等。

(1) 种　关于微生物“种”的概念，各个分类学家的看法不一，例如伯杰氏给种的定义是：“凡是与典型培养菌密切相同的其他培养菌统一起来，区分成为细菌的一个种。”因此，它是以某个“标准菌株”为代表的十分类似的菌株的总体。种是以群体形式存在的。种有着不同的定义，在微生物学中较常见有生物学种（biological species，BS），进化种（evolutionary species，ES）和系统发育种（phylogenetic species，PS）等不同的物种概念。

1986年，斯坦尔给种下了定义："一个种是由一群具有高度表型相似性的个体组成，并与其他具有相似特征的类群存在明显的差异。"但这个定义仍无量化标准。1987年，国际细菌分类委员会颁布，DNA同源性≥70%，而且其$\Delta T_m \leq 5℃$的菌群为一个种，并且其表型特征应与这个定义相一致。1994年，Embley和Stackebrandt认为当16S rDNA的序列同源性≥97%时可认为是一个种。

(2) 亚种 在种内，有些菌株如果在遗传特性上关系密切，而且在表型上存在较小的某些差异，一个种可分为两个或两个以上小的分类单位，称为亚种。它们是细菌分类中具有正式分类地位的最低等级。根据ΔT_m值在DNA杂交中的频率分布，有些证据表明，亚种的概念在系统发育上是有效的，而且能与亚种以下的变种概念相区别。后者仅是依据所选择的"实用"属性而决定，并不被DNA组成所证明。

(3) 菌株或品系 这是微生物学中常碰到的一个名词，它主要是指同种微生物不同来源的纯培养物。从自然界分离纯化所得到的纯培养的后代，经过鉴定属于某个种，但由于来自不同的地区、土壤和其他生活环境，它们总会出现一些细微的差异。这些单个分离物的纯培养的后代称为菌株。菌株常以数目、字母、人名或地名表示。那些得到分离纯化而未经鉴定的纯培养的后代则称为分离物。

微生物学中还常常用到"群"这个词，这只是为了科研或鉴定工作方便，首先按其形态或结合少量的生理生化、生态学特征，将近似的种和介于种间的菌株归纳为若干个类群。如为了筛选抗生素工作的方便，中国科学院微生物研究所根据形态和培养特征，把放线菌中的链霉菌属归纳为12个类群。

2. 微生物的鉴定

微生物鉴定是指借助现有的分类系统，通过对未知微生物的特征测定，对其进行细菌、酵母菌和霉菌大类的区分，或属、种及菌株水平确定的过程。常见对所分离出微生物的常规特征包括菌落形态学、细胞形态学（杆状、球状、细胞群、孢子形成模式等），革兰染色或其他染色法，以及某些能够给出鉴定结论的关键生化反应（如氧化酶、过氧化氢酶和凝固酶反应）等生理生化特性进行分析。

微生物鉴定的基本程序包括分离纯化和鉴定，鉴定时，一般先将待检菌进行初步的分类。鉴定的方法有表型微生物鉴定和基因型微生物鉴定，根据所需达到的鉴定水平选择鉴定方法。微生物鉴定系统是基于不同的分析方法，其方法局限性和数据库的局限性息息相关，未知菌鉴定时通过与微生物鉴定系统中的标准微生物（模式菌株）的特征（基因型和/或表型）相匹配来完成。如果数据库中没有此模式菌株，就无法获得正确的鉴定结果。在日常的微生物鉴定试验中，用户应明确所采用鉴定系统的局限性及所要达到的鉴定水平（属、种、菌株），选用最符合要求的鉴定技术，必要时采用多种鉴定方法确定。

(1) 待检菌的分析纯化 微生物鉴定的第一步是待检培养物的分离纯化，最常用的分离纯化方法是挑取待检菌在适宜的固体培养基上连续划线分离纯化，以获取待检菌的纯培养物（单个菌落）。必要时可进一步进行纯培养，为表型鉴定和随后的鉴定程序提供足够量菌体。

(2) 培养物的初筛实验 常规的微生物鉴定，一般要先进行初筛试验确定待检菌的基本微生物特征，将待检菌做初步分类。常见的初筛试验包括革兰氏染色、芽孢染色、镜检观察染色结果和细胞形态、重要的生化反应等。

重要的生化筛选试验包括：

① 糖（醇、苷）类发酵试验　不同种类细菌含有发酵不同糖（醇、苷）类的酶，因而对各种糖（醇、苷）类的代谢能力也有所不同，即使能分解某种糖（醇、苷）类，其代谢产物可因菌种而异。检查细菌对培养基中所含糖（醇、苷）降解后产酸或产酸产气的能力，可用以鉴定细菌种类。这是鉴定细菌的生化反应试验中最主要的试验，不同细菌可发酵不同的糖（醇、苷）类，如沙门菌可发酵葡萄糖，但不能发酵乳糖，大肠杆菌则可发酵葡萄糖和乳糖。即便是两种细菌均可发酵同一种糖类，其发酵结果也不尽相同，如志贺菌和大肠杆菌均可发酵葡萄糖，但前者仅产酸，而后者则产酸、产气，故可利用此试验鉴别细菌。

② 甲基红（MR）试验　某些细菌在糖代谢过程中，分解葡萄糖产生丙酮酸，丙酮酸进一步被分解为甲酸、乙酸和琥珀酸等，使培养基 pH 值下降至 4.5 以下，加入甲基红指示剂呈红色。如细菌分解葡萄糖产酸量少，或产生的酸进一步转化为其他物质（如醇、醛、酮、气体和水），培养基 pH 值在 5.4 以上，加入甲基红指示剂呈橘黄色。常用于肠杆菌科内某些种属的鉴别，如大肠杆菌和产气肠杆菌，前者为阳性，后者为阴性。肠杆菌属和哈夫尼亚菌属为阴性，而沙门菌属、志贺菌属、柠檬酸杆菌属和变形杆菌属等为阳性。

③ V-P 试验　测定细菌产生乙酰甲基甲醇的能力。某些细菌如产气肠杆菌，分解葡萄糖产生丙酮酸，丙酮酸进一步脱羧形成乙酰甲基甲醇。在碱性条件下，乙酰甲基甲醇被氧化成二乙酰，进而与培养基中的精氨酸等含胍基的物质结合形成红色化合物，即 V-P 试验阳性，主要用于大肠杆菌和产气肠杆菌的鉴别。本试验常与 MR 试验一起使用，一般情况下，前者为阳性的细菌，后者常为阴性，反之亦然。但肠杆菌科细菌不一定都遵循这个规律，如蜂房哈夫尼亚菌和奇异变形杆菌的 V-P 试验和 MR 试验常同为阳性。

④ 硫化氢试验　某些细菌能分解含硫氨基酸生成硫化氢，与亚铁离子或铅离子结合形成黑色沉淀物。主要用于鉴别肠杆菌科细菌，如沙门菌属、柠檬酸杆菌属、变形杆菌属、爱德华菌属等为阳性，其他菌属大多为阴性。但沙门菌属中亦有部分硫化氢阴性菌株，如甲型副伤寒、仙台、猪霍乱沙门菌等。

⑤ 吲哚试验（靛基质试验）　某些细菌有色氨酸酶，能分解色氨酸产生吲哚，吲哚与对二甲氨基苯甲醛形成红色的玫瑰吲哚。其主要用于肠杆菌科细菌的鉴定，如大肠杆菌与产气肠杆菌，肺炎克雷伯菌和产酸克雷伯菌等的鉴别。

⑥ 氧化酶试验　氧化酶又称细胞色素氧化酶，是细胞色素氧化酶系统中的最终呼吸酶。此酶并不直接与氧化酶试剂起反应，而是先使细胞色素 C 氧化，然后此氧化型细胞色素 C 再使对苯二胺氧化，产生颜色反应。因此，本试验结果与细胞色素 C 的存在有关。用于奈瑟菌属的菌种鉴定，该属细菌均阳性。此外，也用于假单胞菌属与肠杆菌科细菌的区别，前者阳性，而后者阴性。莫拉菌属、产碱杆菌属等均为阳性。

⑦ 尿素酶试验　有些细菌能产生尿素酶，将尿素分解、产生 2 个分子的氨，使培养基变为碱性，酚红呈粉红色。尿素酶不是诱导酶，因为不论底物尿素是否存在，细菌均能合成此酶。其活性最适 pH 值为 7.0。

⑧ 三糖铁（TSI）琼脂试验　本试验可同时观察乳糖和蔗糖发酵产酸或产酸产气（变黄）；产生硫化氢（变黑）。葡萄糖被分解产酸可使斜面先变黄，但因量少，生成的少量酸，因接触空气而氧化，加之细菌利用培养基中含氮物质，生成碱性产物，故使斜面后来又变红，底部由于是在厌氧状态下，酸类不被氧化，所以仍保持黄色。

初筛试验可将大部分的细菌鉴定到属的水平，这些试验可为某些评估提供充足的信息。对于微生物鉴定方法来说，初筛试验是最关键的一步，若给出了错误的结果，将影响后续试验，包括微生物鉴定试剂盒和引物的选用。

（3）表型微生物鉴定 表型微生物鉴定依据表型特征来区分不同微生物间的差异，是经典的微生物分类鉴定法，以微生物细胞的形态和习性表型为主要指标，通过比较微生物的菌落形态、理化特征和特征化学成分与典型微生物细胞的差异进行鉴别。微生物分类中使用的表型特征见表3-1。

表3-1 微生物经典分类鉴定方法的表型特征

分类	表型特征
培养物	菌落形态、菌落颜色、形状、大小和产色素
形态学	细胞形态、细胞大小、细胞形状、鞭毛类型、内容物、革兰氏染色、芽孢和抗酸染色、孢子形成模式
生理学	氧气耐受性、pH范围、最适温度和范围、耐盐性
生化反应	碳源的利用、碳水化合物的氧化或发酵、酶的模式
抑制性	胆盐耐受性、抗生素敏感性、染料耐受性
血清学	凝集反应、荧光抗体
化学分类	脂肪酸构成、微生物毒素、全细胞组分
生态学	微生物来源

微生物细胞的大小和形态、芽孢、细胞成分、表面抗原、生化反应和对抗菌剂的敏感性等表型的表达，除受其基因控制外，还与微生物的分离环境、培养基和生长条件等因素有关。表型微生物鉴定通常需要大量的纯培养物，而微生物的恢复、增殖和鉴定易受培养时间影响，事实上许多环境微生物在普通的微生物增殖培养基中是无法恢复的；此外，一些从初始培养物中刚分离出的受损微生物还可能不能完整地表达其表型属性。

因此，在表型鉴定时应注意采用的培养基、培养时间和传代次数对鉴定结果的影响。目前已有的基于碳源利用和生化反应特征的鉴定方法，如利用气相色谱法分析微生物的脂肪酸特征，以及利用MALDI-TOF质谱法分析微生物蛋白等微生物鉴定系统，在进行结果判断时需借助于系统自身的鉴别数据库，还依赖特定的培养基和培养方法以确保鉴定结果的一致性。

（4）基因型微生物鉴定 与表型特征不同，微生物基因型通常不受生长培养基或分离物活性的影响，只需分离到纯菌落便可用于分析。由于大部分微生物物种中核酸序列是高度保守的，所以DNA-DNA杂交、聚合酶链反应、16S rRNA序列和18S rRNA序列、多位点序列分型、焦磷酸测序、DNA探针和核糖体分型分析等基因型微生物鉴定方法理论上更值得信赖。基因鉴定法不但技术水平需要保证，而且需要昂贵的分析设备和材料。

目前《伯杰氏系统细菌学手册》中对细菌分类的描述是通过遗传物质的分析比较来实现的。通过未知微生物的DNA与已知微生物的DNA比较，能够确定亲缘关系的远近。基因型的鉴定可通过DNA杂交、限制性酶切片段图谱的比较和/或DNA探针完成，若DNA-DNA的杂交亲缘关系大于70％时，表明微生物是同一种属；系统发育典型的分析方法是通过比较细菌16S rRNA或真菌18S rRNA基因的部分碱基序列来实现，即经过聚合酶链反应（PCR）进行基因扩增、电泳分离扩增产物、以双脱氧链终止法进行碱基测序，然后与经验证过的专用数据库或公共数据库（不一定经过验证）进行比对。

三、微生物的快速鉴定

随着人们生活水平不断提高，各种安全问题越来越受到人们的重视，微生物的污染问题也相应地备受关注。在食品和环境等各个方面都有微生物污染的可能，一旦污染，微生物将大量繁殖而导致食源性疾病或环境污染甚至医院内感染。特别是近年来随着环境污染的加剧和生态平衡的不断破坏，感染致病菌的种类越来越多，病原微生物对人类的威胁越来越大。传统的检验方法，主要包括形态检查和生化方法，其准确性、灵敏性均较高，但涉及的实验较多、操作烦琐、需要时间较长、准备和收尾工作繁重，而且要有大量人员参与。所以，迫切需要准确、省时、省力和省成本的快速检验和鉴定方法。

以下介绍 6 种常用方法。

1. 即用型纸片法

petrifilm™ Plate 系列微生物测试片，可分别检测菌落总数、大肠菌群计数、霉菌和酵母菌计数。Regdigel 系列除上述项目外还有检测乳杆菌、沙门菌、葡萄球菌的产品，这两个系列的产品与传统检测方法之间的相关性非常好。如用大肠菌群快检纸片检测餐具的表面，操作简便、快速、省料，特异性和敏感性与发酵法符合率高，已经被列为国标方法。使用时应正确掌握操作技术和判断标准，从而达到理想的检测效果。

PF（Petrifilm）试纸还加入了染色剂、显色剂，增强了菌落的目视效果，而且避免了热琼脂法不适宜受损细菌恢复的缺陷。霉菌快速检验纸片，应用于食品检验中的霉菌操作简便，仅需 36℃培养，不需要低温设备；快速，仅需 2d 就可观察结果，比现在的国家标准检验方法缩短 3～5d，大大提高了工作效率。

2. 生物化学技术

（1）聚合酶链反应（PCR）技术　聚合酶链反应（PCR）技术采用体外酶促反应合成特异性 DNA 片段，再通过扩增产物来识别细菌。由于 PCR 灵敏度高，理论上可以检出一个细菌的拷贝基因，因此在细菌的检测中只需短时间增菌甚至不增菌，即可通过 PCR 进行筛选，节约了大量时间。

但 PCR 技术也存在一些缺点：食物成分、增菌培养基成分和其他微生物 DNA 对 *Taq* 酶具有抑制作用，可能导致检验结果假阴性；操作过程要求严格，微量的外源性 DNA 进入 PCR 后可以引起无限放大，产生假阳性结果，扩增过程中有一定的装配误差，会对结果产生影响。由于以上原因，PCR 技术对操作者的自身素质要求很高，对于基层单位而言难以做到，短时间内也不会有经济效益和社会效益，因此影响了这项技术在基层的应用。

（2）基因探针技术　基因探针技术利用具有同源性序列的核酸单链在适当条件下互补形成稳定的 DNA-RNA 或 DNA-DNA 链的原理，采用高度特异性基因片段制备基因探针来识别细菌。基因探针的优点是减少了基因片段长度多态性所需要分析的条带数。如 Gen-Probe 基因探针检测系统，对于分离到的单个菌落，30min 完成微生物的确证试验，基因探针的缺点是不能鉴定目标菌以外的其他菌。

3. 选择、鉴定用培养基法

在培养基中加入特异性的生化反应底物、抗体、荧光反应底物、酶反应底物等，可使目标培养物的选择、分离、鉴定一次性完成。如 BP＋RPF（兔血浆＋纤维蛋白原）培养基，可在 24h 内鉴定金黄色葡萄球菌。

这个方法对操作者要求不高，短期培训合格后即可上岗，从而取得一定的经济效益和社会效益，应用前景十分广泛。

4. 免疫学技术

免疫学技术通过抗原和抗体的特异性结合反应，再辅以免疫放大技术来鉴别细菌。免疫方法的优点是样品在进行选择性增菌后，不需分离，即可采用免疫技术进行筛选。由于免疫法有较高灵敏度，样品经增菌后可在较短的时间内达到检出度，抗原和抗体的结合反应可在很短时间内完成。

此技术对操作者要求也不高，是目前为止基层单位应用时间最长、最为广泛的一项快速检测技术。如采用免疫磁珠法可有效地收集、浓缩神奈川现象阳性的副溶血性弧菌，可显著提高环境样品及食品中病原性副溶血性弧菌的检出率。胶体金免疫色谱法能快速、灵敏检测金黄色葡萄球菌，应用胶体金免疫色谱法检测乙型肝炎表面抗原，可大大提高工作效率。

ATP 生物发光法是近年发展较快的一种用于食品生产加工设备洁净度检测的快速检测方法。利用 ATP 生物发光分析技术和体细胞清除技术，测量细菌 ATP 和体细胞 ATP，细菌 ATP 的量与细菌数成正比。用 ATP 生物发光分析技术检测肉类食品细菌污染状况或食品器具的现场卫生学检测，都能够达到快速实时的目标。

微型自动荧光酶标分析法（mini VIDAS）是利用酶联荧光免疫分析技术，通过抗原-抗体特异反应，分离出目标菌，由特殊仪器根据荧光的强弱自动判断样品的阳性或阴性。VI-DAS 法检测冻肉中沙门菌具有很高的灵敏度和特异性，用于进出口冻肉的检测，可大大缩短检验时间，加快通关速度，检测冻肉中李斯特菌亦如此。

5. 细菌直接计数法

主要包括流式细胞仪（flow cytometer，FCM）和固相细胞计数（solid phase count，SPC）法。FCM 通常以激光作为发光源，经过聚焦后的光束垂直照射在样品流上，被荧光染色的细胞在激光束的照射下产生散射光和激发荧光。光散射信号基本上反映了细胞体积的大小；荧光信号的强度则代表了所测细胞膜表面抗原的强度或其核内物质的浓度，由此可通过仪器检测散射光信号和荧光信号来估计微生物的大小、形状和数量。

流式细胞计数具有高度的敏感性，可同时对目的菌进行定性和定量鉴定。目前已经建立了细菌总数、致病性沙门菌、大肠杆菌等的 FCM 检验方法。固相细胞计数可以在单个细胞水平对细菌进行快速检测。过滤样品后，存留的微生物在滤膜上进行荧光标记，采用激光扫描设备自动计数。每个荧光点可直观地由通过计算机驱动的流动台连接到 ChemScan 上的落射荧光显微镜来检测，尤其对于生长缓慢的微生物检测用时短，使该方法明显优于传统平板计数法。此方法要求配备特殊的仪器，财政投入较大，因此基层单位目前暂时无法应用。

6. 全自动微生物分析系统（AMS）

全自动微生物分析系统（AMS）是一种由传统生化反应及微生物检测技术与现代计算机技术相结合，运用概率最大近似值模型法进行自动微生物检测的技术，可鉴定由环境、原料及产品中分离的微生物。

AMS 仅需 4～18h 即可报告结果，以常规法鉴定细菌，只能得到是或不是某种菌，要想知道是哪种菌还要做大量、烦琐的生化试验，而 AMS 则可以直接报告是什么菌。法国生物梅里埃公司出品的 Vitek 自动微生物检测系统是当今世界上最为先进、自动化程度最高的细菌鉴定仪器之一。Vitek 对细菌的鉴定是以每种细菌的微量生化反应为基础，不同种类的 Vitek 试卡（检测卡）含有多种生化反应孔，可达 30 种，可鉴定 405 种细菌。用 AMS 明显缩短肠道菌生化鉴定的时间，如鉴定沙门菌属只需 4h，鉴定志贺菌属只需 6h，鉴定霍乱弧菌等致病性弧菌亦只需 4～13h。这套系统对基层单位而言具有极强的应用价值，但它昂贵的价格让人望而生畏。

总之，随着现代科技的发展，可以预料在不远的将来，传统的微生物检测鉴定技术将逐渐被各种新型简便的微生物快速鉴定技术所取代。近年来兴起的基因探针技术及全自动微生物检测鉴定系统，将从根本上改变微生物的检测鉴定方法，具有非常广阔的应用前景。

四、微生物的核酸分析鉴定

1. 聚合酶链反应（PCR）技术

PCR 技术的兴起是生物科学界的重要变革，它克服了原有技术的不足，使人类对微生物的研究有了大的进展。由于高度的特异性和敏感性，PCR 扩增技术已成为研究微生物的有力工具。

随着 PCR 技术的成熟，一些更为先进和灵敏的方法应运而生。例如，实时荧光 PCR（real-time PCR），反转录 PCR（reverse transcription，RT-PCR），递减 PCR（touch down PCR），巢式 PCR（nested-PCR），最小循环数 PCR（minimum cycles for detectable products，MCDPPCR）等。其中实时荧光 PCR 可以定量测定微生物，此方法可以检测到扩增过程中任一时间反应物的变化。它可用于测定提取总 DNA 中靶基因的含量。如果靶基因含量较高，扩增几个循环就能检测到产物。反转录 PCR 中，用特殊的引物扩增可以得到大量的目的片段。RT-PCR 是一种非常灵敏的扩增活性基因的方法，它还可以测出活性较大的基因，并可以找到含有大量 RNA 的活性细胞。在递减 PCR 技术中，退火温度在每个连续的循环中持续降低 1～2℃，退火的起始温度要比 T_m 高 5～10℃，以后逐渐降低。起始扩增循环要在很严格的退火条件下进行，以后的扩增条件逐渐宽松，这样可扩增出大量产物。此方法可以达到最理想的扩增效果而不需耗费时间。最小循环数 PCR 技术可以找出能检测到微量产物的最小循环数，因此可以把循环数减少到最小以使反应受到的干扰也最小。基因盒 PCR（gene cassette-PCR）技术靶向重组位点，因此内含子两侧的基因被用于探索环境基因群中的新基因。这种方法事先不需要知道基因的序列。

尽管 PCR 技术是检测微生物多样性的最快的方法之一，但它本身也有着局限性，比如不同 DNA 模板的多样化扩增，扩增对模板浓度的敏感性，对不纯 DNA 的扩增，嵌合序列的构建都影响 PCR 的测定结果。

2. 基于 PCR 技术的分子生物学方法

（1）克隆文库中的随机测序 克隆文库中的随机测序，此方法的第一步是 PCR 产物的克隆，然后进行克隆文库的随机测序。序列分析可以鉴定出初始 PCR 产物中的优势拷贝，把这些序列与序列库中相似序列做比较，就可以对新序列进行鉴定或分析其与已知物种的关系，并可以通过构建系统发育树从分子序列库中推断出生物发育的关系。

克隆测序方法首先被应用于 16S rDNA 的定位，以对海域中浮游细菌的多样性作检测鉴定。Zwart 等分析了北美和欧洲处于不同生长 pH 值和营养条件下的微生物的 16S rDNA，结果表明淡水细菌在全球都有分布。

(2) 变性梯度凝胶电泳和温度梯度凝胶电泳 变性梯度凝胶电泳（denaturing gradient gel electrophoresis，DGGE）和温度梯度凝胶电泳（temperature gradient gel electrophoresis，TGGE）问世已有十年之久，它们常用于微生物群体多样性的检测并监测其动力学变化。用这两种方法可以对生物多样性进行定性或者半定量测定。DGGE和TGGE分别通过逐渐增加的化学变性剂线性浓度梯度和线性温度梯度可以把长度相同但只有一个碱基不同的DNA片段分离。DNA分子的双链在特定温度下会分离，这个温度取决于互补链的氢键含量（富含GC的区域熔解温度较高）和相邻碱基的引力。在进行凝胶电泳时，首先熔解的区域会使整个分子的运动性减慢从而导致整个片段的断裂，从而改变分子的迁移率。两条单链由于GC夹板结构的存在而不能完全分离，GC夹板是引物与模板形成的，它可增加模板与引物的结合率从而增加扩增效率。DGGE和TGGE可以快速测定优势菌群。

DGGE/TGGE已广泛用于分析自然环境中细菌、蓝细菌、古菌、微型真核生物、真核生物和病毒群落的生物多样性。这一技术能够提供群落中优势种类信息并同时分析多个样品，具有可重复和操作简单等特点，适合于调查种群的时空变化，并且可通过对条带的序列分析或与特异性探针杂交分析鉴定群落组成。

(3) 单链构象多态性 单链构象多态性（single-strand conformation polymorphism，SSCP）分析可以检测DNA序列之间的不同。SSCP首先用于研究自然微生物群体的多样性。在低温条件下，单链DNA呈现一种由内部分子相互作用形成的三维构象，它影响了DNA在非变性凝胶中的迁移率。相同长度但不同核苷酸序列的DNA由于在凝胶中的不同迁移率而被分离。迁移率不同的条带可被银染或者荧光标记引物检测，然后用DNA自动测序进行分析。

用PCR-SSCP技术可以进行序列差异的测定，而敏感度会随着片段长度的增加而降低。但是只要条带被凝胶电泳分离开就可以进行系统发育的研究。在后续研究中，测序技术表明一个单链也许包括多种序列，电泳条件也会因此影响基因结构的确定进而影响生物多样性的研究。

(4) 末端限制性片段长度多态性 末端限制性片段长度多态性（terminal-restriction fragment length polymorphism，TRFLP）分析是一种分析生物群落的指纹技术，它的基础原理涉及末端荧光标记的PCR产物的限制性酶切。TRFLP是一种高效可重复的技术，它可以对一个生物群体的特定基因进行定性和定量测定。16S rRNA基因片段通常作为靶序列，它可通过非变性的聚丙烯酰胺凝胶电泳和毛细管电泳分离，然后用激光诱导的荧光鉴定。此技术的优点是可以检测微生物群落中较少的种群。另外，系统发生分类也可以通过末端片段的大小推断出来。

本技术的局限包括假末端限制性片段的形成，它可能导致对微生物多样性的过多估计。引物和限制酶的选择对于准确评估生物多样性也是很重要的。

(5) 随机扩增多态DNA 随机扩增多态DNA（random amplification of polymorphic DNA，RAPD）使用一系列单链随机引物（通常10bp），对基因组的DNA全部进行PCR扩增以检测多态性。若遗传特性发生变化，对每一随机引物单独进行PCR后，则导致一系列PCR产物表现其差异性，由于使用一系列引物，几乎整个基因组差异就会暴露出来。

其中，利用一个随机引物对严谨性较低的多态DNA进行扩增时，引物可以和靶DNA的不同位点进行不太严谨的退火，也就是说引物和DNA的结合部位的序列不是严格互补。分散的DNA带也可以经过引物的退火在适于扩增的反向位置上进行扩增。

尽管RAPD分析快速方便，但是它的可重复性差，甚至*Taq*聚合酶或者buffer很小的改变就能影响结果。因此，RAPD技术的应用条件必须被优化后它才能发挥最大的作用。

3. 不涉及PCR技术的分子生物学方法

(1) 磷脂脂肪酸分析技术 磷脂脂肪酸（phospholipid fatty acid，PLFA）分析技术是基于不同物种PLFA的不同而进行的分析技术。PLFA的提取、鉴定和定量分析可以提供水环境中总的生物群体的有关信息。群体中生物的大体代谢地位和此群体的应力也可以表现出来。对样品中磷脂脂肪酸的常规分析可以与放射标记的特定菌种结合起来应用，再对放射性的PLFA进行分析。

此技术提供了微生物放射性标记的指纹图谱。它可用于研究生物群落中代谢选择的自然生物和非生命物质的混合物。目前PLFA技术还不能很好地对微生物群落进行准确分类，因为一些微生物也可能含有差别不大的PLFA，这成为应用此技术的一大障碍。

(2) 荧光原位杂交技术 荧光原位杂交（fluorescence in situ hybridization，FISH）技术检测核酸序列通过荧光标记的探针在细胞内与特异的互补核酸序列杂交，激发杂交探针的荧光来检测信号。探针可以设计成物种特异、属特异或者界特异的序列的互补序列。细胞被固定并被处理成对探针有渗透性，以便探针在特异位点进行杂交。一般情况下，对细菌特定基因区域的探针是与其他特异性探针联合使用。杂交以后微生物群体被荧光显微镜特异性检测。尽管FISH有很多优点，但用它研究自然样品还是会产生一些误差，因为实验方法和环境因素都可能影响它的准确性。荧光染料和探针的选择，反应条件的限制，杂交的温度等都明显影响此技术的准确性。

最近，FISH技术的发展已得到重视。一些改进的技术比如TSA-FISH（Tyramide SignalAmplification of FISH），它使杂交的荧光信号增强了20～40倍，已被成功应用于实际研究。

(3) DNA联合分析技术 DNA联合分析技术（DNA reassociation analysis）是用于两个生物群体的全部DNA序列的比较或者同一群体中不同序列的比较。在这两种应用中都需要对物种的总DNA进行提取和纯化，其中一个种群的DNA被放射性标记并用作模板。两种DNA样品的交叉杂交也有所应用，相似程度也能被检测出来。为了研究序列的复杂性就要对DNA变性单链及其相似序列的联合动力学进行监测，它可以反映基因组的大小及DNA的复杂性。两个群体之间的相似度越大，同一个群体中序列相似性越高，分析速度越快，反之亦然。

此技术的主要局限性在于要从整个群体的DNA中提取目的基因，并且要进行高度纯化，这些大大限制了技术的应用范围与前景。

五、微生物的保藏

通过分离纯化得到的微生物纯培养物，还必须通过各种保藏技术使其在一定时间内不死亡，不会被其他微生物污染，不会因发生变异而丢失重要的生物学性状，否则就无法真正保证微生物研究和应用工作的顺利进行。因此，菌种或培养物保藏是一项极为重要的微生物学基础工作。微生物菌种是珍贵的自然资源，具有重要意义，许多国家都设有相应的菌种保藏机构（表3-2、表3-3），国际微生物联合会（International Union of Microbiological Societies，IUMS）还专门设立了世界培养物保藏联盟（World Federation of Culture Collection，WFCC），用计算机储存世界上各保藏机构提供的菌种数据资料，可以通过国际互联网查询和索取，进行微生物菌种的交流、研究和使用。

表 3-2 国内主要菌种保藏机构

单位简称	单位名称	单位简称	单位名称
CCCCM	中国微生物菌种保藏管理委员会	NIFDC	中国食品药品检定研究院
CGMCC	中国普通微生物菌种保藏管理中心	CDC	中国疾病预防控制中心病毒病预防控制所
AS	中国科学院微生物研究所	CACC	中国抗生素微生物菌种保藏中心
AS-IV	中国科学院武汉病毒研究所	IEM	中国医学科学院医学生物学研究所
ACCC	中国农业微生物菌种保藏管理中心	SIIA	四川抗菌素工业研究所
CAAS	中国农业科学院农业资源与农业区划研究所	—	华北制药集团有限责任公司新药研究开发中心
CICC	中国工业微生物菌种保藏管理中心	CVCC	中国兽医微生物菌种保藏管理中心
IFFI	中国食品发酵工业研究院	IVDC	中国兽医药品监察所(农业农村部兽药评审中心)
CMCC	中国医学微生物菌种保藏管理中心	CFCC	中国林业微生物菌种保藏管理中心
ID	中国医学科学院皮肤病研究所	CAF	中国林业科学研究院林业研究所

表 3-3 国外部分菌种保藏机构

单位简称	单位名称	单位简称	单位名称
ATCC	美国典型培养物保藏中心	IAM	东京大学应用微生物研究所(日本)
NRRL	美国农业研究菌种保藏中心	CCTM	法国典型微生物保藏中心
CBS	霉菌中心保藏所(荷兰)	CMI	英联邦真菌研究所
NCIB	英国国立工业细菌菌库	SSI	国立血清研究所
IFO	大阪发酵研究所(日本)	WHO	世界卫生组织
NCTC	国家典型菌种保藏中心(英国)		

生物的生长一般都需要一定的水分、适宜的温度和合适的营养，微生物也不例外。菌种保藏就是根据菌种特性及保藏目的的不同，给微生物菌株以特定的条件，使其存活而得以延续。例如，利用培养基或宿主对微生物菌株进行连续移种，或改变其所处的环境条件，如干燥、低温、缺氧、避光及缺乏营养等，令菌株的代谢水平降低，乃至完全停止，达到半休眠或完全休眠的状态，从而在一定时间内得到保存，有的可保藏几十年或更长时间。在需要时再通过提供适宜的生长条件使保藏物恢复活力。无论采用何种保藏方法，首先应该挑选典型菌种的优良纯种来进行保藏，最好保藏它们的休眠体，如分生孢子、芽孢等。其次，应根据微生物生理、生化特点，人为地创造环境条件，使微生物长期处于代谢不活泼、生长繁殖受抑制的休眠状态。这些人工造成的环境主要是干燥、低温和缺氧，另外，避光、缺乏营养、添加保护剂或酸度中和剂也能有效提高保藏效果。

水分对生化反应和一切生命活动至关重要，因此，干燥尤其是深度干燥，在菌种保藏中占有首要地位。五氧化二磷、无水氯化钙和硅胶是良好的干燥剂，当然，高度真空则可以同时达到驱氧和深度干燥的双重目的。低温是菌种保藏中的另一重要条件。微生物生长的温度下限约在－30℃，可是在水溶液中能进行酶促反应的温度下限则在－140℃左右。这可能就是即使把微生物保藏在较低的温度下，但只要有水分存在，还是难以较长期地保藏它们的一个主要原因。因此，低温必须与干燥结合，才具有良好的保藏效果。在实践中，发现用极低的温度进行保藏时效果更为理想，如液氮温度（－196℃）比干冰温度（－70℃）好，－70℃又比－20℃好，而－20℃比4℃好。

1. 传代培养保藏法

传代培养与培养物的直接使用密切相关，是进行微生物保藏的基本方法。常用的有琼脂斜面、半固体琼脂和液体培养等。采用传代法保藏微生物应注意针对不同的菌种来选择适宜的培养基，并在规定的时间内进行移种，以免由于菌株接种后不生长或超过时间不能接活，丧失微生物菌种。在琼脂斜面上保藏微生物的时间因菌种的不同有较大差异，有些可保存数年，而有些仅数周。一般来说，通过降低被保藏微生物的代谢水平或防止培养基干燥，可延长传代保藏的保存时间。例如，在菌株生长良好后，改用橡皮塞封口或在培养基表面覆盖液体石蜡，并放置低温保存；将一些菌的菌苔直接刮入蒸馏水或其他缓冲溶液后，密封至4℃保存，也可以大大提高某些菌的保藏时间及保藏效果，这种方法有时也被称为悬液保藏法。

菌种进行长期传代十分烦琐，容易污染，特别是会由于菌株的自发突变而导致菌种衰退，使菌株的形态、生理特性、代谢物的产量等发生变化。因此在一般情况下，在实验室里除了采用传代法外，还必须根据条件采用其他方法进行菌种保藏，特别是对那些需要长期保藏的菌种更是如此。

2. 冷冻保藏法

将微生物处于冷冻状态，其代谢作用停止，可达到长期保藏的目的。大多数微生物都能通过冷冻进行保存，细胞体积大的要比小的对低温更敏感，而无细胞壁的则比有细胞壁的敏感。其原因是低温会使细胞内的水分形成冰晶，从而引起细胞，尤其是细胞膜的损伤。进行冷冻时，适当采取速冻的方法，可因产生的冰晶小而减少对细胞的损伤。当从低温下移出并开始升温时，冰晶又会长大，故快速升温可减少对细胞的损伤。冷冻时的介质对细胞的损伤也有显著的影响。例如，0.5mol/L左右的甘油或二甲基亚砜可透入细胞，并通过降低强烈的脱水作用而保护细胞；大分子物质如糊精、血清蛋白、脱脂牛奶或聚乙烯吡咯烷酮(PVP)虽不能透入细胞，但可通过与细胞表面结合的方式防止细胞膜冻伤。因此，在采用冷冻法保藏菌种时，一般应加入各种保护剂以提高培养物的存活率。

一般来说，保藏温度越低，保藏效果越好。在常用的冷冻保藏方法中，液氮超低温保藏法可达到－196℃。因此，从适用的微生物范围、存活期限、性状的稳定性等方面来看，该方法在迄今使用的各种微生物保藏方法中是较理想的一种。但液氮保藏需使用专门器具，一般仅适合一些专业保藏机构采用。与此相应，冰箱保藏使用更为普遍。在各种基因工程手册中，一般都推荐在－70℃低温冰箱中保存菌株或细胞的某些特殊生理状态（添加甘油作保护剂），例如，经诱导建立了感受态的细菌细胞。在没有低温冰箱的条件下，也可利用－30～－20℃的普通冰箱保存菌种。但应注意加甘油保护剂的细胞混合物的共熔点就处在这个温度范围内，常会由于冰箱可能产生的微小温度变化引起培养物的反复熔化和再结晶，而对菌体造成强烈的损伤。因此采用普通冰箱冷冻保存菌种的效果往往远低于低温冰箱，应注意经常检查保藏物的存活情况，随时转种。

3. 干燥保藏法

水分对各种生化反应和一切生命活动至关重要，因此，干燥是微生物保藏技术中另一项经常采用的手段。

砂土管保存和冷冻真空干燥是最常用的两项微生物干燥保藏技术。前者主要适用于产孢子的微生物，如芽孢杆菌、放线菌等。一般讲菌种接种斜面，培养至长出大量的孢子后，洗下孢子制备孢子悬液，加入无菌的砂土管中，减压干燥，直至将水分抽干。最后用石蜡、胶塞等封闭管口，置于冰箱保存。此法简便易行，并可以将微生物保藏较长时间，适合一般实验室及以放线菌等为菌种的发酵工厂采用。

冷冻真空干燥是将加有保护剂的细胞样品预先冷冻，使其冻结，然后在真空下通过冰的升华作用除去水分。达到干燥的样品可在真空或惰性气体的密闭环境中置低温保存，从而使微生物处于干燥、缺氧及低温的状态，生命活动处于休眠，可以达到长期保藏的目的。用冰升华的方式除去水分，手段比较温和，细胞受损伤的程度相对较小，存活率及保藏效果均不错，而且经抽真空封闭的菌种安瓿瓶的保存、邮寄、使用均很方便。因此，冷冻真空干燥是目前使用最普遍、最重要的微生物保藏方法，大多数专业的菌种保藏机构均采用此法作为主要的微生物保存手段。

4. 石蜡油封藏法

此法是在无菌条件下，将灭过菌并已蒸发掉水分的液体石蜡倒入培养成熟的菌种斜面（或半固体穿刺培养物）上，石蜡油层高出斜面顶端1cm，使培养物与空气隔绝，加胶塞并用固体石蜡封口后，垂直放在室温或4℃冰箱内保藏。使用的液体石蜡要求优质无毒，化学纯规格，其灭菌条件是：150～170℃烘箱内灭菌1h；或121℃高压蒸汽灭菌60～80min，再置于80℃的烘箱内烘干除去水分。

液体石蜡阻隔了空气，使菌体处于缺氧状态下，而且又防止了水分挥发，使培养物不会干裂，因而能使保藏期达1～2年，或更长。这种方法操作简单，它适于保藏霉菌、酵母菌、放线菌、好氧性细菌等，对霉菌和酵母菌的保藏效果较好，可保存几年，甚至长达10年。但对很多厌氧性细菌的保藏效果较差，尤其不适用于某些能分解烃类的菌种。

有试验指出，此法用于保藏红曲霉很合适，保藏1～2年后存活率为100%；也有报道显示，某些蕈菌菌丝用石蜡油保藏法，在3～6℃保藏时菌丝易于死亡，而在室温下反而较理想，这是值得注意的。

5. 麸皮保藏法

麸皮保藏法亦称曲法保藏。即以麸皮作载体，吸附接入的孢子，然后在低温干燥条件下保存。其制作方法是按照不同菌种对水分要求的不同将麸皮与水以一定的比例1∶(0.8～1.5)拌匀，装量为试管体积2/5，湿热灭菌后经冷却，接入新鲜培养的菌种，适温培养至孢子长成。将试管置于盛有氯化钙等干燥剂的干燥器中，于室温下干燥数日后移入低温下保藏；干燥后也可将试管用火焰熔封，再保藏，则效果更好。

此法适用于产孢子的霉菌和某些放线菌，保藏期在1年以上。因操作简单，经济实惠，工厂较多采用。中国科学院微生物研究所采用麸皮保藏法保藏曲霉，如米曲霉、黑曲霉、泡盛曲霉等，其保藏期可达数年至数十年。

6. 甘油悬液保藏法

此法是将菌种悬浮在甘油蒸馏水中，置于低温下保藏。本法较简便，但需置备低温冰箱。保藏温度若采用－20℃，保藏期为0.5～1年，而采用－70℃，保藏期可达10年。

将拟保藏菌种对数期的培养液直接与经121℃蒸汽灭菌20min的甘油混合，并使甘油的终浓度在10%～15%，再分装于小离心管中，置低温冰箱中保藏。基因工程菌常采用本法保藏。

7. 宿主保藏法

此法适用于专性活细胞寄生微生物（病毒、立克次体等）。植物病毒可用植物幼叶的汁液与病毒混合，冷冻或干燥保存。噬菌体可以经过细菌培养扩大后，与培养基混合直接保存。动物病毒可直接用病毒感染适宜的脏器或体液，然后分装于试管中密封，低温保存。

除上述方法外，各种微生物菌种保藏的方法还有很多，如纸片保藏、薄膜保藏、宿主保藏等。由于微生物的多样性，不同的微生物往往对不同的保藏方法有不同的适应性，迄今为止尚没有一种方法能被证明对所有的微生物都适宜。因此，在具体选择保藏方法时，必须对被保藏菌株的特性、保藏物的使用特点及现有条件等进行综合考虑。对于一些比较重要的微生物菌株，则要尽可能多地采用各种手段进行保藏，以免因某种方法的失败而导致菌种丧失。

在上述的菌种保藏方法中，以斜面低温保藏法、石蜡油封藏法、宿主保藏法最为简便，砂土管保藏法、麸皮保藏法和甘油悬液保藏法次之；以冷冻真空干燥保藏法和液氮超低温保藏法最为复杂，但其保藏效果最好。应用时，可根据实际需要选用。

在国际著名的“美国典型培养物保藏中心”（简写 ATCC），仅采用两种最有效的保藏法，即保藏期一般达 5～15 年的冷冻真空干燥保藏法与保藏期一般达 15 年以上的液氮超低温保藏法，以达到最大限度地减少传代次数，避免菌种变异和衰退的目的。我国菌种保藏多采用三种方法，即斜面低温保藏法、液氮超低温保藏法和冷冻真空干燥保藏法。

 技能训练

技能训练一　从酒醅中分离纯化产淀粉酶的芽孢细菌

【训练要求】

生产白酒用高粱、玉米、小麦等淀粉含量高的原料，其淀粉经过糊化、糖化后再经过酵母菌无氧发酵形成乙醇。α-淀粉酶能将淀粉水解为葡萄糖，完成白酒发酵生产过程中的糖化，而产生 α-淀粉酶的主要微生物是细菌和霉菌，如枯草芽孢杆菌、凝结芽孢杆菌、嗜热脂肪芽孢杆菌、假单胞杆菌、巨大芽孢杆菌等。从白酒的酒醅中分离出产淀粉酶的芽孢细菌，利于进一步研究提高淀粉的糖化率。

配制淀粉琼脂培养基，准备稀释样品的磷酸盐缓冲液或生理盐水，灭菌备用。从白酒窖池中取新鲜酒醅作为样品。采用稀释平板法进行样品中的菌种分离，再对典型菌落采用划线分离法进行菌种纯化，将纯化后的菌种接入试管斜面进行保藏。

【训练准备】

1. 试剂与溶液

(1) 培养基　淀粉琼脂培养基。

(2) 磷酸盐缓冲液

(3) 无菌生理盐水

(4) 卢戈氏碘液

2. 仪器及其他用品

(1) 玻璃仪器　培养皿（ϕ90mm）10 套、试管（150×15，配硅胶塞）10 支、锥形瓶（500mL 配硅胶塞）1 只、移液管（1mL）10 支和（10mL）2 支、烧杯（500mL）1 只、量筒（100mL）1 只。

(2) 常规设备　高压蒸汽灭菌锅、电热干燥箱、生物培养箱、普通光学显微镜。

(3) 其他用品 旧报纸（或牛皮纸）、棉绳、镊子、消毒酒精棉球、酒精灯、接种针、载玻片、盖玻片、擦镜纸。

【训练步骤】

无菌器材准备 → 培养基及稀释液制备 → 采样及梯度稀释 → 菌种分离培养 → 初步鉴定 → 菌种纯化 → 菌种保藏 → 实验后处理

1. 无菌器材准备

无菌培养皿准备：培养皿洗净、晾干，包扎，干热灭菌，备用。

无菌移液管准备：移液管洗净、晾干，包扎，干热灭菌，备用。

2. 培养基及稀释液制备

(1) 淀粉琼脂培养基 按培养基配方比例准确地称取淀粉，加水，煮沸溶解后补足水分，再加入蛋白胨、NaCl，搅拌溶解，分装于锥形瓶中，加入琼脂，加塞，包扎，灭菌。

(2) 磷酸盐缓冲液 准确量取磷酸盐缓冲液的稀释液 225mL 加入锥形瓶（500mL）中，加入数颗玻璃珠，加塞，包扎，灭菌。

(3) 无菌生理盐水 配制生理盐水，用移液管准确量取 9mL，加入干燥试管（150×15）中，分装 10 支试管，加塞，包扎，灭菌。

样品梯度稀释接种操作

3. 采样及梯度稀释

① 以无菌取样法取 25g 酒醅置于盛有 225mL 磷酸盐缓冲液的无菌锥形瓶中，充分混匀，制成 1∶10 的样品匀液。将锥形瓶置于 80℃水浴中加热 10min，淘汰不耐热的非芽孢细菌和其他微生物，提高筛选效率。

② 用 1mL 无菌移液管吸取 1∶10 样品匀液 1mL，沿管壁缓慢注于盛有 9mL 无菌生理盐水的试管中（注意移液管尖端不要触及稀释液面），振摇试管或换用 1 支无菌移液管反复吹打使其混合均匀，制成 1∶100 的样品匀液。

③ 按上步操作程序，制备 10 倍系列稀释样品匀液。每递增稀释一次，换用 1 次 1mL 无菌移液管，如图 3-11。

4. 菌种分离（平板稀释分离法）培养

① 根据对酒醅样品中芽孢细菌数量的估计，选择 2～3 个适宜稀释度的样品匀液（一般选 1∶1000 以上 3 个连续的稀释度），在进行 10 倍递增稀释时，吸取 1mL 样品匀液于无菌平皿内，每个稀释度做 3 个平皿，如图 3-11。

② 及时将 15～20mL 冷却至 46℃（温度过高，培养皿盖上凝结水太多，菌易被冲掉或烫死；温度过低，培养基凝固不易倒出）的熔化态的淀粉培养基 [可放置于 (46±1)℃恒温水浴箱中保温] 倾注平皿，倾注培养基应在酒精灯火焰附近操作，右手持培养基的锥形瓶（或试管），左手拿培养皿，并松动锥形瓶的棉塞。培养基一次不能用完时，棉塞应用左手小指夹持，不可放在桌面上，拔出棉塞后，锥形瓶口在火焰上灭菌，然后打开少许培养皿盖，迅速倾入培养基，迅速将皿盖盖妥，平放桌上，并转动平皿使培养基与菌液混合均匀后，静置于桌面上待冷却凝固。

③ 培养：待琼脂凝固后，将平板翻转，(36±1)℃培养 (48±2)h。

5. 初步鉴定

将培养后的平板取出，无菌操作，在培养皿平板上滴入卢戈氏碘液，进行测试，菌落周

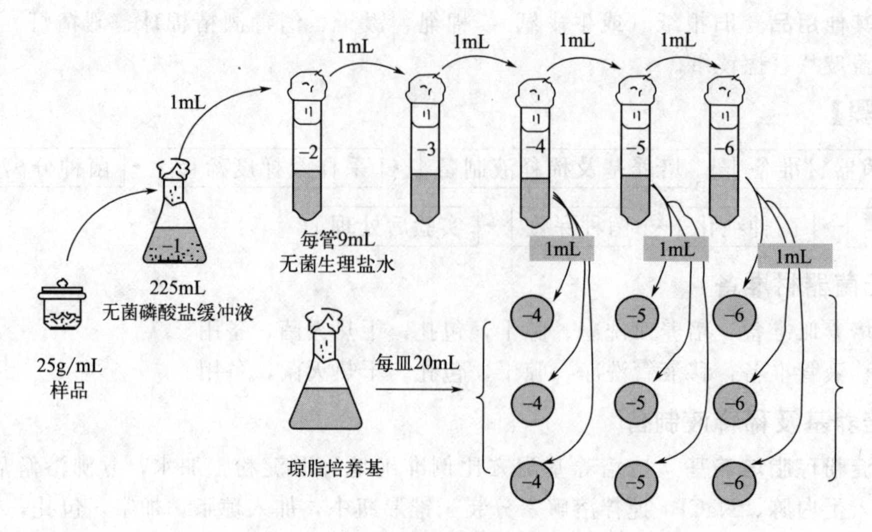

图 3-11　10 倍系列稀释分离法示意图

围透明圈大的淀粉酶产量高。选择一定数量相对透明圈大的菌落做下一步的纯化处理。

6. 菌种纯化（平板划线分离法）

（1）平板的制作　将已灭菌的淀粉琼脂培养基水浴熔化后冷却至 46～50℃，倾注培养皿中制成平板。

（2）平板划线分离法　左手持平板，右手持接种针，用接种环在火焰上灭菌后蘸取一环目标菌种（淀粉酶产量高的），在火焰附近用左手拇指、食指掀开皿盖，使接种环轻触培养基，迅速划线（注意勿将培养基划破），划线时，接种环与培养基表面的夹角为 20°～30°。

平板划线
分离操作

通过划线将样品在平板上进行逐步稀释，使形成单个菌落。常用的划线方式有两种，一种是将平板分成三个区域，先在第一个区域内划 3～4 条平行线，转动培养皿，在火焰上烧掉接种环上的残余物后，通过第一次划线部分，在第二个区域内划线；第二个区域中的线和第一个区域中的线应有部分交叉，依法在第三个区域中划线。另一种是先以沾有细菌悬液的接种环在平板的一端抹一下，使该处沾上一些细菌，然后烧掉环上剩下的细菌，再用烧过冷却的接种环，通过刚才涂抹的部分，左右划线，不能互相接触，如图 3-12。

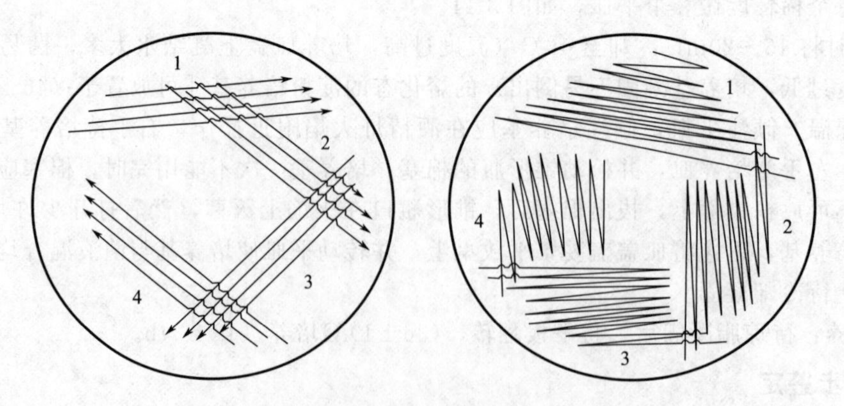

图 3-12　平板划线分离法划线示意图

(3) 观察 划线完毕后，盖上皿盖，将平板翻转倒置，(36±1)℃培养24h。

用肉眼观察，如平板上菌落形态一致、均匀，则随机挑取一菌落制片镜检，视野中菌体形态一致则表明已纯化；如平板上菌落形态不一致，有明显的多种菌类，则重复第（2）步平板划线分离法，直至获得满意的单菌落纯培养为止。

7. 菌种保藏（斜面保藏法）

按无菌接种操作，从纯化后的平板培养基上挑取分纯的单个菌落，接种到斜面培养基上。将接种管贴好标签或用玻璃铅笔划好标记后再放入试管架，(36±1)℃培养48h。将培养好的试管菌种取出，放于4～7℃冰箱保藏。

8. 实验后处理

实验完成后，所有使用过的斜面试管和平板培养皿必须经高压蒸汽灭菌后才能进行清洗。

获得本实验成功的关键

① 培养基的选择，通过控制培养基成分使目标菌种增殖或杂菌不生长。控制环境条件，淘汰杂菌，使目标菌种相对数量增加。如提高温度至80℃，处理10min，淘汰不耐热的微生物。

② 梯度稀释时，试管需混合均匀，避免取样产生误差。

③ 固体培养基倾注平板时，温度控制在（46±1)℃。温度过高，培养皿盖上凝结水太多，容易被冲掉或烫死菌种；温度过低，培养基凝固而不易倒出。

④ 固体培养基倾注入平板后，需快速混合均匀。菌液应均匀分散于培养基中，避免造成菌种集中，培养后成块状，无法获得单菌落，造成分离失败。

⑤ 纯化过程中的划线分离过程中，第二、三、四步的空针划线操作的控制，是菌种是否能达到纯化分离的关键操作步骤。

【结果记录】

填写《技能训练工单》

【思考题】

1. 采样量的多少对试验结果有何影响？
2. 如何选取倒平板的稀释梯度？
3. 划线分离法的第二步之后为什么要使用空针接种？空针是如何实现接种的？
4. 培养后的平板中为什么要加入碘液？
5. 为什么斜面菌种需要放在4～7℃下保藏？是否可以在室温下保藏？

技能训练二　从酸乳中分离纯化乳酸菌

【训练要求】

酸乳是由鲜牛乳通过乳酸菌等微生物发酵而成的。酸乳中含有益于人类生命和健康的一类肠道生理细菌，即益生菌，如保加利亚乳杆菌、嗜热链球菌、嗜热乳杆菌、两歧双歧杆菌、植物乳杆菌、鼠李糖乳杆菌、干酪乳杆菌、罗伊氏乳杆菌等乳酸菌。因为乳酸菌生长的特殊性需要采用选择性培养基才能将其分离。

配制酸化MRS培养基、番茄汁培养基。样品（酸乳）进行梯度稀释，稀释平板接种法进行微生物菌种分离，分离得到的典型菌落进行液体发酵增菌，进行菌种的初步鉴定。

【训练准备】

1. 试剂与溶液

① 培养基　酸化MRS培养基；番茄汁琼脂培养基。

② $CaCO_3$ 粉末。

③ 无菌生理盐水。

④ 革兰氏染液。

⑤ 3% H_2O_2。

2. 仪器及其他用品

(1) 玻璃仪器　培养皿（ϕ90mm）12套、试管（150×15，配硅胶塞）10支、锥形瓶（250mL配硅胶塞）3只、移液管（1mL）10支、（5mL）1支、烧杯（500mL）2只、量筒（100mL）1只。

(2) 常规设备　高压蒸汽灭菌锅、电热干燥箱、生物培养箱、普通光学显微镜。

(3) 其他用品　旧报纸（或牛皮纸）、棉绳、镊子、消毒酒精棉球、酒精灯、接种针、载玻片、盖玻片、擦镜纸。

【训练步骤】

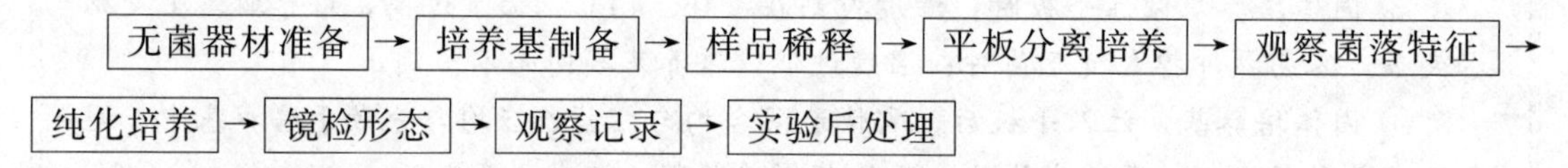

1. 无菌器材准备

无菌培养皿准备：培养皿洗净、晾干，包扎，干热灭菌，备用。

无菌移液管准备：移液管洗净、晾干，包扎，干热灭菌，备用。

2. 培养基制备

(1) 酸化MRS培养基　装于锥形瓶（250mL）中100mL，成分及制法见附录。

(2) 番茄汁琼脂培养基（含溴甲酚紫）　装于锥形瓶（250mL）中100mL，成分及制法见附录。

(3) 无菌生理盐水　装于锥形瓶（250mL）中45mL，试管（150×15）10支中各9mL，成分及制法见附录。

(4) $CaCO_3$ 粉末　2～3g用硫酸纸包好灭菌，备用。

3. 样品稀释

① 用无菌移液管吸取待分离样品5mL，移入盛有45mL无菌生理盐水带玻璃珠的锥形瓶中，充分振摇混匀，即为10^{-1}的样品稀释液。

② 另取一支无菌移液管自10^{-1}锥形瓶内吸取1mL移入装有9mL无菌生理盐水试管内，充分混匀，即为10^{-2}的样品稀释液；再按10倍梯度稀释至10^{-7}稀释度。

4. 平板分离培养

① 取上述10^{-5}、10^{-6}、10^{-7}稀释度的稀释液1mL注入无菌培养皿中，每个稀释度作4个重复培养皿；将稀释液培养皿分为两组，3个稀释度各2个培养皿一组。

② 取上述一组稀释液培养皿，以无菌操作将灭菌的 $CaCO_3$ 加入熔化的酸化 MRS 琼脂培养基中，于自来水中迅速冷却培养基至50℃左右（稍烫手，但能长时间握住），边冷却边摇晃将瓶内 $CaCO_3$ 摇匀（勿产生气泡），立刻倒入培养皿内摇匀（$CaCO_3$ 不能沉淀于平皿底部），使样品稀释液和 $CaCO_3$ 均匀分布于培养基中。待培养基凝固后，倒置于30℃恒温培养箱中培养24～48h。

③ 取上述另一组稀释液培养皿，分别倒入熔化并冷却至50℃左右的番茄汁琼脂培养基（含溴甲酚紫），其用量恰好覆盖培养皿底部一薄层，迅速与稀释菌液混匀，静置凝固。待培养基凝固后，将培养皿倒置于37℃恒温培养箱中培养36～48h。

5．观察菌落特征

将培养后的平板取出进行菌落观察。

在酸化 MRS 琼脂培养基上的植物乳杆菌：菌落周围产生 $CaCO_3$ 的溶解圈，菌落直径1～3mm，乳白色，偶有浓或暗黄色。

在番茄汁琼脂培养基（含溴甲酚紫）上的乳酸球菌的菌落大小为1～2mm，表面光滑，隆起，圆形，呈黄色，其周围的培养基也变为黄色。

6．纯化培养

（1）植物乳杆菌 在酸化 MRS 琼脂培养基上的植物乳杆菌，挑取典型单菌落5～6个分别接种于 MRS 液体培养基试管中，置于30℃恒温培养箱中培养24h。

（2）乳酸球菌 在番茄汁琼脂培养基（含溴甲酚紫）上的乳酸球菌挑取典型单菌落10个分别接种于相应的液体培养基试管中（应与分离培养基一致），置于37℃恒温培养箱中培养24h。

7．镜检形态

（1）植物乳杆菌 取上述试管液体培养物1环，进行涂片、革兰氏染色，油镜观察个体形态和纯度。植物乳杆菌为 G^+ 菌，细胞大小 $(0.9\sim1.2)\mu m\times(3\sim8)\mu m$，呈杆状，以单生、成对或短链排列。同时挑取1环培养液与载玻片上的 $3\%H_2O_2$ 混匀，观察是否产生气泡。

（2）乳酸球菌 取试管液体培养物1环，进行涂片、革兰氏染色，油镜观察个体形态和纯度。乳酸球菌为 G^+ 菌，细胞呈球形或卵圆形，一般成对地链状排列；同时取1环培养物与载玻片上的 $3\%H_2O_2$ 混匀，不产气泡。

8．实验后处理

实验完成后，所有使用过的斜面试管和平板培养皿必须经高压蒸汽灭菌后才能进行清洗。

获得本实验成功的关键

① MRS 培养基成分复杂，配制过程烦琐，改良种类较多，制备过程需要严格按需求进行配制。

② $CaCO_3$ 在加入培养基后，需时时关注，不能沉淀于平皿底部，但在培养基即将凝固时又不能摇动培养皿，因此需要操作时控制。

③ 乳酸菌的菌落选取是本实验的关键，认真观察菌落特征。乳酸菌的菌落较小，准确挑取，避免污染其他杂菌。

④ 革兰氏染色、接触酶（H_2O_2）检测是初步鉴定乳酸菌的方法，植物乳杆菌和乳酸球菌皆为G^+菌，接触酶阴性。

【结果记录】

填写《技能训练工单》。

【思考题】

1. 培养基中为什么要加入$CaCO_3$？
2. 为什么乳酸菌的检测关键是选用特定良好的选择性培养基？
3. 乳酸菌与哪些食品加工有关？

技能训练三　细菌的生理生化鉴定

【训练要求】

从酒醅分离纯化得到的产淀粉酶的芽孢杆菌菌种，需要进行分类鉴定确定菌种在微生物分类中的属或种。经典分类鉴定法是细菌分类鉴定中最为常用的一种鉴定方法，其进行一系列的鉴定试验（如革兰氏染色镜检、生理生化试验、生态特征试验、遗传学试验、血清学试验等）测定鉴定指标的参数值。查找权威性的菌种鉴定手册：根据鉴定试验测定的鉴定指标参数，利用权威的鉴定手册进行比对鉴定，确定分离获得的纯培养物的属或种。

配制微生物生理生化特征试验的各种培养基，对实验菌种进行生理生化鉴定试验，并进行记录，查阅伯杰氏细菌学手册进行对照。

【训练准备】

1. 菌种

大肠杆菌、沙门菌、产气肠杆菌、普通变形杆菌的NA斜面培养物。

2. 试剂与溶液

（1）培养基

① 细菌糖或醇发酵培养基（葡萄糖、乳糖、麦芽糖、蔗糖、甘露糖）；
② 蛋白胨水培养基；
③ 葡萄糖蛋白胨水培养基；
④ 西蒙氏柠檬酸盐培养基；
⑤ 醋酸铅半固体培养基或硫酸亚铁半固体培养基。

（2）吲哚（靛基质）试剂　柯凡克试剂或欧-波试剂。

（3）甲基红试剂

（4）V-P试剂　5% α-奈酚无水乙醇溶液。

（5）40% KOH溶液

3. 仪器及其他用品

（1）玻璃仪器　试管（150×15，配硅胶塞）50支。

（2）常规设备　高压蒸汽灭菌锅、生物培养箱。

（3）其他用品　旧报纸（或牛皮纸）、棉绳、镊子、消毒酒精棉球、酒精灯、接种针、载玻片、盖玻片、擦镜纸。

【训练步骤】

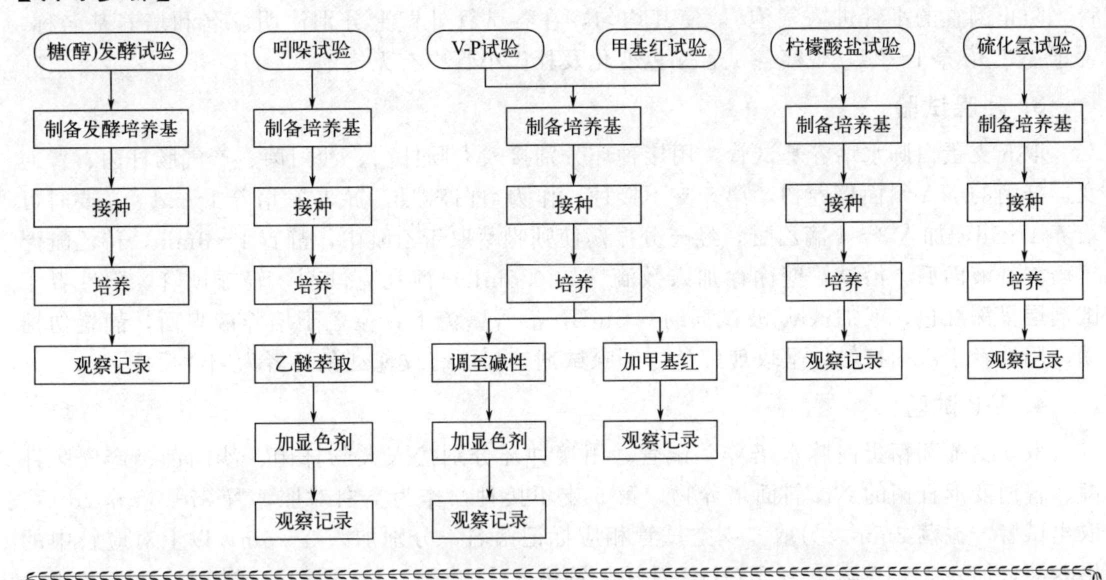

安全警示

① 实验选用菌种中部分存在致病性菌，在实验过程中避免人体部位接触到菌种，严格按照无菌操作技术要求进行。

② 实验试剂中的对二甲基氨基苯甲醛、萘酚等生物试剂具有一定的毒害性，避免接触皮肤，勿吞食。

1. 生理生化鉴定试管制备

(1) 细菌糖或醇发酵培养基 成分及制法见附录。

① 葡萄糖发酵培养基试管：分装试管（150×15）5支，每支4～5mL。

② 乳糖发酵培养基试管：分装试管（150×15）5支，每支4～5mL。

③ 麦芽糖发酵培养基试管：分装试管（150×15）5支，每支4～5mL。

④ 蔗糖发酵培养基试管：分装试管（150×15）5支，每支4～5mL。

⑤ 甘露糖发酵培养基试管：分装试管（150×15）5支，每支4～5mL。

(2) 蛋白胨水培养基 成分及制法见附录。

蛋白胨水培养基试管：分装试管（150×15）5支，每支4～5mL。

(3) 葡萄糖蛋白胨水培养基 成分及制法见附录。

葡萄糖蛋白胨水培养基试管：分装试管（150×15）5支，每支4～5mL。

(4) 西蒙氏柠檬酸盐培养基 成分及制法见附录。

西蒙氏柠檬酸盐培养基试管：分装试管（150×15）5支，每支4～5mL。

(5) 醋酸铅半固体培养基或硫酸亚铁半固体培养基 成分及制法见附录。

醋酸铅半固体培养基或硫酸亚铁半固体培养基试管：分装试管（150×15）5支，每支4～5mL。

2. 糖（醇）发酵试验

取5种糖发酵液体培养基试管各5支，用接种环分别接入大肠杆菌、沙门菌、产气肠杆菌、普通变形杆菌的NA斜面培养物，第5支不接种，作为空白对照。接种后，轻缓摇动试管（防止倒置的小管进入气泡），使其均匀，在各试管外壁上分别注明菌名和培养基名称，置于37℃培养1～2d，观察各试管颜色变化及杜氏小管中有无气泡。

3. 吲哚试验

取5支蛋白胨水培养基试管，用接种环分别接入大肠杆菌、沙门菌、产气肠杆菌、普通变形杆菌的NA斜面培养物，第5支不接种，作为空白对照，置37℃培养1～2d，必要时可培养4～5d，加入3～4滴乙醚，经充分振荡使吲哚萃取于乙醚中，静置1～3min，待乙醚浮于培养基液面后，沿试管壁徐徐加入数滴（约0.5mL）柯凡克试剂，轻摇试管，阳性者于试剂层呈深红色；或加入欧-波试剂约0.5mL，沿管壁流下，覆盖于培养液表面，静置勿摇动，阳性者于液面接触处呈玫瑰红色。吲哚试剂，液面有玫瑰红色环者为阳性反应。

4. V-P试验

取5支葡萄糖蛋白胨水培养基试管，用接种环分别接入大肠杆菌、沙门菌、产气肠杆菌、普通变形杆菌的NA斜面培养物，第5支不接种，作为空白对照，置37℃培养2d后，取出试管，振荡2min。另取5支空试管相应标记菌名，分别加入3～5mL以上对应管中的培养液，加入5～10滴40% KOH，并用牙签挑入0.5～1.0 mg肌酸；或加入等量5%的α-萘酚无水乙醇溶液，用力振荡试管，以使空气中的氧溶入，置于37℃温箱中保温15～30min后，若培养液呈红色者为阳性反应，黄色者为阴性反应。注意：原试管中留下的培养液用于甲基红试验。

5. 甲基红试验

于V-P试验留下的培养液中，各加入甲基红试剂2～3滴，应沿管壁加入，若培养液的上层变成红色者为阳性反应，仍呈黄色者为阴性反应。注意：甲基红试剂勿加入过多，以免出现假阳性反应。

6. 柠檬酸盐试验

取5支西蒙氏柠檬酸盐培养基斜面，用接种环分别接入大肠杆菌、沙门菌、产气肠杆菌、普通变形杆菌的NA斜面培养物，第5支不接种，作为空白对照，置37℃培养2～4d，每天观察结果。阳性者斜面上有菌苔生长，培养基由绿色转为蓝色；阴性者仍为培养基的绿色。

7. 硫化氢试验

取5支醋酸铅或硫酸亚铁半固体培养基，用接种针分别沿试管壁穿刺接入大肠杆菌、沙门菌、产气肠杆菌、普通变形杆菌的NA斜面培养物，第5支不接种，作为空白对照，置37℃培养1～2d，观察结果。产硫化氢者使培养基变黑，为阳性反应。

8. 实验后处理

实验完成后，所有使用过的斜面试管和平板培养皿必须经高压蒸汽灭菌后才能进行清洗。

获得本实验成功的关键

① 糖发酵试验在接种后，应轻缓摇动试管，使其均匀，防止倒置的小管进入气泡。否则会造成假象，得出错误的结果。

② 吲哚试验中，注意加入3～4滴乙醚，摇动数次，静置1min，待乙醚上升后，再沿试管壁徐徐加入2滴吲哚试剂。否则就会观测不到在乙醚和培养物之间产生的红色环状物。

③ 甲基红试验中，应该注意甲基红试剂不要加得太多，以免出现假阳性。

【结果记录】

填写《技能训练工单》。

【思考题】

1. 以上生理生化反应能用于鉴别细菌，其原理是什么？
2. 细菌生理生化反应试验中为什么要设对照？
3. 讨论IMViC试验在微生物学检验上的意义？
4. 现分离到一株肠道细菌纯培养菌株，试结合本试验设计一个方案鉴定之。

项目四

微生物与食品制造

微生物用于食品制造是人类利用微生物最早、最重要的一个方面，在我国已有数千年的历史，并积累了丰富的经验。在食品工业中，微生物与众多食品的制造密切相关，利用微生物制造了种类繁多、营养丰富、风味独特的许多食品。因此，学习这些用于食品制造的微生物的遗传变异、菌种的选育和微生物在食品发酵中的应用等非常重要。

本项目的学习重点是微生物在发酵食品制造过程中的应用，了解微生物遗传与变异对食品生产过程及产品产量、质量的影响；掌握传统发酵食品与现代发酵食品的制造差异以及微生物应用于生产的技术发展。

知识目标

① 掌握微生物的遗传与变异。
② 掌握微生物菌种选育的方法。
③ 掌握发酵食品中的微生物及发酵剂。
④ 了解单细胞蛋白及微生物酶制剂。
⑤ 了解食用菌基础。
⑥ 掌握酒精发酵的主要类型。
⑦ 掌握固定化细胞技术的方法与原理。

技能目标

① 熟练完成酒曲液态发酵产酒精。
② 熟练进行二氧化碳含量和乙醇含量的测定。
③ 熟练制备麦芽粉、麦芽汁。
④ 熟练制作固定化酵母。
⑤ 熟练利用固定化酵母发酵产啤酒。
⑥ 熟练制作酸乳。

素质目标

① 树立认真、严谨的科学态度。
② 树立清洁生产理念、文明生态意识。
③ 树立认真负责的态度和团队协作精神。
④ 提高对发酵技术的兴趣，强化创新学习。
⑤ 提高实验设计能力和安全意识。
⑥ 培养发现问题、分析问题、解决问题的能力，树立科学思维。

思政小课堂

【事件】

国家卫健委2020年12月发布2020年第9号公告，马乳酒样乳杆菌马乳酒样亚种被列为国家新食品原料。申报菌株“马乳酒样乳杆菌马乳酒样亚种ZW3”（以下简称ZW3）历经18年研究成功，是我国首次分离得到全球首株完成全基因组测序的马乳酒样乳杆菌菌株，也是全球研究最为全面和深入的马乳酒样乳杆菌菌株，具有自主知识产权的新乳杆菌。许多乳品行业专家都认为ZW3是“小菌种，大作为”。

此次申报成功对于益生菌行业与食品行业都是一个重大突破，使马乳酒样乳杆菌马乳酒样亚种可以顺利进入食品领域，市场需求也将随之显著增加，这对于益生菌资源的开发、益生菌产品的研发及产业链延伸及发展均具有极大的促进作用。

【启示】

“健康中国，创新中国”。老百姓从过去“吃得饱”转向“吃得好”“吃得健康”的趋势，是大食物观的落脚点。树立大食物观，构建多元化食物供给体系，得以从更广的维度把握食品安全，保障老百姓的饭碗，守护好“中国饭碗”。树立大食物观的关键在于科技创新，必须强化科技创新支撑能力，利用生物技术手段，通过改良生物性状等方式，使利用广阔森林海洋的动植物和微生物资源生产食物变成可能。

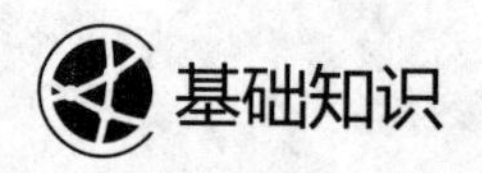

基础知识

一、微生物遗传与变异

遗传是生物体的本质属性之一，是生物的亲代传递给其子代一套遗传信息的特性。一种微生物适应什么环境，利用哪些营养物质，形成哪些代谢产物，细胞的形态结构和繁殖特性等全部形态学特征，以及所有生理学特性均具有相对的稳定性，即子代细胞与亲代细胞常具有相同的特征和特性，这就是遗传。它是保证微生物“种”世世代代保持其固有特征特性的一种重要的生物学性状。而变异则是指生物体在外因或内因的作用下所引起的遗传物质结构或数量的改变，即遗传型的改变，也是稳定的、可遗传的。

1. 遗传和变异的物质基础

(1) 转化实验 1928年，F. Griffith利用肺炎链球菌进行了一个转化实验，其供试菌种有两种类型，一种是无荚膜，菌落粗糙，无毒性的粗糙型（rough，简称R型）；另一种是有荚膜，菌落光滑，有毒性的光滑型（smoth，简称S型），会导致小白鼠死亡。

实验分以下四组进行（图4-1）：

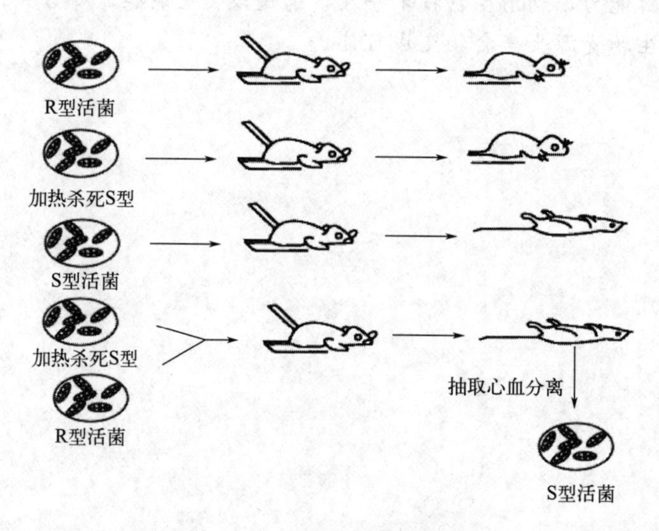

图4-1 肺炎链球菌转化实验

① 将小白鼠体内注入无毒性的R型活细菌，小白鼠不死亡；

② 将小白鼠体内注入有毒性的S型活细菌，小白鼠患败血症死亡；

③ 将小白鼠体内注入加热杀死的S型细菌，小白鼠不死亡；

④ 将小白鼠体内注入无毒性的R型活细菌与加热杀死后的S型细菌的混合菌，小白鼠患败血症死亡。

通过这个实验，Griffith证明了在细胞内可能存在一种具有遗传转化能力的物质，即转化因子。

1944年，O. T. Avery等对转化的本质进行了进一步研究，发现从S型活菌中可以分离提取出纯度很高的DNA、RNA、蛋白质和荚膜多糖，分别将它们和R型活菌混合均匀后，注射入小白鼠体内，结果发现只有注射S型菌DNA和R型活菌混合液的小白鼠才死亡，并且从死亡的小白鼠体内分离出了S型菌。这说明RNA、蛋白质和荚膜多糖均不引起转化，只有DNA引起R型转化，将无毒的R型转化成了有毒的S型，结果导致小白鼠死亡。如果用DNA酶处理DNA后，则转化作用丧失。这就说明转化因子是DNA，从而证实了决定生物遗传变异的物质是DNA。

(2) 噬菌体感染实验 1952年，赫西（A. Hershey）和蔡斯（M. Chase）以噬菌体为研究对象，利用示踪元素做感染实验。首先将大肠杆菌（*E. coli*）培养在以放射性^{32}P或^{35}S作为磷源或硫源标记的组合培养基中，从而制备出含^{32}P-DNA核心的噬菌体或含^{35}S-蛋白质外壳的噬菌体。用这两种不同标记的噬菌体分别与宿主大肠杆菌混合均匀，经短时间保温后，T_2噬菌体完成吸附和侵入过程，经组织捣碎器捣碎、离心沉淀，分别测定沉淀物和上清液中的同位素标记。结果发现，在噬菌体感染过程中，^{35}S标记的实验组多数放射物质留在宿主细胞外面，其蛋白质外壳未进入宿主细胞；^{32}P标记的实验组多数放射性物质进入宿主细胞（图4-2）。从而表明，进入宿主细胞的只有噬菌体DNA，同时使整个T_2噬菌体复制完成。最后从细胞中释放出上百个具有与亲代相同蛋白质外壳的完整的子代噬菌体，从而进一步证实了DNA才是全部遗传物质的本质。

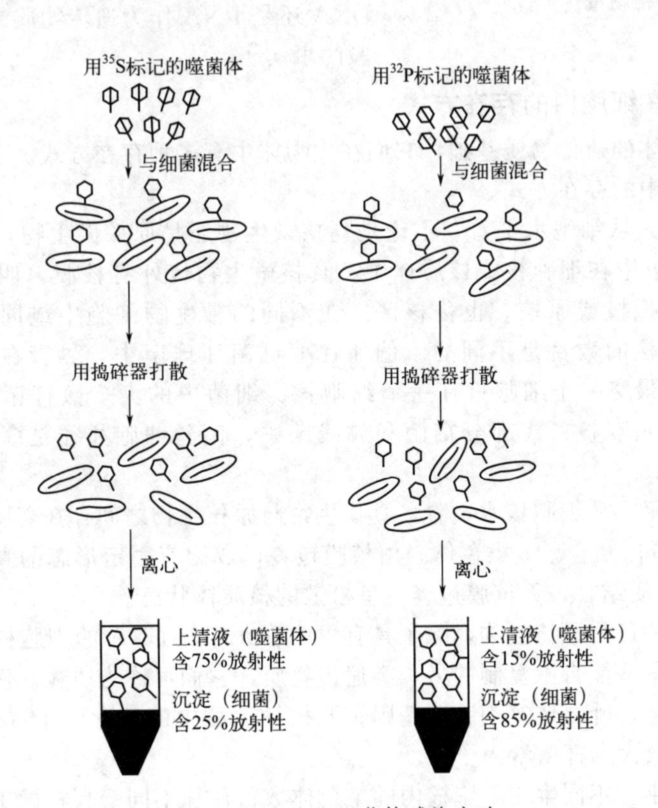

图4-2 *E. coli* 噬菌体感染实验

(3) 植物病毒的重建实验 为了证明DNA是遗传物质，H. Fraenkel-Conrat在1956年用烟草花叶病毒（tobacco mosaic virus，TMV）做了一个著名的植物病毒重建实验。TMV病毒由筒状的蛋白质外壳包裹着一条单链RNA分子组成，把TMV在水和苯酚溶液中振

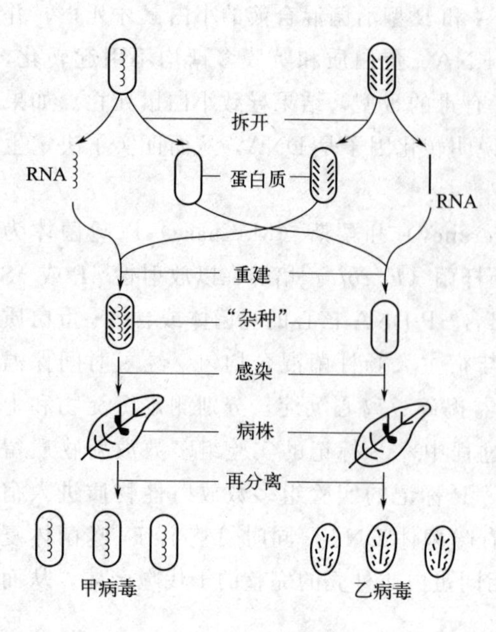

图 4-3　植物重建实验

荡，可以使蛋白质和 RNA 分开。TMV 具有许多不同的株系，由于蛋白质的氨基酸组成不同，因而引起的症状不同。它们的 RNA 和蛋白质都可以人为地分开，又可重新组建新的具有感染性的病毒。从图 4-3 可以看出，当用 TMV 的 RNA 与 HRV(霍氏车前花叶病毒）的蛋白质外壳重建后的杂合病毒去感染烟草时，烟叶上出现的是典型的 TMV 病斑，由此分离的蛋白质与 TMV 相似，分离出来的新病毒也是典型的 TMV 病毒。反之，用 HRV 的 RNA 与 TMV 的蛋白质外壳进行重建时，也可获得相同的结论。这就充分说明，病毒的蛋白质均取决于相应病毒的 RNA。由此进一步证实了病毒的遗传物质为 RNA，蛋白质外壳对其仅起保护作用。

由以上三个实验可以得出一个共同的结论：只有核酸才是生物遗传变异的物质基础。无论是 DNA 还是 RNA 作为遗传物质的基础已是无可辩驳的事实。

2. 遗传物质在细胞内的存在方式

核酸作为生物体的遗传物质基础，它们在生物体中有多种存在方式。下面从不同层次分析遗传物质在细胞中的存在方式。

(1) 细胞水平　从细胞水平看，不论是真核微生物还是原核微生物，它们的大部分或几乎全部 DNA 都集中在细胞核或核质体中。真核微生物核外有核膜，叫真核。原核微生物核外无核膜，叫拟核或原核，也称核区。在不同的微生物细胞中或同种微生物的不同类型细胞中，细胞核的数目是不同的。例如在酵母菌和球菌中，尽管在高速生长阶段会出现多核现象，但最终一个细胞只有一个细胞核；细菌中的大多数杆菌和真菌中的担子菌有两个细胞核，叫双核；在部分霉菌和放线菌中，菌丝细胞往往是多核的，但孢子只有一个核。

(2) 细胞核水平　从细胞核水平看，真核生物与原核生物之间存在着明显的差别。真核生物的 DNA 与组蛋白结合形成染色体，由核膜包裹，成为有固定形态的真核。原核生物的 DNA 不与任何蛋白质结合，无核膜包裹，呈松散的核质体状态。

不论是真核生物还是原核生物，除了具有集中着大部分 DNA 的细胞核或核质体外，在细胞质中还存在着一些能自主复制的另一类遗传物质，它们可称为质粒。例如，真核微生物中的中心体、线粒体、叶绿体等细胞质基因；原核微生物中的致育因子（F 因子）、耐药性因子（R 因子）以及大肠杆菌素因子等。

(3) 染色体水平　不同生物细胞核内的染色体数目往往不同。真核微生物常有较多的染色体，而在原核微生物中，每个核质体只是由一个裸露的环状的染色体所组成。除染色体的数目外，染色体的套数也不同。如果在一个细胞中只有一套功能相同的染色体，称为单倍体；包含两套相同功能染色体的细胞，就称为双倍体。在自然界发现的微生物，多数是单倍体，少数微生物（如酿酒酵母）的营养细胞以及由两个单倍体的性细胞通过接合或体细胞融合而成的合子是双倍体。

（4）核酸水平 从核酸的种类来看，大多数生物的遗传物质是DNA，只有部分病毒（其中多数是植物病毒，还有少数是噬菌体）的遗传物质是RNA。在真核生物中，DNA总是与组蛋白构成染色体；原核生物的DNA都是单独存在的。在核酸的结构上，绝大多数微生物的DNA是双链的，只有少数病毒是单链结构；RNA也有双链（大多数真菌、病毒RNA）与单链（大多数噬菌体RNA）之分。

从DNA的长度来看，不同生物间的差别很大，真核生物比原核生物长得多。此外，同样是双链DNA，其存在状态也有不同，多数呈环状，病毒粒子呈线状，如果是细菌质粒，还可呈螺旋状。RNA都是呈线状。

（5）基因水平 基因是DNA分子上的具有特定碱基顺序的核苷酸片段，特定的碱基对排列顺序表示某种遗传信息。它是一切生物体内储存遗传信息的、有自我复制能力的遗传功能单位。一个基因约有1000个碱基对（bp），每个细菌具有5000～10000个基因。

基因按功能可分三种：第一种是结构基因，编码蛋白质或酶的结构，控制某种蛋白质或酶的合成；第二种是操纵基因，它的功能像“开关”，控制结构基因转录的开放或关闭；第三种是调节基因，它是能够调节操纵子中结构基因活动的基因。

基因控制遗传性状，但不等于遗传性状。任何一个遗传性状的表现都是在基因控制下的个体发育的结果。从基因型到表现型必须通过酶催化的代谢活动来实现。基因直接控制酶的合成，即控制一个生化步骤，控制新陈代谢，从而决定了遗传性状的表现。

（6）密码子水平 遗传密码是指DNA链上特定的核苷酸排列顺序。每个密码子由三个核苷酸顺序所决定，它是负载遗传信息的基本单位。生物体内的蛋白质是按DNA分子结构上遗传信息的指令而合成的，其过程是：先把DNA上的遗传信息转移到mRNA上，形成一条与DNA碱基顺序互补的mRNA链（即转录），然后再由mRNA上的核苷酸顺序去决定合成蛋白质时的氨基酸排列顺序（即翻译）。

由4种核苷酸（A、C、G、U），3个一组可排列64种密码子，它们用于决定20种氨基酸。有些密码子的功能是重复的，如决定亮氨酸就有6个密码子。AUG是起始密码，代表甲硫氨酸（真核生物）或甲酰甲硫氨酸（原核生物）；UAA、UGA、UAG是终止密码，是蛋白质合成的终止信号。

（7）核苷酸水平 核苷酸是核酸的组成单位，它是最小的突变单位或交换单位。在绝大多数微生物的DNA中，都只含有dAMP、dTMP、dGMP、dCMP四种脱氧核糖核苷酸；在绝大多数RNA中，只含有AMP、UMP、GMP、CMP四种核糖。但核苷酸也有少数例外，它们含有一些稀有碱基，如T偶数噬菌体的DNA上含有少量5-羟甲基胞嘧啶。当其中某一个核苷酸的碱基发生改变，则往往导致一个密码子意义改变，进而引起整个遗传信息改变。

3. 微生物的变异

（1）常见的微生物变异现象

① 形态与结构变异：微生物在不同的生长时期菌体形态和大小可以不同，生长过程中受外界环境条件的影响也可发生形态变异。如原来是黑色孢子，现在变成了白色；原来噬菌斑较大，现在变得较小；醋酸杆菌在37℃的培养液中，菌体形状较短，相互连接，若温度升高时，则每个细胞伸长，当温度降低时，则形成柠檬状等异常形态。细菌的一些特殊结构，如荚膜、芽孢、鞭毛等也可发生变异，如在实验室保存的菌种，不定期移植和通过易感动物接种，有荚膜的细菌，可能丧失其形成荚膜的能力，导致病原菌毒力和抗原性的改变；有鞭毛的细菌可以失去鞭毛，如将有鞭毛的沙门菌培养于含0.075%～0.1%石炭酸的琼脂

培养基上，可失去形成鞭毛的能力，亦就丧失了运动力和鞭毛抗原；形成芽孢的细菌，在一定条件下可丧失形成芽孢的能力，如巴斯德培养强毒炭疽杆菌于43℃条件下，结果育成了不形成芽孢的菌株。

② 菌落特征变异：细菌菌落最常见的有两种类型，即光滑型（S型）和粗糙型（R型）。S型菌落一般表面光滑、湿润、边缘整齐，致病性强；R型菌落的表面粗糙、干而有皱纹、边缘不整齐，致病性弱。从患病动物或者人体分离出来的病原菌，往往形成S型菌落，但在人工培养条件下，经过多次移种，经若干代后，往往会有R型菌落的出现。细菌菌落从光滑型变为粗糙型时，称S-R变异。S-R变异时，不仅是菌落性状的改变，细菌的毒力也相应减弱，其他生化反应、抗原性等也随之改变。

③ 毒力变异：病原微生物的毒力有增强或减弱的变异。让病原微生物连续通过易感动物，可使其毒力增强。将病原微生物长期培养于不适宜的环境中或反复通过非易感动物时，可使其毒力减弱。这种毒力减弱的菌株或毒株可用于疫苗的制造。如巴斯德曾将炭疽芽孢杆菌培养于43～44℃的环境中，经过15d之后就获得了毒性减弱的炭疽芽孢杆菌，可用来制造炭疽芽孢杆菌疫苗。其他如猪瘟兔化弱毒疫苗、牛瘟兔化弱毒疫苗，就是把具有强毒的病原微生物通过兔子获得毒力减弱的菌株制造的预防用生物制品。

④ 耐药性变异：细菌对许多抗菌药物是敏感的，但发现在使用某些药物治疗疾病过程中，其疗效逐渐降低，甚至无效，这是由于细菌对该种药物产生了抵抗力，这种现象为耐药性变异。如对青霉素敏感的金黄色葡萄球菌发生耐药性变异后，成为对青霉素有耐受性的菌株。细菌的耐药性大多是自发突变，还有一些是由于诱导而产生的耐药性。

⑤ 代谢特性变异：啤酒酵母生长在含有葡萄糖的培养基上，能使葡萄糖发酵。如果放在含有半乳糖缺氧的培养液中培养，刚开始时酵母菌并不生长，以后才逐渐开始使半乳糖发酵，这就是代谢特性变异。金黄色葡萄球菌具有分解明胶的能力，如果在实验室长期培养在不含蛋白质的培养基中会减弱或者失去液化明胶的能力。又如产生抗生素的一些微生物，经过X射线、γ射线照射后，其中有些菌株可以变成产量高的菌株等。

(2) 基因突变 基因突变简称突变，是变异的一类，泛指细胞内（或病毒颗粒内）遗传物质的分子结构或数量突然发生的可遗传的变化，可自发或诱导产生。

① 基因突变的类型：基因突变的类型可分为以下几种。

Ⅰ形态突变型：细胞个体形态发生变化或引起菌落形态改变的那些突变型。如细菌的鞭毛、芽孢或荚膜的有无，放线菌或真菌产孢子情况的变异等。

Ⅱ毒力突变型：菌种发生变异而使毒力发生改变（增强或减弱），如毒性大的菌株突变为毒力小或无毒力的菌株。

Ⅲ致死突变型：由于变异丧失活力而造成个体死亡的变异类型。

Ⅳ条件致死突变型：在某一条件下表现致死效应，而在另一条件下不表现致死效应的突变型。如温度敏感突变体，它们不能在亲代能生长的温度范围内生长，而只能在较低的温度下才能生长，其往往是由于它们体内的某些酶蛋白的肽链中少数氨基酸发生替换从而降低了它们的抗热性。

Ⅴ营养缺陷突变型：某种微生物经基因突变后，由于代谢过程中某种酶的丧失而成为必须添加某种成分才能生长的变异类型。

Ⅵ抗性突变型：抗某种药物、抗噬菌体、抗抗生素等能力的增加或减少的突变体。

Ⅶ抗原性突变型：微生物体内失去某些抗原或增加某些抗原的突变体。如伤寒沙门菌在经多次人工培养后其表面抗原即可发生变化。

此外还有代谢产物突变型、糖发酵突变型等。

② 基因突变的原因：基因突变依据引起突变原因的不同可分为自发突变和诱发突变。

Ⅰ自发突变：某些微生物在自然条件下发生的突变。实际上这种变异往往是由于人们没有认识清楚而已。在自然条件下发生的基因突变，其突变率极低，如细菌的自发突变率很低，一万到一百亿次裂殖中才出现一个基因突变体。不同的微生物突变率是不一样的，但对于某一种微生物的某一特定性状来讲其突变率却是一定的。我们所说的突变率通常是指每一个细胞发生突变的平均频率，也就是指单位时间内，每个细胞发生突变的概率或每一世代每个细胞的突变数。由于自发突变概率很低，在育种中只靠自发突变获得的突变体很少，从群体中筛选出个别有价值的优良突变体机会就更少。

Ⅱ诱发突变：人们利用物理或化学方法处理微生物使其发生的突变，具诱变作用的那些因素统称为诱变剂。应用物理因素或化学物质能够提高突变率，能够获得有价值的优良突变体，所以目前诱发突变已广泛应用于微生物育种的许多方面，如在筛选抗药物菌株、高毒力菌株、代谢产物高产菌株、抗噬菌体菌株等方面均获得了显著成效。

(3) 常见的诱变因素 常见的物理诱变因素有紫外线、X射线、γ射线、α射线、β射线等。

常见的化学诱变剂：①碱基类似物。如5-嗅尿嘧啶（与胸腺嘧啶相似），可以通过活细胞代谢活动掺入DNA分子中而引起变异，但对休眠细胞和离体的DNA分子不起作用。②烷化剂。可使碱基特别是G发生烷化，从而使GC碱基对变为AT碱基对，或相反。③亚硝酸。可使碱基发生氧化脱羧作用。④吖啶。通过插入可引起移码突变，即通过一个核苷酸或几个核苷酸的加入或丢失而引起突变。⑤其他诱变剂。如抗生素、杀菌剂等。

在自发突变和诱发突变中都可能出现回复突变现象。所谓回复突变，是指由出发菌株产生突变菌株后，突变株又发生突变产生和原出发菌株相同的突变株。这种回复突变体从其突变的类型来讲又称为回复突变型。从发生的必然性来讲，回复突变的发生是必然的，其突变率是很低的，而且是无定向的。

(4) 基因突变的特点

① 自发性：在无人为诱发因素的情况下，各种遗传性状的改变可以自发地产生。

② 不对应性：突变性状（如抗青霉素）与引起突变的原因间无直接对应关系。

③ 稀有性：自发突变不可避免，但突变的频率极低。

④ 独立性：各种性状彼此间独立。

⑤ 可诱导性：通过物理、化学因素诱发，提高突变率。

⑥ 稳定性：突变后新的遗传性状是稳定的。

⑦ 可逆性：实验证明，任何突变既可能正向突变，也可能回复突变，频率基本相同。

二、微生物的菌种选育

菌种选育，就是利用微生物遗传物质变异的特性，采用各种手段改变菌种的遗传性状，经筛选获得新的适合生产的菌株，以稳定和提高产品质量或得到新的产品。

良好的菌种是微生物发酵工业的基础。在应用微生物生产各类食品时，首先是挑选符合生产要求的菌种，其次是根据菌种的遗传特点，改良菌株的生产性能，使产品产量、质量不断提高。如发现菌种的性能下降时，还要设法使它复壮。最后还要有合适的工艺条件和合理先进的设备与之配合，这样菌种的优良性能才能充分发挥。

1. 从自然界中分离菌种

工业微生物所用菌种的根本来源是自然环境，包括土壤、水、动物、植物、矿物、空气，甚至发酵产品的下脚料等，其中以土壤为主。它们大多是以混杂的形式群居于一起的。而现代发酵工业是以纯种培养为基础，所以首先必须把需要的菌从许许多多的杂菌中分离出来，然后采用各种筛选手段，挑选出性能良好、符合生产需要的纯种，这是工业育种的关键一步。自然界工业菌种筛选过程一般包括采样、增殖培养、纯种分离和生产性能测定 4 个步骤。如果产物与食品制造有关，还需对菌种进行毒性鉴定。

(1) 采样 采样就是从目标菌可能存在的场所采集待分离的样品。一般在有机质较多的肥沃土壤中，微生物的数量最多，中性偏碱性的土壤以细菌和放线菌为主，酸性红土壤及森林土壤中霉菌较多，果园、菜园和野果生长区等富含碳水化合物的土壤和沼泽地中，酵母菌和霉菌较多。浅层土比深层土中的微生物多，一般离表层 5～15cm 深处的微生物数量最多。采样时应根据选种的目的和目标菌的特性来确定采样地点。例如，要筛选一株产生淀粉酶的霉菌，可以选取淀粉厂附近的土壤进行采样；要筛选一株嗜热细菌，可以选取火山口或温泉附近的土壤进行采样。

采样时还应充分考虑采样的季节性和时间因素，以温度适中、雨量不多的初秋为好。采集土壤样品时用无菌刮铲、土壤采集器等进行。将采集到的土样盛入清洁的聚乙烯袋、牛皮袋或玻璃瓶中。采好的样必须完整地标上样本的种类及采集日期、地点以及采集地点的地理、生态参数等。采集好的样品应及时处理，或保存在 4℃ 冰箱里，储存时间不宜过长。这是因为试样在脱离原来生态环境后，其内部生态环境就会发生变化，微生物群体之间会出现消长。例如分离嗜冷菌，在室温下保存会使嗜冷菌数量明显降低。

采集植物根际土壤时，一般方法是将植物根从土壤中慢慢拔出，浸渍在大量无菌水中约 20min，洗去黏附在根上的土壤，然后用无菌水漂洗根部残留的土，这部分土即为根际土样。

采集水样时，将 100mL 干净、灭菌的广口塑料瓶瓶口朝下伸到水面以下 30～50cm 处时，打开瓶盖进行采集，采集好后应迅速从水中取出采集瓶并带有较大的弧度。水样不应装满采样瓶，采集的水样应在 24h 内迅速进行检测，或者在 4℃ 保存。

如果我们知道所需菌种的明显特征，则可直接采样。例如，分离能利用糖质原料、耐高渗的酵母菌可以从加工蜜饯、糖果、蜂蜜的环境土壤中采样；分离利用石蜡、烷烃、芳香烃的微生物可以从油田中采样；分离啤酒酵母可以直接从酒厂的酒糟中采样等。

(2) 增殖培养 一般情况下，采来的样品可以直接进行分离，但是如果样品中我们所需要的菌类含量不够时，就要设法增加所需菌种的数量，以增加分离的概率。用来增加该菌种数量的人为方法称为增殖培养法（又叫富集培养法）。

进行增殖培养时，根据目标菌的特性，通过选择性培养基控制营养条件、生长条件或加入一定的抑制剂等，其目的是使其他微生物尽量处于抑制状态，要分离的微生物（目的微生物）能正常生长，经过多次增殖后成为优势菌群。例如要增殖霉菌，可以选择淀粉为唯一碳源，这样可以限制不能利用淀粉作为碳源的一般细菌、酵母菌等的生长，而霉菌能正常生长；在分离细菌时，培养基中添加 50μg/mL 的抗真菌剂（如放线菌酮和制霉菌素）可以抑制真菌的生长。在分离放线菌时，于培养基中加入 1～5mL 天然浸出汁（植物、岩石、有机混合腐殖质等的浸出汁）作为最初分离的促进因子；为了获得耐高温的酶，要筛选耐高温细菌，筛选时可采用 50～60℃ 培养，将嗜冷、嗜温微生物大量淘汰，而嗜热微生物占据生长优势；如要筛选酵母菌，则可在糖度高、pH 值较低的培养基中进行增殖培养。

(3) 纯种分离 通过增殖培养，虽然目的微生物大量存在，但它不是唯一的，仍有其他微生物与其混杂生长，因此还必须进行分离和纯化。常用的纯种分离方法有稀释分离法、划线分离法和组织分离法。

稀释分离法：将样品进行适当稀释，然后将稀释液涂布于培养基平板上进行培养，待长出独立的单个菌落，再进行挑选分离。

划线分离法：首先倒培养基平板，然后用接种针（接种环）挑取样品，在平板上划线。划线方法可用分步划线法或一次划线法，无论用哪种方法，基本原则是确保培养出单个菌落。

组织分离法：主要用于食用菌菌种分离。分离时，首先用 10%漂白粉或 75%乙醇对子实体进行表面消毒，用无菌水洗涤数次后，移植到培养皿中的培养基上，于适宜温度培养数天后，可见组织块周围长出菌丝，并向外扩展生长。

经过分离培养，在平板上出现很多单个菌落，通过菌落形态观察，选出所需菌落，然后取菌落的一半进行菌种鉴定，对于符合目的菌特性的菌落，可将之转移到试管斜面纯培养。

(4) 生产性能测定 从自然界中分离得到的纯种称为野生型菌株，它只是筛选的第一步，所得菌种是否具有生产上的实用价值，能否作为生产菌株，还需对每一株都进行全面而准确的性能测定，因此工作量巨大。性能测定一般分初筛和复筛两步进行。

① 初筛：初筛一般是定性测定，常采用培养皿反应法。培养皿反应是利用目标菌产生的代谢产物与培养基内的指示物作用后在培养皿上出现的生理效应，如变色圈、生长圈、抑制圈、透明圈等，对目标菌的生产性能做出评价。

变色圈法：将指示剂直接掺入固体培养基中，进行待筛选菌悬液的单菌落培养，或喷洒在已培养成分散单菌落的固体培养基表面，在菌落周围形成变色圈。变色圈越大，说明菌落产酶的能力越强。而从变色圈的颜色又可粗略判断水解产物的情况。

透明圈法：在固体培养基中渗入溶解性差、可被目标菌利用的营养成分，造成浑浊、不透明的培养基背景，培养后在目标菌落周围会形成大小不同的透明圈。透明圈的大小反映了菌落利用此物质的能力。

生长圈法：利用一些有特别营养要求的微生物作为工具菌，若目标菌在缺乏上述营养物的条件下，能合成该营养物，或能分泌酶将该营养物的前体转化成营养物，那么在这些菌的周围就会有工具菌生长，形成环绕菌落生长的生长圈。该法常用来选育氨基酸、核苷酸和维生素的生产菌。工具菌往往都是对应的营养缺陷型菌株。

抑制圈法：一般应用于抗生素生产菌的筛选。利用抗生素产生菌（目标菌）抑制敏感菌（工具菌）的生长，在目标菌落周围形成大小不同的抑菌圈。抑菌圈的大小反映了琼脂块中积累的抑制物的浓度高低。

纸片培养显色法：将待筛选的菌悬液稀释后接种到饱浸含某种指示剂的固体培养基的滤纸片上，保温培养形成分散的单菌落，菌落周围将会产生对应的颜色变化。从指示剂变色圈与菌落直径之比可以了解菌株的相对产量性状。指示剂可以是酸碱指示剂也可以是能与特定产物反应产生颜色的化合物。

② 复筛：初筛获得的菌株，还需进一步做生产性能测定，以确定其是否适合于工业生产用。采用与生产相近的培养基和培养条件，通过锥形瓶的容量进行小型发酵试验，观察其

产量、大小和发酵时间的长短，以及有无毒性物质生成。应选取产量大、发酵周期较短、无毒的菌株。

2. 诱变育种

诱变育种是指利用各种诱变剂处理微生物细胞，提高基因的随机突变频率，进而通过一定的筛选方法（或特定的筛子）获得所需要的高产优质菌株。当今发酵工业所使用的高产菌株，几乎都是通过诱变育种而大大提高了生产性能。其中最突出的例子是青霉素的生产菌种，通过诱变育种，从最初的几百发酵单位提高到目前的几万发酵单位。诱变育种不仅能提高菌种的生产性能，而且能改进产品的质量、扩大品种和简化生产工序等。从方法上讲，它具有方法简便、工作速度快和效果显著等优点。但是诱变育种缺乏定向性，因此诱变突变必须与大规模的筛选工作相配合才能收到良好的效果。

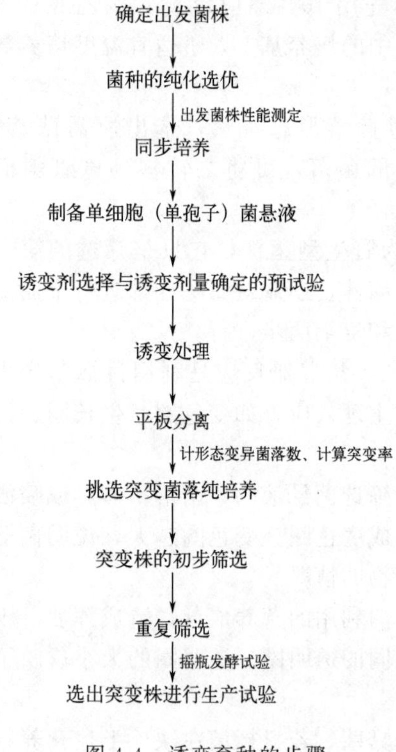

图 4-4　诱变育种的步骤

(1) 诱变育种的步骤　见图 4-4。

① 出发菌株的挑选：出发菌株是指用于诱变育种的起始菌株。出发菌株的选择标准是具有优良性状（如高产、生长速度快、营养要求粗放、标记明显等）、对诱变剂敏感和产生变异的幅度要大。出发菌株的来源第一类是从自然界的土样、水样等分离出来的野生型菌株，这类菌株的特点是对诱变因素敏感，容易发生变异，而且容易向好的方向变异，即产生正突变。第二类是从现行菌株或生产中筛选得到的自发突变菌株，这类菌株是生产中常采用的，容易得到好的效果。第三类是对经过诱变获得的高产菌株再诱变。另外还可以从菌种保藏机构去索取已知其名称和性能的菌株。

② 同步培养：在诱变育种中，处理材料一般采用生理状态一致的单孢子或单细胞，即菌悬液的细胞应尽可能达到同步生长状态，这称为同步培养。

③ 单细胞或单孢子菌悬液的制备：在诱变育种中要求待处理的菌悬液呈分散的单细胞或单孢子状态，这样一方面可以均匀地接触诱变剂，另一方面又可避免长出不纯的菌落。

菌悬液一般可用生理盐水或缓冲溶液配制，如果是用化学诱变剂处理，因处理时 pH 值会变化，必须要用缓冲溶液。除此之外，还应注意分散度，方法是先用玻璃珠振荡分散，再用脱脂棉或滤纸过滤，经处理分散度达到 90%以上时诱变处理较为合适。

④ 诱变剂选择与诱变剂量确定：首先选择合适的诱变剂，然后确定其使用剂量。常用诱变剂有两大类：物理诱变剂和化学诱变剂。常用的物理诱变剂有紫外线、X 射线、γ 射线、等离子、快中子、α 射线、β 射线、超声波等。常用的化学诱变剂有碱基类似物、烷化剂、羟胺、吖啶类化合物等。

无论是物理诱变还是化学诱变，要确定一个合适的剂量，通常要经过多次试验。就一般微生物而言，诱变频率往往随剂量的增高而增高，但达到一定剂量后，再提高剂量会使诱变频率下降。根据对紫外线、X 射线及乙烯亚胺等诱变剂诱变效应的研究，发现正突变较多地出现在较低的剂量中，而负突变则较多地出现在高剂量中，同时还发现经多次诱变而提高产量的菌株中，高剂量更容易出现负突变。以前使用剂量一般为90%～99.9%，现倾向于使用70%～75%的剂量，甚至更低。因此，在诱变育种工作中，目前较倾向于采用较低剂量、长时间处理。化学诱变剂处理到确定时间后，要采取合适的终止反应的措施，一般采用稀释法、解毒剂或改变pH值等方法来终止反应。

⑤ 平板分离培养：刚完成诱变的菌株，存在表型延迟现象。原因是诱变造成的变异位点位于DNA的一条链上，只有经过DNA复制得到纯合的变异基因，合成与野生基因不同的蛋白质（酶），才能表现出突变。而对于多核微生物必须经过多次分裂才能变成纯粹的变异株，因此诱变处理后培养繁殖几代是必要的。因此变异后的菌株应先在液体细胞中培养几个小时，使细胞的遗传物质得以复制、繁殖几代，从而得到纯的变异细胞。

⑥ 分离和筛选：一般分初筛和复筛两步进行。初筛以量为主，即重点在于分离培养尽可能多的菌株，降低漏筛的概率；复筛以质为主，即以准确性为主，因为此时菌株量已经大大减少，简化的测定也不能作出准确的评价，需要更准确的方法对突变性能进行评价。初筛一般采用平皿快速检测法，例如变色圈法、透明圈法、抑制圈法等；而复筛一般采用发酵摇瓶的方法，一个菌株做3个发酵，测定的方法也应标准化，从而确定最优的菌株。

(2) 营养缺陷型的筛选 在诱变育种工作中，营养缺陷型突变体的筛选及应用有着十分重要的意义。营养缺陷型菌株是指通过诱变而产生的缺乏合成某些营养物质（如氨基酸、维生素、嘌呤等）的能力，必须在其基本培养基中加入相应缺陷的营养物质才能正常生长繁殖的变异菌株。在科学实验中，可利用营养缺陷型作为研究转导、转化、接合等遗传规律的标记菌种和微生物杂交育种的标记，也可利用营养缺陷型菌株测定微生物的代谢途径，进而调控代谢途径以获得更多的代谢产物。利用营养缺陷型菌株定量分析各种生长因素的方法称为微生物分析法，常用于分析食品中氨基酸和维生素的含量，因为在一定浓度范围内，营养缺陷型菌株生长繁殖的数量与其所需维生素和氨基酸的量成正比。营养缺陷型菌株的筛选一般要经过诱变、淘汰野生型菌株、检出缺陷型和确定生长谱四个环节。

3. 杂交育种

杂交育种是指将两个基因型不同的菌株的有性孢子或无性孢子及其细胞互相联结，细胞核融合，随后细胞核进行减数分裂或有丝分裂，遗传性状出现分离和重新组合，产生具有各种新性状的重组体，然后经分离和筛选，获得符合要求的生产菌株。微生物的杂交现象包括有性杂交和菌体细胞重组两个方面。

杂交育种是选用已知性状的供体和受体菌种作为亲本，因此不论在方向性还是自觉性方面，都比诱变育种前进了一大步，所以它是微生物菌种选育的另一重要途径。但由于杂交育种的方法复杂，工作进度慢，因此还很难像诱变育种那样得到普遍的推广和应用。

(1) 酵母菌的杂交育种 酵母菌的育种在食品工业中占有极其重要的地位。它的杂交育种工作开展得较早，并取得了有益的成果。例如在面包酵母种间进行杂交，获得了许多生产性能良好的菌株，它们的繁殖能力和发酵能力比亲本菌株强；采用面包酵母和酒精酵母杂交，其杂交种的酒精发酵能力没有下降，而发酵麦芽糖的能力却比亲本菌株高；在啤酒酿造中，用上面酵母和下面酵母杂交，得出的杂交种可生产出浓度和香味更好的啤酒等。以上这些酵母菌均具有不同的交配型，因而都是通过有性杂交获得的。对于无典型有性生殖的酵母菌如假丝酵母，可通过准性生殖过程进行杂交。但是酵母菌的杂交育种大多数为有性杂交。

酵母菌通过有性杂交进行杂交育种主要包括子囊孢子的形成、子囊孢子的分离和酵母杂交种的获得三个步骤。

(2)霉菌的杂交育种 在发酵工业中应用的霉菌大部分属于半知菌，它们不具有典型的有性生殖过程，因此霉菌的杂交育种主要是通过体细胞的核融合和基因重组，即通过准性生殖过程而不是通过性细胞的融合。例如，通过对黑曲霉的杂交育种，得到了多倍体的新种，其柠檬酸产量比原始菌株高几十倍；酱油曲霉通过体细胞的重组及多倍体化，提高了蛋白酶的活性等。目前霉菌的杂交育种主要是种内，偶尔有种间的。但亲本菌株的亲缘关系越远，则越不易成功。

霉菌杂交育种的步骤是选择直接亲本、异核体的形成、转移单菌落和双倍体的检出。

准性生殖与有性生殖比较见表4-1。

表4-1 准性生殖与有性生殖的比较

项目	准性生殖	有性生殖
亲本细胞	体细胞	性细胞
独立生活的异核体阶段	有	无
双倍体变为单倍体的途径	有丝分裂	减数分裂
发生的频率	低(偶尔发现)	高(正常发现)

4. 原生质体融合育种

原生质体融合就是将两个亲株的细胞壁分别通过酶解作用加以剥除，使其在高渗环境中释放出只有原生质膜包被着的球状原生质体。然后将两个亲株的原生质体在高渗条件下混合，由聚乙二醇（PEG）助融，使它们相互凝集。通过细胞质融合，接着发生两套基因组之间的接触、交换，从而发生基因组的遗传重组，就可以在再生细胞中获得重组体的过程。原生质体融合是在20世纪70年代以后才发展起来的一种育种新技术，是一种有效的转移遗传物质的方法。能进行原生质体融合的细胞是极其广泛的，无论是真核微生物还是原核微生物都可以进行原生质体融合，甚至是高等动植物也可以进行。

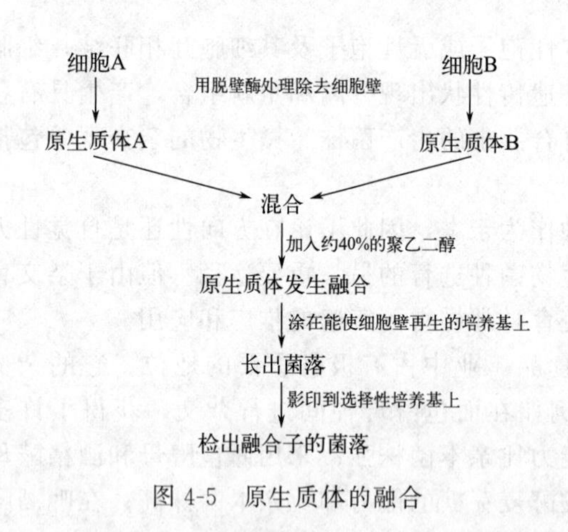

图4-5 原生质体的融合

原生质体融合的优点：重组率高，遗传物质的传递更加完整，可以实现远亲缘关系的菌株间的基因重组，还可以进行多细胞间的基因重组。因此，现在正得到越来越广泛的应用。

原生质体融合育种的步骤：标记菌株的筛选和稳定性验证，原生质体制备，等量原生质体加聚乙二醇促进融合，涂布于再生培养基生出菌落，选择性培养基上划线生长、分离验证、挑取融合子进一步试验保藏，进行生产性能筛选（图4-5）。

操作说明：

(1)菌种的选择 最好是对数期的菌种，发生过变异，具有生长快、培养粗放的优点。

(2)斜面培养基的制备 一般以生理盐水或缓冲液制备培养基，尽量用脱脂棉过滤均匀的菌液细胞。由于各种原因，有些微生物经诱变处理还是不易出现纯的菌落，这种情况下可以采取适当的分离方法加以纯化。

(3) 诱变处理 选择诱变剂时，要考虑到实验室条件及诱变剂的诱变率、杀菌率、使用的方便性等，在保证试验条件完美的情况下才能诱变出性能良好的菌株。常用的化学诱变剂有亚硝酸、硫酸二乙酯、亚硝基弧（NTC）和秋水仙碱等。

(4) 筛选优良菌株 经过诱变处理产生各种性能的变异菌株，要从这些变异菌株中筛选优良的菌株，一定要用效率高的科学的筛选方法。

三、发酵食品中的微生物

1. 发酵食品与细菌

细菌在自然界分布甚广，特性各异，在这类菌中，有的是发酵工业中的有益菌，有的是有害菌。

(1) 链球菌属 细胞球形或卵圆形，成对或成链排列。革兰氏染色阳性，无芽孢，一般不运动，不产生色素，但肠球菌群中某些菌种能运动或产色素。兼性厌氧，化能异养，发酵代谢，葡萄糖发酵的最终产物为乳酸。有些菌种可用于生产发酵食品。现介绍几种常见菌种：

① 嗜热链球菌：细胞圆形或卵圆形，成对或长链状。对双糖类、蔗糖和乳糖的发酵最佳。最适生长温度在40～45℃，高于53℃不能生长，低于20℃不生长，在65℃下加热30min后仍存活。分布于牛乳及乳制品中，可用于干酪及奶酒的生产。

② 乳链球菌：细胞卵圆形，多数成对或短链。在含4.0% NaCl的培养基上生长。营养要求复杂。最适生长温度约30℃，在45℃不生长。应用于乳制品及我国传统食品发酵行业。

(2) 明串珠菌属 细胞球状或透镜状，成对或成链排列，革兰氏染色阳性。兼性厌氧、不还原硝酸盐，对人和动物不致病，最适生长温度20～30℃，发酵葡萄糖产生乳酸、乙醇和二氧化碳。经常存在于水果、蔬菜和牛乳及乳制品中，能在高浓度的含糖食品中生长。肠膜明串珠菌能利用蔗糖合成大量荚膜多糖，用以生产右旋糖酐，作为代血浆的主要成分，维持血液渗透压和增加血容量。明串珠菌可使牛乳变黏；造成制糖行业中糖液黏度增加，影响过滤而降低糖的产量。

(3) 乳酸杆菌属 革兰氏阳性杆菌，细胞从短的球杆状到长杆状，单生、成对或成链，通常不运动，厌氧或兼性厌氧。利用葡萄糖发酵产生的最终产物中至少50%为乳酸，其他副产物有乙酸、二氧化碳和乙醇等。营养要求复杂，需要氨基酸、肽、核酸、维生素和可发酵性碳水化合物等多种营养物质。5%～10%的二氧化碳可促进其在固体培养基上的表面生长。最适生长温度一般为30～40℃。耐酸，最适生长pH值为5.5～5.8或更低。该属包括许多种，根据发酵葡萄糖产生乳酸的情况可分为同型发酵和异型发酵两个群。

同型发酵乳杆菌由葡萄糖发酵产生的最终产物有85%或更多是乳酸，不产气。异型发酵乳杆菌由葡萄糖发酵产生的最终产物有50%是乳酸，并产生相当数量的CO_2、乙酸和乙醇。常见于乳制品、谷物、肉制品、啤酒、葡萄酒、果汁、泡菜、发酵面团和麦芽汁等中，在温血动物及人的口腔和肠道中也可分离到。极少有致病性的。该属中的某些种可用于生产乳酸及乳酸发酵食品。以下介绍其中的几种：

① 保加利亚乳杆菌：全称为德氏乳杆菌保加利亚亚种，细胞形态长杆状，两端钝圆。能利用葡萄糖、果糖、乳糖进行同型乳酸发酵产生D型乳酸（有酸涩味，适口性差），不能利用蔗糖。

该菌是乳酸菌中产酸能力最强的菌种，其产酸能力与菌体形态有关，菌形越大，产酸越多，最高产酸量2%；如果菌形为颗粒状或细长链状，产酸较弱，最高产酸量1.3%～2.0%。蛋白质分解力较弱，发酵乳中可产生香味物质乙醛。最适生长温度37～45℃，温度高于50℃或低于20℃不生长。常作为发酵酸乳的生产菌。

② 德氏乳杆菌：杆菌，宽0.5～0.8μm，长2～9μm，两端呈圆形，单生或成短链。不运动，菌落通常粗糙，不产生色素。在15℃不生长，最适生长温度40～44℃。微好氧。对牛乳无作用，能发酵麦芽糖、葡萄糖、蔗糖、果糖、半乳糖、糊精，不发酵乳糖。

③ 乳酸乳杆菌：杆菌，常表现出长杆状，趋向于线状、卷曲状，幼龄时单生或成对。不运动。菌落通常粗糙，直径1～3mm，白色至浅灰色。分离自牛乳、干酪。

④ 瑞士乳杆菌：杆菌，大小为（0.6～1.0）μm×（2.0～6.0）μm。单生或成链。在牛乳或含乳清、番茄、胡萝卜或干酪素水解物中加上酵母提取物和能发酵的碳水化合物的培养基中生长良好。15℃不生长，最适生长温度40～42℃。常作为酸乳、干酪的发酵菌。

⑤ 植物乳杆菌：圆端直杆菌，大小通常为（0.9～1.2）μm×（3～8）μm，单生、成对或成短链。通常缺乏鞭毛，但能运动。厌氧，表面菌落凸起、光滑、白色，偶尔浅黄色或深黄色。培养液中生长浑浊。通常最适温度30～35℃。常作为泡菜、腌菜的发酵菌。

(4) 芽孢杆菌属 革兰氏阳性杆菌，需氧，能产生芽孢。端生或周生鞭毛。在自然界分布很广，在土壤、水中尤为常见。其中枯草芽孢杆菌是分解蛋白酶及淀粉酶的菌种，纳豆杆菌是纳豆和豆豉的生产菌。

(5) 醋酸杆菌属 细胞呈椭圆形杆状，革兰氏染色阳性，无芽孢，有鞭毛或无鞭毛，运动或不运动，醋酸杆菌属的形态不稳定，老化细胞或在不适宜条件培养，细菌细胞常出现多形态性。

其中极生鞭毛菌不能将醋酸氧化为CO_2和H_2O，而周生鞭毛菌可将醋酸氧化成CO_2和H_2O，不产色素，液体培养形成菌膜。能利用葡萄糖、果糖、蔗糖、麦芽糖、乙醇作为碳源，可利用蛋白质水解物、尿素、硫酸铵作为氮源，生长繁殖需要的无机元素有P、K、Mg。

严格好氧，接触酶反应阳性，具有醇脱氢酶、醛脱氢酶等氧化酶类，因此除能氧化酒精生成醋酸外，还可氧化其他醇类和糖类生成相应的酸和酮，具有一定产酯能力。最适生长温度30～35℃，不耐热。最适生长pH为3.5～6.5。某些菌株耐酒精和耐醋酸能力强，不耐食盐，因此醋酸发酵结束后，添加食盐除调节食醋风味外，还可防止醋酸菌继续将醋酸氧化为CO_2和H_2O。

在制醋工业中常用的菌种如下：

① 纹膜醋酸杆菌：培养时液面形成乳白色、皱褶状的黏性菌膜，摇动时，液体变浑。能产生葡萄糖酸，最高产醋酸量8.75%。最适生长温度30℃，能耐14%～15%的乙醇。

② 奥尔兰醋酸杆菌：属纹膜醋酸杆菌的亚种，也是法国奥尔兰地区用葡萄酒生产食醋的菌种。最高产醋酸量2.9%，耐酸能力强，能产生少量的酯。最适生长温度30℃。

③ 许氏醋杆菌：它是法国著名的速酿食醋菌种，也是目前酿醋工业重要的菌种之一。最高产醋酸量达11.5%。对醋酸没有进一步的氧化作用，耐酸能力较弱。最高生长温度37℃。

④ 醋酸杆菌AS 1.41：这是我国酿醋工业常用菌种之一。产醋酸量6%～8%，可将醋酸进一步氧化为CO_2和H_2O。最适生长温度28～30℃，耐酒精浓度8%。

2. 发酵食品与霉菌

霉菌属于真菌，在自然界分布极广，已知的有5000种以上，在发酵食品中常用的霉菌有以下几种：

(1) 毛霉属 菌落棉絮状，初为白色或灰白色，后变为灰褐色，菌丛高度可由几毫米至十几厘米，有的具有光泽。菌丝无隔，分气生、基生；后者在基质中较均匀分布，吸收营养。

毛霉具有分解蛋白质的功能，如用来制造腐乳，可使腐乳产生芳香物质和蛋白质分解物(鲜味)。某些菌种具有较强的糖化力，可用于酒精和有机酸工业原料的糖化和发酵。

① 总状毛霉：它是毛霉中分布最广的一种。菌丝直立而稍短，灰白色，孢囊柄总状分枝。我国四川的豆豉即用此菌制成。另外，总状毛霉能产生3-羟基丁酮，并对甾族化合物有转化作用。

② 鲁氏毛霉：此菌种最初是从我国小曲中分离出来的，菌落在马铃薯培养基上呈黄色，在米饭上略带红色，孢子囊柄呈假轴状分枝，厚垣孢子数量很多，大小不一，黄色至褐色，接合孢子未见。鲁氏毛霉能产生蛋白酶，有分解大豆的能力，我国多用它来做豆腐乳。

(2) 根霉属 根霉与毛霉相似，菌丝为无隔单细胞，生长迅速，有发达的菌丝体，气生菌丝白色、蓬松，如棉絮状。根霉气生性强，故大部分菌丝匍匐生长在营养基质的表面。这种气生菌丝，称为匍匐菌丝。基内菌丝根状称为假根。由假根着生处向上长出直立的2～4根孢囊梗，孢囊梗不分枝，梗的顶端膨大形成孢囊，同时产生横隔，囊内形成大量孢囊孢子。根霉的有性生殖产生接合孢子。

根霉能产生大量的淀粉酶，故用作酿酒、制醋业的糖化菌。有些根霉还用于甾体激素、延胡索酸和酶制剂生产。下面是几种常见的根霉菌种：

① 米根霉：在我国酒药和酒曲中常看到米根霉，在土壤、空气及其他各种物质中亦常见。菌落疏松，初期白色，后变为灰褐色到黑褐色，匍匐枝爬行，无色。假根发达，指状或根状分枝，褐色，孢囊梗直立或稍弯曲，2～4根，群生。尚未发现其形成接合孢子，发育温度30～35℃，最适生长温度37℃，41℃亦能生长。此菌有淀粉酶、转化酶，能产生乳酸、反丁烯二酸及微量的酒精。产L(+)乳酸量最强，达70%左右，是腐乳发酵的主要菌种。

② 华根霉：此菌多出现在我国酒药和药曲中，耐高温，于45℃能生长，菌落疏松或稠密，初期白色，后变为褐色或黑色，假根不发达，短小，手指状。孢囊柄通常直立，光滑，浅褐色至黄褐色。不生接合孢子，但生厚垣孢子，发育温度为15～45℃，最适生长温度为30℃。此菌淀粉液化力强，有溶胶性，能产生乙醇、芳香脂类、左旋乳酸及反丁烯二酸，能转化甾族化合物。

(3) 曲霉属 曲霉广泛分布于土壤、空气、谷物和各类有机物品中。曲霉是发酵工业和食品加工方面应用的重要菌种，如黑曲霉是化工生产中应用最广的菌种之一，可用于柠檬酸、葡萄糖酸、淀粉酶和酒类的生产。该属菌丝有隔，多细胞。菌落呈圆形。以分生孢子方式进行无性繁殖，分生孢子呈绿、黄、橙、褐、黑等各种颜色，故菌落颜色多种多样，而且比较稳定，是分类的主要特征之一。以下是几种常见的曲霉：

① 米曲霉：米曲霉菌落生长快，10d直径达5～6cm，质地疏松，初白色、黄色，后变为褐色至淡绿褐色，背面无色。分生孢子头放射状，直径150～300μm，也有少数为疏松柱状。分生孢子梗2mm左右。近顶囊处直径可达12～25μm，壁薄，粗糙。顶囊近球形或烧瓶形，通常40～50μm。小梗一般为单层，12～15μm，偶尔有双层，也有单、双层小梗同时存在于一个顶囊上。分生孢子幼时洋梨形或卵圆形，老后大多变为球形或近球形，一般

4.5μm，粗糙或近于光滑。产生淀粉酶、蛋白酶的能力较强，应用于酿酒、酱及酱油的生产。一般情况下不产生黄曲霉毒素。

② 黄曲霉：该菌为中温性霉菌。生长温度为6～47℃，最适温度为30～38℃；生长的最低A_w为0.8～0.86。分布很广泛，在各类食品和粮食上均能出现。有些种产生黄曲霉毒素，使食品和粮食污染带毒。黄曲霉毒素毒性很强，有致癌致畸作用。该菌产毒的最适温度为27℃；最适A_w为0.86以上。有些菌株具有很强的糖化淀粉、分解蛋白质的能力，因而被广泛用于白酒、酱油和酱的生产。

③ 黑曲霉：此类霉菌是接近高温性的种群，生长适温为35～37℃，最高可达50℃；孢子萌发的A_w为0.80～0.88，是自然界中常见的霉腐菌。该菌的多种酶系活性强大，可用于工业生产。如淀粉酶用于淀粉的液化、糖化，以生产酒精、白酒或制造葡萄糖和糖化剂；酸性蛋白酶用于蛋白质的分解；果胶酶用于水解聚半乳糖醛酸、果汁澄清和植物纤维精炼。

④ 红曲霉：红曲霉菌丝具有横隔、多核、多分枝。菌落初为白色，老熟后变成粉红色、紫红色或灰黑色等，通常能产生红色色素。红曲霉能产生淀粉酶、麦芽糖酶、蛋白酶，有些种能产生鲜艳的红曲霉红素和红曲霉黄素，可作为食品的染色剂或用来生产红酒、食醋、豆腐乳等。

3. 发酵食品与酵母菌

自然界中存在的酵母菌很多，发现的有几百种，它是生产中应用较早和较为重要的一类微生物，主要用于面包发酵、酒精制造和酿酒中。在酱油、腐乳等产品的生产过程中，有些酵母菌和乳酸菌协同作用，使产品产生特有的香味。在发酵食品中常用的酵母菌有以下几种：

(1) 酵母属

① 啤酒酵母：啤酒酵母，又称爱丁堡酵母。广泛应用于啤酒、白酒酿造和面包制作。细胞呈圆形或短卵圆形，大小为(3～7)μm×(5～10)μm，通常聚集在一起，不运动。单倍体细胞或双倍体细胞都能以多边出芽方式进行。无性繁殖，能形成有规则的假菌丝（芽簇），但无真菌丝。有性繁殖为2个单倍体细胞同宗或异宗接合或双倍体细胞直接进行减数分裂形成1～4个子囊孢子。细胞形态往往受培养条件的影响，但恢复原有的培养条件，细胞形态即可恢复原状。

麦芽汁固体培养，菌落呈乳白色，不透明，有光泽，表面光滑湿润，边缘略呈锯齿状；随培养时间延长，菌落颜色变暗，失去光泽。

化能异养型，能发酵葡萄糖、果糖、半乳糖、蔗糖、麦芽糖和麦芽三糖以及1/3的棉籽糖，不发酵蜜二糖、乳糖和甘油醛，也不发酵淀粉、纤维素等多糖。不分解蛋白质，可同化氨基酸和氨态氮，不同化硝酸盐。需要B族维生素和P、S、Ca、Mg、K、Fe等无机元素。兼性厌氧，有氧条件下，将可发酵性糖类通过有氧呼吸作用彻底氧化为CO_2和H_2O，释放大量能量供细胞生长；无氧条件下，使可发酵性糖类通过发酵作用生成酒精和CO_2，释放较少能量供细胞生长。最适生长温度25℃，发酵最适温度10～25℃。最适发酵pH值为4.5～6.5。

啤酒酵母为酿造啤酒的上面酵母，除酿造啤酒、乙醇及其他饮料酒外，还用于发酵制面包。

② 葡萄汁酵母：它与啤酒酵母的主要区别是发酵全部棉籽糖，可供啤酒酿造底层发酵，也可做饲料和药用。

(2) 球拟酵母属 该属酵母细胞球形、卵形或略长形，无假菌丝或仅有极原始的假菌丝。某些种能产生不同比例的甘油、赤藓醇、甘露醇等，在适宜条件下，能将40%的葡萄糖转化成多元醇。有的种氧化烷类能力较强，有的种能产生有机酸、油脂等。

球拟酵母具有耐高浓度糖和盐的能力，如杆状球拟酵母（*T. bacillaris*）能在含糖55%的蜂蜜中生存，易变球拟酵母是酱油中常见的一种，它可使酱油具有特殊的香味。此外，有的种蛋白质含量高可作饲料酵母，有的种有致病性。

(3) 汉逊酵母属 细胞多种形态，多边芽殖，可形成假菌丝，有性繁殖产生子囊孢子。该属菌发酵或不发酵糖，可产生乙酸乙酯，同化硝酸盐，并可从葡萄糖产生磷酸甘露聚糖，用于纺织及食品行业。汉逊氏酵母具有降解核酸的能力。

四、发酵剂

发酵剂是指为生产酸乳而调制的特定微生物的培养物。发酵剂的优劣与产品质量有密切关系，因此调制发酵剂的技术，是制作酸乳的关键技术之一。

1. 发酵剂分类

(1) 菌种 一般是指试管培养物。

(2) 母发酵剂 一般是指在锥形瓶中培养的种子扩大培养物。

(3) 中间发酵剂 母发酵剂进一步扩大培养所得到的种子培养物。

(4) 工作发酵剂 中间发酵剂在小型发酵罐中扩大培养后的种子培养物，可以投入牛乳中直接生产酸乳。

2. 常用菌种

(1) 传统用菌 一般嗜热链球菌和保加利亚乳杆菌的混合菌作为酸乳的发酵剂。

(2) 传统用菌中添加其他乳酸菌 添加嗜酸乳杆菌或两歧双歧杆菌，也可以同时添加两种，定植肠道中的乳酸菌，进一步增强酸乳的保健作用。还可添加明串珠菌，提高酸乳中维生素 B_2 和维生素 B_{12} 的含量，并增加香味。添加双乙酰乳链球菌，也可为酸乳增添香味。

3. 菌种的特性

(1) 嗜热链球菌 革兰氏阳性菌，微需氧菌，属同型发酵乳酸菌，产生L(+)-乳酸，能产生香味物质双乙酰。最适培养温度为40～45℃，在85℃条件下，能耐20～30min，能发酵葡萄糖、果糖、蔗糖和乳糖。蛋白质分解力微弱，对抗生素极敏感。细胞呈卵圆形，成对或形成长链。细胞形态与培养条件有关：在30℃乳中培养时，细胞成对，而在45℃时呈短链；在高酸度乳中细胞形成长链；液体培养时细胞呈链状，平板培养时细胞膨胀变粗，有时会呈杆菌状，形成针尖状菌落。嗜热链球菌的某些菌株在平板移接时，如中间不经过牛乳培养，直接将细胞涂平板培养，往往得不到菌落，这些菌株是典型的牛乳菌。

(2) 保加利亚乳杆菌 革兰氏阳性菌，微厌氧菌，属同型发酵乳酸菌，产生D(-)-乳酸，能产生香味物质乙醛。最适宜培养温度为40～43℃，能发酵葡萄糖、果糖和乳糖，但不能利用蔗糖。对热耐受性差，个别菌株75℃时能耐20min，对蛋白质分解力较强，对抗生素不如嗜热链球菌敏感。细胞两端钝圆，呈细杆状，单个或成链，频繁传代易变形。培养基和培养温度对细胞形态影响很大：在20℃乳中培养，细胞可成为长的纤维状菌，50℃下培养，细胞停止生长，如在此温度下继续培养，细胞形状变得不规则；在冷的酸乳中，由于温度和高酸度的影响，会有异常杆菌出现。

将嗜热链球菌和保加利亚乳杆菌混合培养，两者的生长情况都比各自单独培养时好。这是因为保加利亚乳杆菌分解酪蛋白，游离出来的氨基酸为嗜热链球菌的生长提供了营养物质，而嗜热链球菌产生的甲酸能促进保加利亚乳杆菌的生长。对牛乳进行杀菌处理时，如采用90℃加热5min或85℃加热20～30min，牛乳中的甲酸含量就比较多，用这样的牛乳来培养保加利亚乳杆菌就可得到满意结果。

(3) 嗜酸乳杆菌 革兰氏阳性菌，微厌氧菌属，同型发酵乳酸菌，产生D,L-乳酸。最适培养温度为35～38℃，能发酵葡萄糖、果糖、蔗糖和乳糖。除此之外，还能利用麦芽糖、纤维二糖、甘露糖、半乳糖和水杨苷等作为生长的碳源。对热耐受性差，蛋白质分解力弱，对抗生素比嗜热链球菌更敏感。细胞两端钝圆，呈杆状，单个或成双或成短链。嗜酸乳杆菌的最适生长pH值为5.5～6.0。对培养基营养成分要求较高，用牛乳培养时，一般都添加酵母膏、肽或其他生长促进物质，使用合成培养基时需添加番茄汁或乳清；能耐胃酸和胆汁，能在肠道中存活。

(4) 双歧杆菌 革兰氏阳性菌，但经多次传代培养，革兰氏染色反应转呈阴性。属异型发酵乳酸菌，除产生L(＋)-乳酸外，还有乙酸、乙醇和二氧化碳等生成，抗酸性弱。专性厌氧菌，耐氧能力因菌种不同而异，耐氧能力可驯化而提高。目前用于生产各种乳酸菌制剂的一些菌株是耐氧菌株，甚至可以在有氧环境下培养。最适培养温度为37℃左右，能发酵葡萄糖、果糖、乳糖和半乳糖。除两歧双歧杆菌仅缓慢利用蔗糖外，短双歧杆菌、长双歧杆菌和幼儿双歧杆菌等均能发酵蔗糖。对热耐受性差，蛋白质分解力微弱，对抗生素敏感。细胞形状多样，不同菌种、不同培养条件细胞的形态很不一样，有棍棒状、勺状、V字形、弯曲状、球杆菌状和Y字形等。对营养要求复杂，含有水苏糖、棉籽糖、乳果糖、异构化乳糖、甘露聚糖和*N*-乙酰-*β*-D-氨基葡萄糖苷中的一种或几种的培养基有助于双歧杆菌的生长。在培养基中添加还原剂维生素C和半胱氨酸对培养双歧杆菌有好处，有些菌株无需厌氧培养就能生长。

在婴儿肠道中有婴儿双歧杆菌和短双歧杆菌，而在成人肠道中寄生着两歧双歧杆菌、青春双歧杆菌、长双歧杆菌。因为单一用双歧杆菌发酵牛乳，发酵乳的口味不佳，而且菌数较少，所以生产酸乳一般都是将双歧杆菌跟乳酸菌联合使用。

几种常用乳酸菌的特性如表4-2。

表4-2 常用乳酸菌特性

菌名	最适生长温度/℃	耐盐含量/%	产酸含量/%	发酵产柠檬酸
乳酸链球菌	约30	4.0～6.5	0.8～1.0	—
嗜热链球菌	40～45	2.0	0.8～1.0	—
丁二酮乳酸链球菌	约30	4.0～6.5	0.8～1.0	＋
乳酪链球菌	25～30	4.0	0.8～1.0	—
蚀橙明串珠菌	20～25	—	少量	＋
嗜酸乳杆菌	35～40	—	1.5～2.0	—
保加利亚乳杆菌	40～45	2.0	1.5～2.0	—
乳酸杆菌	40～45	2.0	1.5～2.0	—
瑞士乳杆菌	40～45	2.0	2.5～3.0	—

注：“—”表示不产柠檬酸；“＋”表示产柠檬酸；耐盐、产酸含量为质量分数%。

4. 菌株的选择

制作酸乳时，发酵剂应挑选产酸缓和、产香性强和后熟性好（即在酸乳保存期间酸度增加较少）的菌株。用这样的菌株作发酵剂，才能得到质量上乘的酸乳制品。菌种的选择标准，有以下几点。

(1) 产酸程度适宜 以2%的接种量将乳酸菌接种到灭菌脱脂乳中，在42℃下培养3h，滴定酸度以95～100°T(用0.1mol/L NaOH标准溶液滴定10mL样品溶液，每消耗掉1mL NaOH溶液称为1滴定酸度）为宜。如果菌株的产酸力太强，就会影响酸乳的风味，而且，高酸度会抑制乳酸菌生长，使酸乳制品中活菌数不足。对产酸力强的菌株，可采取以下方法来抑制其产酸：在45℃以上不正常的高温下发酵；将菌种于酸性培养基平板上保存8d以上，然后再用来制作发酵剂；将菌龄2～6d的不同发酵剂组合起来应用。

(2) 后熟性好 对于后熟性好的菌株，发酵乳在7℃条件下贮存3周，滴定酸度仅增加7.5～10°T，这对保持酸乳风味是十分有利的。

(3) 产香性好 发酵乳的香味主要来自乙醛和挥发性酸等，因此所选用的菌株一定要有产生这些物质的能力。

(4) 保健效果好 L(+)-乳酸是人体生理性酸，具有营养价值，但不同乳酸菌产生的乳酸，旋光性或构型并不相同，可分为右旋乳酸［D(+)-］、左旋乳酸［L(−)-］和消旋乳酸(D,L-) 3种。活菌在肠道中定植性好，粪便中被检出的活菌数高。对蛋白质分解力强；对沙门菌、结核杆菌等人体有害菌的拮抗力强。对人体服用的抗生素有耐性。在酸乳保存期间不易死亡。有较强的产生维生素的能力。

5. 菌种的保存

① 在920mm×16mm的长试管中加入15mL石蕊乳，经杀菌、放冷、接种、37℃培养后，置4～8℃冰箱保存，7～10d传代1次。石蕊乳的配制：每100mL脱脂乳中添加5mL 5%石蕊。

② 将含碳酸钙的牛乳培养物置于4～8℃的冰箱保存，20～50d传代1次。

③ 冷冻干燥培养物在4～8℃冰箱保存，若干年传代1次。这种冷冻干燥培养物可直接作为生产发酵剂使用。

6. 发酵剂的调制

投入原料乳中，用来制作酸乳的工作发酵剂有两种：

(1) 从市场上选购的利用冷冻干燥技术制成的颗粒状发酵剂 使用这种发酵剂有以下优点：不必进行菌种的保存和管理；省去了逐级扩大培养过程；减少杂菌污染的机会；嗜热链球菌和保加利亚乳杆菌两者的比例固定，对保证酸乳质量有很大好处。

(2) 经逐级扩大培养制得的发酵剂

① 颗粒状发酵剂：利用冷冻干燥技术，将活菌培养液（活菌数1×11^{11}个/mL）制成干燥颗粒，然后真空分装在铝制的薄袋中保存。这种颗粒状发酵剂，可投入原料乳中，直接作为工作发酵剂。

② 逐级扩大法：从安瓿管中取出菌种，或将颗粒状乳酸菌发酵剂接种到灭过菌的脱脂乳中，经培养制成母发酵剂，由母发酵剂扩大培养成中间发酵剂。最后，再经扩大培养，制成工作发酵剂。工作发酵剂的数量取决于原料乳的体积和接种量。

a. 母发酵剂

调制：用灭过菌的毛细管吸取灭菌乳，将此灭菌乳加到安瓿管中，使乳酸菌冻干物溶解。如果是冷冻干燥颗粒状发酵剂，就不必预先溶解，可以直接加到灭菌乳中。将上述种子液加到灭菌乳中，在一定温度下恒温培养。接种保加利亚乳杆菌的乳，在40℃经5h培养发生乳凝，嗜热链球菌需6h发生乳凝，而将上述两种菌进行混合培养的话，乳凝时间就提前为3～4h。培养过程中一旦乳发生乳凝，立即取出冷却，置冰箱中保存，作为母发酵剂。保存中的母发酵剂为保持乳酸菌的活力，必须每周移接1次。

传代：取5支母发酵剂牛乳保存试管，分别移接到灭过菌的新鲜牛乳中，并分别做3次平行移接，总计15支。经培养后按照培养物的香味、酸度和硬度，来确定哪些新培养的试管可以作为母发酵剂保存。

选择性培养：母发酵剂经多次移接传代，某些特性就会丧失或发生改变，因此必须对母发酵剂进行选择性培养。具体操作如下：将母发酵剂涂布在平板培养基上，进行单菌落分离纯培养；挑出各单菌落，制成发酵剂，然后将其分别接种到灭菌脱脂乳中。经培养后根据培养物的质量优劣确定最佳菌种。

b. 中间发酵剂的调制　为了满足制作工作发酵剂所需要的种量，将母发酵剂作为种子液加入一定体积的灭菌乳中，经恒温培养，制成中间发酵剂。

c. 工作发酵剂的调制　用中间发酵剂作为种子液，将其加入灭菌乳中，在小型发酵罐中进行培养，制成工作发酵剂。

无论制作哪一种发酵剂，所使用的牛乳或由乳粉配制成的调制乳中不得含有抗生素等阻碍乳酸菌生长的物质。牛乳经强烈加热，会产生促进乳酸菌生长的某些物质，为避免嗜热链球菌和保加利亚乳杆菌的快速生长，应在较温和的条件下对牛乳加热灭菌。制作种子培养基时，一般在110～115℃的条件下，将牛乳加热30min。母发酵剂培养基所使用的牛乳，需经90～95℃加热灭菌30～35min。制作工作发酵剂的牛乳，也是经90～95℃加热灭菌30～35min处理过的。牛乳经加热灭菌处理后，在37℃下恒温空白培养24h，检查后确定无异常变化时，再进行接种操作。

五、单细胞蛋白

单细胞蛋白（single cell protein，SCP）主要是指酵母菌、细菌、真菌等微生物蛋白质资源，即用发酵法培养微生物而获得的菌体蛋白，又叫微生物蛋白、菌体蛋白。多种微生物都可以生产单细胞蛋白，包括酵母菌中的食用酵母、压榨酵母、啤酒酵母、假丝酵母等；霉菌中的曲霉、头孢霉等；细菌中的嗜甲醇细菌、甲醇链球菌等。按产生菌的种类不同，又可以分为细菌蛋白、真菌蛋白等。酵母菌是生产单细胞蛋白的重要资源，生产单细胞蛋白的微生物通常要具备下列条件：所生产的蛋白质等营养物质含量高，对人体无致病作用，味道好并且易消化吸收，对培养条件要求简单，生长繁殖迅速等。单细胞蛋白的生产过程也比较简单：在培养液配制及灭菌完成以后，将它们和菌种投放到发酵罐中，控制好菌种就会迅速繁殖；发酵完毕用离心、沉淀等方法收集菌体，最后经过干燥处理，就制成单细胞蛋白成品。

1. 单细胞蛋白的优点

(1) 生产效率高　生产效率比动植物高成千上万倍，这主要是因为微生物的生长繁殖速度快。如500kg的酵母菌在24h内可产生80t蛋白质（占总生物量的40%～50%），而一头同样重量的公牛在相同时间内仅产生400～500g蛋白质；一只鸡在两个月中只能产生

2kg 肉，却要消耗 8.4kg 植物蛋白，由此可见家畜和家禽合成蛋白质的本领比微生物要小得多。

(2) 生产原料来源广 一般有以下几类：农业废物、废水，如秸秆、甘蔗渣、甜菜渣、木屑等含纤维素的废料以及农林产品的加工废水；工业废物、废水，如食品、发酵工业中排出的含糖有机废水、亚硫酸纸浆废液等；石油、天然气及相关产品，如原油、柴油、甲烷、乙醇等；H_2、CO_2 等废气。

(3) 可以工业化生产 它不仅需要的劳动力少，不受地区、季节和气候的限制，而且产量高、质量好。

2. 单细胞蛋白的作用

(1) 作为食用蛋白质 单细胞蛋白所含的营养物质极为丰富。其中，蛋白质含量高达40%～80%，比大豆高 10%～20%，比肉、鱼、奶酪高 20%以上，远远超过了一般动植物食品，而且氨基酸的组成较为齐全，含有人体必需的 8 种氨基酸，尤其是有谷物中含量较少的赖氨酸。一般成年人每天食用 10～15g 干酵母，就能满足对氨基酸的需要量。单细胞蛋白中还含有多种维生素、碳水化合物、脂类、矿物质，以及丰富的酶类。

单细胞蛋白不仅能制成“人造肉”，供人们直接食用，还常作为食品添加剂，用以补充蛋白质或维生素、矿物质等。由于某些单细胞蛋白具有抗氧化能力，使食物不容易变质，因而常用于婴儿米粉及汤料、佐料中。由于酵母菌含热量低，也常作为减肥食品的添加剂。此外，单细胞蛋白还能提高食品的某些物理性能，如意大利烘饼中加入活性酵母，可以提高饼的延薄性能。酵母菌的浓缩蛋白具有显著的鲜味，已广泛用作食品的增鲜剂。

(2) 作为畜禽饲料添加剂 我国是蛋白质原料缺乏，随着饲料工业的迅速发展和生产的高度集约化，对优质饲料蛋白原料的需求日趋增大。目前饲料优质蛋白原料的主要来源是鱼粉，而作为一种亚稀缺资源，鱼粉已经在各主要产地如秘鲁等国受到严格限产保护。需求的膨胀和来源的快速减少，正是目前饲料优质蛋白原料面临的尴尬处境。一些西方发达国家先行一步，将解决优质饲料蛋白来源的目光投向了生物技术产品——单细胞蛋白。

20 世纪 80 年代中期，全世界的单细胞蛋白年产量已达 2.0×10^6t，并广泛用于食品加工和饲料中。在畜禽的饲料中，只要添加 3%～10%的单细胞蛋白，便能大大提高饲料的营养价值和利用率。用来喂猪可增加瘦肉率；用来养鸡能多产蛋；用来饲养奶牛还可提高产乳量。

3. 生产单细胞蛋白的微生物

在工业生产中，作为蛋白质资源的微生物菌体，特别是酵母菌和细菌，它们都能利用糖类原料生产菌体蛋白，究竟采用酵母菌和细菌哪种更好呢？这在很大程度上取决于生产单细胞蛋白的原料。在 20 世纪 60 年代末和 70 年代初期，开发了多种由烷烃类物质产生 SCP 的工艺，能够利用烷烃的微生物主要有细菌和放线菌，如产碱杆菌、假单胞菌、节杆菌、短杆菌等，其次为酵母菌属。一般来说，细菌的生长速度快，蛋白质含量高，除了能以碳源作原料外还能利用烃类作原料，这方面比酵母菌更优越。但因细菌菌体比酵母菌小，分离较困难，菌体成分除蛋白质外还有其他多种物质，并且有些可能含有毒性物质，细菌蛋白也不如酵母蛋白容易消化，故目前生产上普遍采用酵母菌。以碳源为原料的酵母菌有热带假丝酵母、产朊假丝酵母和啤酒酵母等。

4. 生产单细胞蛋白对菌种的要求

单细胞蛋白（SCP）的生产工艺依原料和菌种特性的不同而异。以淀粉质为原料生产

SCP，需先将淀粉质原料水解成酵母菌能直接利用的葡萄糖和麦芽糖，如产朊假丝酵母在这种底物上进行液体深层发酵，蛋白产量高，而且菌体生长繁殖速度较快。目前以淀粉质为原料生产 SCP 的最佳方法是酵母菌混合培养法，即采用对淀粉分解活力高的酵母（或霉菌）与快速生长的酵母混合培养。而糖蜜、单糖只需选用一种 SCP 生产菌即可进行直接发酵，如尖孢镰刀菌、绿色木霉等可直接利用废糖蜜原料进行液体深层发酵生产 SCP。

纤维质原料发酵前需经合适的预处理，冷却后即可进行酶解。参与酶解的纤维素酶系有羧甲基纤维素酶、纤维素二糖酶和葡萄糖苷酶。三种酶的协同作用，将纤维素水解成葡萄糖单体，为生产 SCP 酵母菌提供可发酵性的糖。

随着世界人口的不断增长，粮食和饲料不足的情况日益严重。面对这一严峻现实，开发利用单细胞蛋白已成为许多国家增产粮食的新途径。目前我国已经能利用味精废液、酒精废液、纸浆废液等原料生产单细胞蛋白，它含有 50%左右的蛋白质、18 种氨基酸及 B 族维生素。若以蛋白质含量计算，1kg 单细胞蛋白相当于 1～1.5kg 的大豆。建立一座有 5 只 100t 发酵罐的工厂，可以年产 5000t 单细胞蛋白，相当于 5 万亩耕地上种植大豆的产量。因此，SCP 的研究越来越受到人们的重视，将成为生物工程中的热门课题。

六、微生物酶制剂

酶是一种生物催化剂，具有催化效率高、反应条件温和和专一性强等特点，已经日益受到人们的重视，应用也越来越广泛。生物界中已发现有多种微生物酶，利用微生物生产生物酶制剂要比从植物瓜果、植物种子、动物组织中获得更容易。动、植物来源有限，且受季节、气候和地域的限制，而微生物不仅不受这些因素的影响，而且种类繁多、生长速度快、加工提纯容易、加工成本相对比较低，这充分显示了微生物生产酶制剂的优越性。现在除少数几种酶仍从动、植物中提取外，绝大部分酶是用微生物来生产的。

微生物酶制剂的种类很多，在食品工业中有着广泛的应用。利用微生物生产酶制剂与其他动植物相比，具有独特的优势，且已形成了高效的生产工艺流程。

1. 微生物酶制剂的类型

(1) 淀粉酶类 淀粉酶是水解淀粉物质的一类酶的总称，广泛存在于动植物和微生物中。它是最早实现工业化生产且迄今为止应用最广、产量最大的一类酶制剂。按照水解淀粉方式不同可将淀粉酶分为：α-淀粉酶、β-淀粉酶、糖化酶和葡萄糖异构酶。

① α-淀粉酶：细菌和霉菌是工业上大规模生产 α-淀粉酶的主要微生物，特别是枯草杆菌，中国和美国使用的液化酶都属于这一种。由微生物制备的酶制剂产酶量高，易于分离和精制，适于大量生产。从动植物中提取的 α-淀粉酶，可以满足特殊需要，但由于成本高、产量低，目前还不能实现工业化生产。现在具有实用价值的 α-淀粉酶生产菌有：枯草杆菌 JD-32、枯草杆菌 BF7658、淀粉液化芽孢杆菌、嗜热脂肪芽孢杆菌、马铃薯芽孢杆菌、嗜热糖化芽孢杆菌、多黏芽孢杆菌等。

霉菌 α-淀粉酶大多采用固体曲法生产，细菌 α-淀粉酶则以液体深层发酵为主。中国目前产量最大、用途最广的液化型 α-淀粉酶——枯草杆菌 BF7658，其最适 pH 值 6.5 左右，pH 值小于 6 或大于 10 时，酶活力显著降低，最适温度为 65℃左右，60℃以下稳定。在淀粉浆中酶的最适温度为 80～85℃，90℃保温 15min，保留酶活性 87%。

② β-淀粉酶：β-淀粉酶最初是从麦芽、大麦、甘薯和大豆等高等植物中提取的，近些年来发现不少微生物也能产淀粉酶，其对淀粉的作用与高等植物的 β-淀粉酶是相同的，而在

耐热性等方面优于高等植物β-淀粉酶，更适合于工业化应用。目前研究最多的是多黏芽孢杆菌、巨大芽孢杆菌、蜡状芽孢杆菌、环状芽孢杆菌和链霉菌等。

β-淀粉酶由淀粉的非还原端开始作用，逐次分解直链淀粉为麦芽糖，但分支部分及内侧部分则不被分解而残留下来，即β-极限糊精。生成的麦芽糖在光学上属于β型。

由于葡萄糖异构酶和β-淀粉酶可以相互配合使用，所以可以筛选同时具有这两种酶的菌种。

③ 糖化酶：不同国家糖化酶的生产菌种不同，美国主要用臭曲霉，丹麦和中国用黑曲霉，日本用拟内孢霉和根霉。我国于20世纪70年代选育黑曲霉突变株UV-11，目前已广泛用于糖化酶生产。

糖化酶也称葡萄糖苷酶。其作用方式与β-淀粉酶相似，也由淀粉非还原端开始，逐次分解淀粉为葡萄糖，它也能水解α-1,6-糖苷键，所以水解产物除葡萄糖外，还有异麦芽糖，这点与β-淀粉酶不同。

④ 葡萄糖异构酶：葡萄糖异构酶也称普鲁蓝酶、淀粉-1,6-葡萄糖苷酶、R-酶等。异构酶可以分解支链淀粉α-1,6-糖苷键，生成直链淀粉。可以产生异构酶的微生物有酵母菌、假单胞菌、放线菌、乳酸杆菌、小球菌等。中国多采用产气杆菌。

(2) 果胶酶类 果胶酶是指能分解果胶质的多种酶的总称，不同来源的果胶酶其特点也不同。根据不同的微生物来源将果胶酶分为原果胶酶、多半乳糖醛酸酶、裂解酶、果胶酯酶。能够产生果胶酶的微生物很多，但在工业生产中多采用真菌。大多数菌种生产的果胶酶都是复合酶，也有的微生物能产生单一果胶酶，如斋藤曲霉，主要产生多半乳糖醛酸酶，而镰刀霉主要生产原果胶酶。

(3) 纤维素酶 纤维素酶是降解纤维素生成葡萄糖的一类酶的总称，可分为酸性纤维素酶和碱性纤维素酶。产生纤维素酶的微生物有很多，如真菌、放线菌和细菌等，但作用机制不同。大多数细菌纤维素酶在细胞内形成紧密的酶复合物，而真菌纤维素酶均可分泌到细胞外。

(4) 蛋白酶 蛋白酶是水解蛋白肽键的一类酶的总称。按其降解多肽的方式分为：内肽酶和端肽酶。内肽酶可将大分子量的多肽链从中间切断，形成小分子量的朊或胨。端肽酶可分为羧肽酶和氨肽酶，它们分别从多肽的游离羧基末端或游离氨基末端将肽水解生成氨基酸。

在微生物的生命活动中，内肽酶的作用是降解大的蛋白质分子，使蛋白质便于进入细胞内，属于胞外酶。端肽酶常存在于细胞内，是胞内酶。目前工业上常用的蛋白酶是胞外酶。按产生菌的最适pH值为标准，将蛋白酶分为酸性蛋白酶、中性蛋白酶和碱性蛋白酶。

① 酸性蛋白酶：酸性蛋白酶在许多地方与动物胃蛋白酶和凝乳蛋白酶相似，除胃蛋白酶外，都是由真菌产生。多数酸性蛋白酶在pH值2～5范围内是稳定的，一般在pH值7、40℃条件下，处理30min立即可使酸性蛋白酶失活，在pH值2.7、30℃条件下可引起大部分酸性蛋白酶失活。酶的失活是由于酶的自溶引起的，溶液中游离氨基酸的增加就是有力的证据，但添加2mol的NaCl可增加酶的稳定性。

生产酸性蛋白酶的微生物：黑曲霉、米曲霉、斋藤曲霉、金黄曲霉、拟青霉、微小毛霉、白假丝酵母、枯草杆菌等。中国生产酸性蛋白酶的菌种为黑曲霉。

② 中性蛋白酶：大多数微生物产生的蛋白酶是金属酶，是微生物蛋白酶中最不稳定的酶，很容易自溶，即使在低温冷冻干燥下，也会造成分子量的明显减少。

中性蛋白酶的热稳定性较差，枯草杆菌中性蛋白酶在pH值7、60℃处理15min失活

90%，栖土曲霉中性蛋白酶55℃处理10min失活80%，而放线菌中性蛋白酶热稳定性更差，只在35℃以下稳定，45℃迅速失活。而有的枯草杆菌中性蛋白酶在pH值7和65℃时，酶活力几乎无损失。此外，钙对中性蛋白酶的热稳定性有保护作用。

生产中性蛋白酶的微生物：枯草芽孢杆菌、巨大芽孢杆菌、酱油曲霉、米曲霉和灰色链霉菌等。

③ 碱性蛋白酶：碱性蛋白酶是一类作用最适pH值在9～11的蛋白酶，由于其活性中心含丝氨酸，所以也叫丝氨酸蛋白酶。碱性蛋白酶作用位置是要求在水解肽键的羧基侧具有芳香族或疏水性氨基酸（如苯丙氨酸、酪氨酸等），它比中性蛋白酶的水解能力更强，能水解酯键、酰胺键，并具有转肽的能力。

碱性蛋白酶较耐热，55℃下保持30min仍能有大部分的活力。因此，主要应用于制造加酶洗涤剂。但是多数微生物碱性蛋白酶在60℃以上酶失活很快，只有少数链霉菌属菌的碱性蛋白酶70℃处理30min后酶活性仅损失10%左右。

碱性蛋白酶是商品蛋白酶中产量最大的一类蛋白酶，占蛋白酶总量的70%左右。生产碱性蛋白酶的微生物主要是芽孢杆菌属的几个种，如地衣芽孢杆菌、短小芽孢杆菌、嗜碱芽孢杆菌和灰色链球菌等。

④ 其他微生物酶类：酵母菌、霉菌可产生脂肪酶，霉菌可产生半纤维素酶、葡萄糖氧化酶、蔗糖酶、橙皮苷酶、柚苷酶等酶类，细菌、放线菌可产生葡萄糖异构酶等。

2. 微生物产酶条件控制

(1) 菌种的选择 任何微生物都能在一定的条件下合成某些酶，但并不是所有微生物产生的酶都能用于酶的发酵生产。一般说来，能用于酶发酵生产的微生物必须具备如下几个条件。

① 酶的产量高：优良的产酶微生物首先应具有高产的特性，才有较好的开发应用价值。高产菌种可以通过筛选、诱变或采用基因工程、细胞工程等技术而获得。

② 菌种容易培养和管理：要求产酶微生物容易生长繁殖，并且适应性较强，易于控制，便于管理。

③ 菌种产酶稳定性好：在通常的生产条件下，能够稳定地用于生产，不易退化与变异。一旦菌种退化，要经过复壮处理，使其恢复产酶性能。

④ 利于酶的分离纯化：发酵完成后，需经分离纯化过程才能得到所需的酶，这就要求产酶细胞本身及其他杂质易于与酶分离。

⑤ 安全可靠：要使用的微生物及其代谢物安全无毒，不会对生产人员健康和环境带来不良影响，也不会对酶的应用产生其他的负面影响。

(2) 发酵条件的控制 选择了优良的产酶微生物后，还必须满足微生物生长、繁殖和发酵产酶的各种工艺条件，并要根据发酵过程的变化进行优化控制，以便发酵生产能获得大量所需的酶。

提高微生物酶活性和产率最重要的途径是控制营养和培养条件。改变培养基成分，常常能提高酶活性；改变培养基的氢离子浓度和通气等条件，可以调节酶系的比例；改变代谢调节或遗传型，可以使产酶的微生物合成发生巨大的变化。但是菌种的生长与产酶未必是同步的，产酶量也并不是完全与微生物生长旺盛程度成正比。为了使菌体最大限度地产酶，除了根据菌种特性或生产条件选择恰当的产酶培养基外，还应当为菌种在各个生理时期创造不同的培养条件。例如，细菌淀粉酶发酵采取“低浓度发酵，高浓度补料”，蛋白酶发酵采取“提高前期培养温度”等不同措施，可提高产酶水平。

一种酶可以由多种微生物产生，而一种微生物也可以产生多种酶。因此可根据不同条件利用微生物来生产酶制剂。

3. 微生物酶制剂的生产

微生物发酵生产酶制剂，分固态发酵法、液态发酵法。虽然具体的生产菌不同，目的不同，生产设备不同，条件、工艺不同，但酶制剂的生产工艺流程大致相同（图 4-6）。

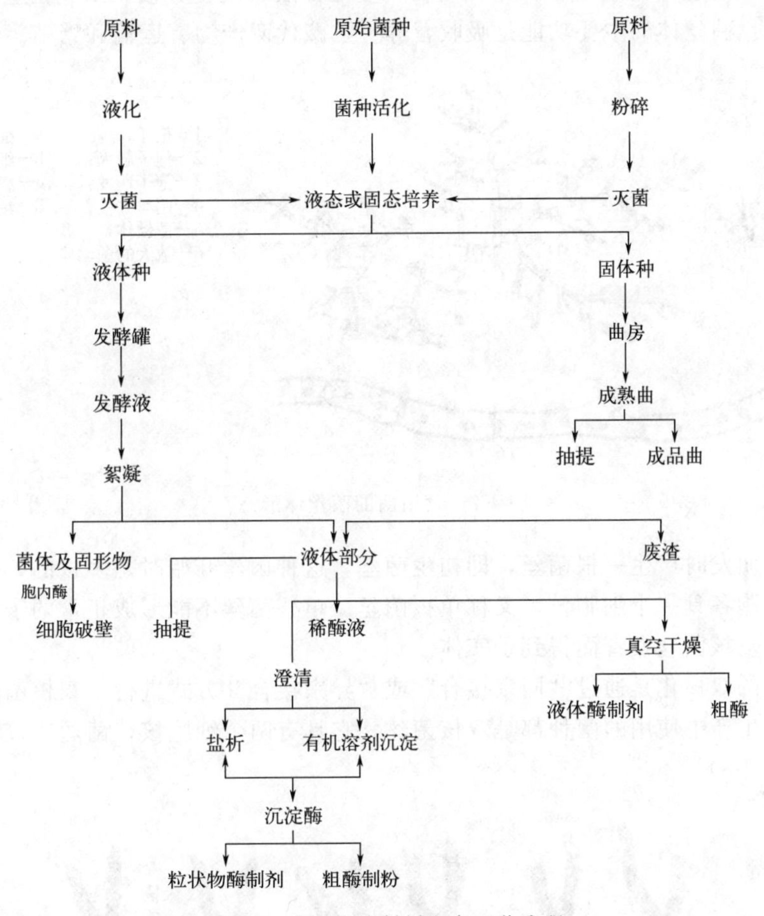

图 4-6 微生物酶制剂生产工艺流程

七、食用菌

食用菌是微生物的一个重要分支，食用菌生产是现代生物技术应用的重要组成部分。随着人们对菌类食品营养保健功能认识的提高，食用菌产业发展十分迅速，目前已成为振兴农村经济的支柱产业，是农村产业结构调整的重要组成部分。

1. 食用菌的常见种类

食用菌是指可供人们食用的一类大型真菌，常被称作“菇”“蕈”“蘑”“耳”，隶属于菌物界真菌门中的担子菌亚门和子囊菌亚门。大约 90％的食用菌属于担子菌，10％属于子囊菌。目前世界上已发现了 2000 多种食用菌，我国发现了 1500 多种，其中有 50 多种为美味食用菌，60 多种能进行人工栽培，30 多种已能进行大规模商业化栽培。

担子菌中常见的食用菌有平菇、草菇、鸡腿菇、双孢蘑菇、香菇、金针菇、猴头菇、银耳、黑木耳、灵芝、茯苓、口蘑、松茸、牛肝菌、竹荪等品种。子囊菌中常见的食用菌有冬虫夏草、蛹虫草、羊肚菌等品种。南方生长较多的是高温结实性真菌；高山地区、北方寒冷地带生长较多的则是低温结实性真菌。

2. 食用菌的形态结构

（1）菌丝体 食用菌孢子在适宜条件下萌发形成管状的丝状体，每根丝状体叫菌丝。菌丝通常是无色或有色，由顶端生长，在基质中蔓延伸展，反复分枝，组成菌丝群，统称菌丝体（见图 4-7）。菌丝体的主要功能是吸收营养、贮藏代谢产物、运输和繁殖。

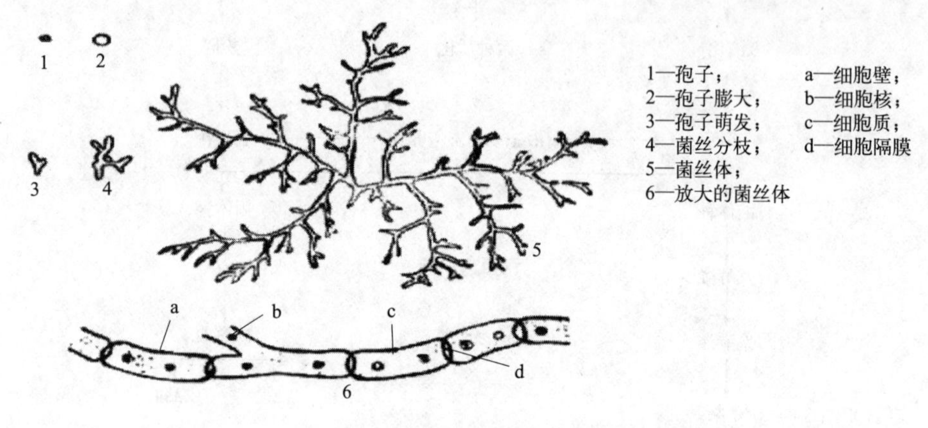

图 4-7 食用菌的菌丝体形态

单核孢子萌发时产生一根菌丝，即初生菌丝，这种菌丝开始时是多核的，但很快产生隔膜，使每个细胞各具一个细胞核，又称单核菌丝。单核菌丝不能形成正常的子实体，必须进行双核化后由双核菌丝发育而得到子实体。

单核菌丝的双核化是通过“同宗接合”或“异宗接合”方式进行。双核菌丝又称为次生菌丝，食用菌生产中使用的菌种都是双核菌丝，它具有两个细胞核，菌丝体较粗长，可形成子实体（见图 4-8）。

图 4-8 次生菌丝的形成图

锁状联合是双核菌丝繁殖的一种特殊形式，通过这种联合，菌丝体不断扩大生长（见图 4-9）。锁状联合使每个子代细胞都含有来源于父母亲本的核，当菌丝尖端继续向前伸长，新的锁状联合又开始进行。

食用菌菌丝体一般处于分散状态，但遇到不良环境时可变态形成特殊结构的菌丝组织体，常见的有菌丝束、菌索、菌核、菌膜、子座等。菌丝束是指大量的菌丝平行排列在一起，组成白色有分枝的束状组织。如双孢蘑菇的菌丝束。菌索是指某些食用菌的菌丝体缠结成绳索状的变态组织结构。菌核是指生长到一定阶段形成菌丝密集、球型、块

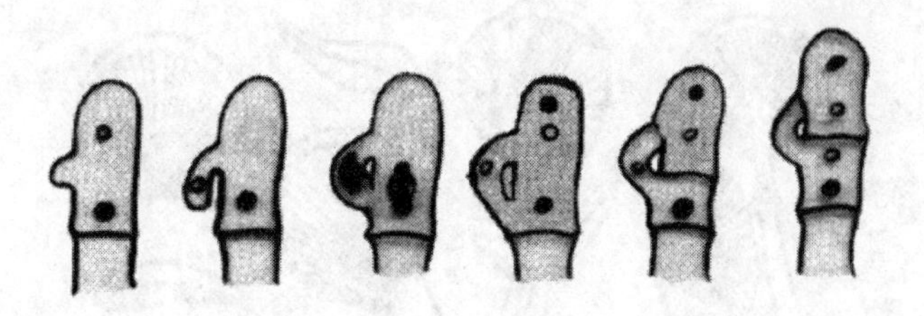

图 4-9 锁状联合图

状或颗粒状的组织。如茯苓的菌核常贮存养分作为休眠组织抵御不良环境，环境适宜时即萌发成营养菌丝体。菌膜是指菌丝密集交织形成的一层膜。子座是指菌丝组织构成的容纳子实体的褥座状结构，是真菌从营养生长阶段到生殖阶段的一种过渡形式，如冬虫夏草和蛹虫草的棒状子座。

(2) 子实体 子实体是食用菌产生孢子并繁殖后代的器官，是人们食用的“菇”“菌”“蕈”“蘑”“耳”部分。子实体绝大部分为伞状，其他形状有耳状、球状、块状、珊瑚状、棒状、片状等。子实体的结构由菌盖、菌褶、菌柄、菌环、菌托等几部分组成（见图 4-10）。

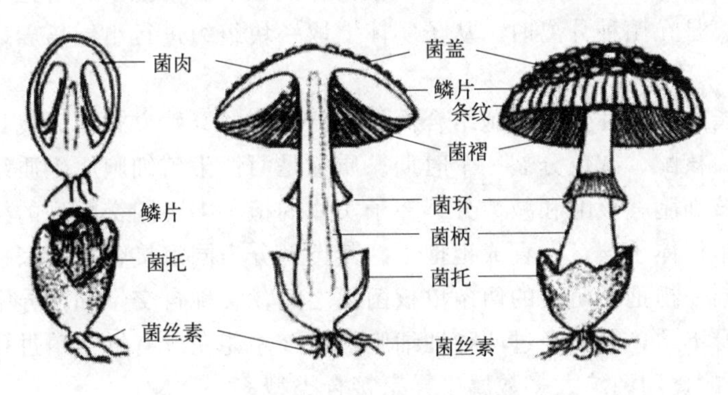

图 4-10 一种伞状食用菌

菌盖：食用菌的主要食用部分。

菌柄：具有植物茎干功能，可输送养分和水分。

菌褶：孢子产生的场所。

菌环：内菌幕残留在菌柄上的环状物，为部分食用菌具有。

菌托：外菌幕遗留在菌柄基部的袋状物或环状物，为部分食用菌具有。

菌柄与菌盖的着生关系有三种：中生——菌柄着生于菌盖的中央，如双孢蘑菇、口蘑、草菇、金针菇等；偏生——菌柄着生于菌盖的偏心处，如香菇等；侧生 ——菌柄着生于菌盖的一侧，如侧耳等。但侧耳或其他一些菌柄侧生的食用菌从树干侧面长出时，往往没有菌柄或菌柄不明显（图 4-11）。

3. 食用菌的生长发育

可分为营养生长和生殖生长两个阶段。

(1) 营养生长阶段 指从孢子萌发或菌种接种到培养料上开始，到菌丝在培养料中不断生长直至扭结为止的过程。菌丝顶端 2～10μm 处为生长点，是菌丝生长最旺盛的部位。菌丝生长可分为生长迟缓期、快速生长期和生长停止期。

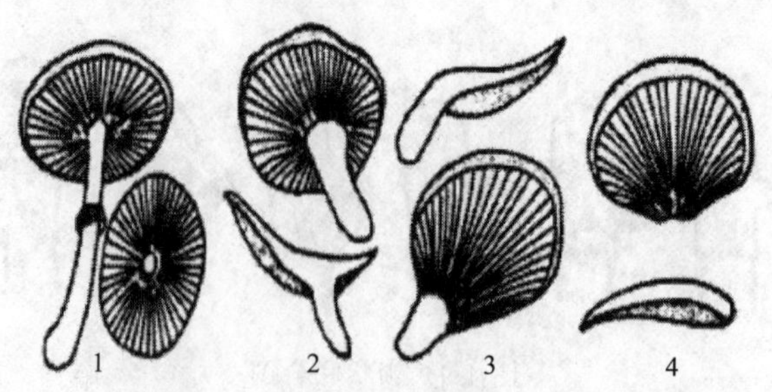

图 4-11　菌柄与菌盖的着生关系

1—中生；2—偏生；3—侧生；4—无菌柄

（2）生殖生长阶段　指菌丝体在养分和条件适宜环境下，逐渐达到生理成熟，菌丝开始扭结，形成子实体原基，进一步发育成子实体，产生有性孢子的过程。大致分为原基形成、原基发育、菇蕾生长、子实体成熟、孢子释放并传播几个阶段。

4. 食用菌的繁殖

分为无性繁殖和有性繁殖。

无性繁殖是指不经过两性生殖细胞的结合，由母体直接产生后代的繁殖方式。其中孢子繁殖是由单核或双核的无性孢子进行繁殖，包括分生孢子、粉孢子、节孢子、芽生孢子、厚垣孢子。组织分离是在菌种分离时，从子实体上取一块组织进行组织培养，可保持该菌种原有性状的稳定。

有性繁殖是指通过两性生殖细胞结合而形成新个体的繁殖方式，后代具备双亲的遗传性状。它分为质配、核配、减数分裂三个时期。质配是两性生殖细胞原生质结合，即有两种菌丝融合后形成双核细胞，核配和减数分裂在子实体的担子中不同交配型的核相互融合，经减数分裂形成四个单倍体子核，发育成担孢子。其类型分为同宗接合和异宗接合两类。同宗接合是质配发生在同一担孢子萌发的两条单核菌丝之间，又称自交亲和。异宗接合是指单个担孢子萌发菌丝自身不孕，必须经过两种性细胞的结合才能完成有性繁殖过程。类似于“雌雄异株”，人工栽培的食用菌绝大多数属于异宗接合类型。

5. 子实体的形成

由单孢子萌发，经过单核阶段的初生菌丝至双核化后的次生双核菌丝，最后达到生理成熟的双核菌丝，双核菌丝进一步分化结实性双核菌丝即三级菌丝，再互相扭结形成子实体原基，原基进一步发育成菇蕾，再进一步发育成成熟的子实体（图 4-12）。

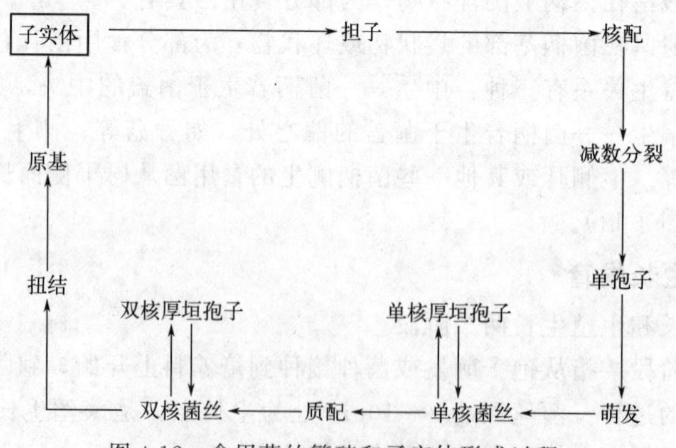

图 4-12　食用菌的繁殖和子实体形成过程

技能训练

技能训练一 酒曲液态发酵及二氧化碳和酒精的生成检验

【训练要求】

我国劳动人民在数千年前就会酿酒、制醋、制酱。公元前 14 世纪《书经》一书中有“若作酒醴，尔惟曲糵”的记载，在河南郑州二里岗和河北藁城台西村两处的商代遗址中，均发现了酿酒工场遗址。可见至少在商代我国酿酒就已从农业分化发展成相当发达、独立的手工业了。制曲酿酒是我国人民所发明的一种独特的酿酒方法，后魏贾思勰著《齐民要术》一书中，对制曲与酿酒技术都有详细的记载。

传统的制曲工艺中，曲霉在生长繁殖过程中，通过呼吸作用会消耗碳水化合物，尤其是原料中加水量越大，淀粉被消耗越多，这无形中浪费了大量的粮食，降低了原料的利用率。酒曲液态发酵解决了曲料需要加大水量的矛盾，节约了大量的粮食，原料处理设备及制曲设备的利用率显著提高，有利于提高机械化程度。因此酒曲液态发酵得到越来越广泛的应用。本任务的重点是液体酒母的制备，难点是酒精发酵液的蒸馏与酒精度的测定。

液态酒母的制备以及酒曲液态发酵中生成的二氧化碳和酒精的检验。

【训练准备】

1. 试剂与溶液

(1) 培养基

① 10°Bx 或 12°Bx 麦芽汁培养基；

② 种子麦芽汁培养基；

③ 红糖发酵培养基。

(2) 试剂 10% NaOH 溶液；10% H_2SO_4 溶液；1% $K_2Cr_2O_7$ 溶液。

2. 仪器及其他用品

(1) 玻璃仪器 试管（150×15，配硅胶塞）12 支、试管（200×20，配硅胶塞+杜氏小管）3 支、锥形瓶（250mL，配硅胶塞）1 只、锥形瓶（150mL，配硅胶塞）1 只、移液管（5mL）1 支、移液管（1mL）10 支、烧杯（500mL）2 只、容量瓶（100mL）1 只、量筒（100mL）1 只。

(2) 常规设备 高压蒸汽灭菌锅、电热干燥箱、生物培养箱、普通光学显微镜、电子天平（0.01g）等。

(3) 其他用品 旧报纸（或牛皮纸）、棉绳、镊子、消毒酒精棉球、酒精灯、接种针、血球计数板、盖玻片、擦镜纸。

【训练步骤】

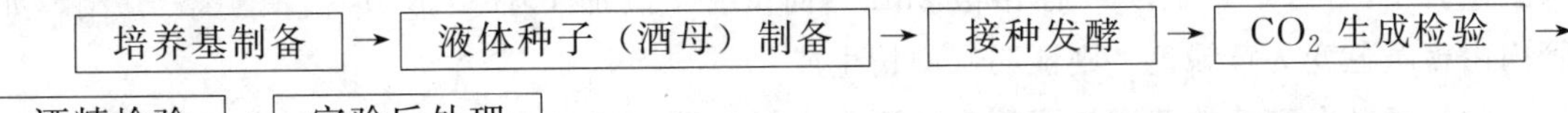

① 酒精度粗略测定蒸馏时，要注意液体的爆沸。

② 酒精度附温密度瓶测定时，要注意室温，防止酒精的挥发。

1. 培养基制备

(1) 10°Bx 或 12°Bx 麦芽汁培养基 分装于试管（150×15）2 支，各装 10mL，成分及制法见附录。

(2) 种子麦芽汁培养基 分装于锥形瓶（150mL）1 只，装 75mL，成分及制法见附录。

(3) 红糖发酵培养基 分装于锥形瓶（250mL）1 只，装 150mL；分装于试管（200×20，杜氏小管）3 支，各装 15 mL，成分及制法见附录。

(4) 生理盐水稀释液 分装于试管（150×15）10 支，各装 9mL，成分及制法见附录。

2. 液体种子（酒母）制备

(1) 活化菌种 挑取经 28～30℃活化培养 18～24h 的啤酒酵母斜面新鲜菌种一环，接种于 10mL 麦芽汁试管中，28～30℃培养 24h。

(2) 种子（酒母）的制备 将上述液体酵母培养物按 2%～3%接种量移入锥形瓶种子培养基中，于 28～30℃静置培养 24h 或在转速 100r/min 的摇床振荡培养 18～20h。

(3) 酒母质量检查 用滴管取上述酒母 1 滴制成水浸片后，于高倍镜下观察啤酒酵母的形态。要求形态整齐，细胞内原生质稠密，无空泡，无杂菌；血球计数板（稀释法）测量细胞数为（0.8～1.0）$\times 10^7$ 个/mL，出芽率 17%～20%，死亡率小于 2%。

3. 接种发酵

将培养成熟的酒母以无菌操作按 5%接种量移入盛有 150mL 红糖发酵培养基的锥形瓶中，同时接种于带杜氏小管的 15mL 红糖发酵培养基试管中，置于 28～30℃温箱中培养 68～72h 后观察结果。

4. CO_2 生成检验

(1) 定性检验 先观察锥形瓶中的发酵液有无泡沫上涌或气泡逸出，再察看发酵试管里的杜氏小管中有无气体聚集。如有气体产生时，即可确定发酵培养基中的糖类已被发酵。取 10% NaOH 溶液 1mL 注入发酵试管内，轻轻搓动发酵管，观察液面是否上升，如气体逐渐消失，则证明其中气体为发酵过程中生成的 CO_2。

(2) 定量检验 测定 CO_2 产生量（即失去质量）。发酵前，擦干锥形瓶外壁，置于电子天平（0.01g）上称重，记下质量为 m_1。发酵完毕，取出锥形瓶轻轻摇动，使 CO_2 尽量逸出。在同一台电子天平（0.01g）上再次称重，记下质量为 m_2。则 CO_2 质量$= m_1 - m_2$。

5. 酒精检验

(1) 定性检验 打开成熟发酵液的锥形瓶塞，嗅闻有无酒精气味，取出 5mL 发酵液注入空试管中，再加 10% H_2SO_4 溶液 2mL。向试管中滴加 1% $K_2Cr_2O_7$ 溶液 10～20 滴，如管内由橙黄色变为黄绿色，则证明有酒精生成。

(2) 酒精发酵液的蒸馏与酒精度的测定 粗略测定（酒精密度计法）：利用酒精发酵液蒸馏装置。准确量取 100mL 发酵液于 500mL 圆底蒸馏瓶中，再加入 100mL 蒸馏水。在蒸馏瓶中加入沸石或玻璃珠以防止液体爆沸，连接好冷凝器，勿使漏气。如用电炉加热，沸腾后即用文火微沸（可将烧瓶适当离开电炉），注意勿使液体爆沸溢出。如采用磁力搅拌恒温加热套，沸腾后可降低加热温度保持微沸。馏出液收集于 100mL 容量瓶中。待馏出液达到刻度时，立即取出摇匀，进行酒精度的测定。将蒸馏液 100mL 倒入 100mL 量筒中，选择合适的酒精密度计和温度计同时插入量筒中，记录酒精密度计的数值和蒸馏液的温度，根据测得的酒精度和温度，查酒精度与温度校正表，换算成在20℃时用体积分数表示的发酵液的酒精度。

精确测定（附温密度瓶法）：用已知质量的500mL蒸馏烧瓶，在电子天平（0.01g）上称取发酵液100g，加50mL蒸馏水，安好冷凝器，冷凝器下端用一已知质量的100mL容量瓶接收馏出液。若室温较高，为防止酒精挥发，可将容量瓶浸于冷水或冰水中。蒸馏至馏出液接近100mL时停止蒸馏，在电子天平上，用蒸馏水将容量瓶内蒸馏液的质量调整至（100±0.1)g，混合均匀后，用附温密度瓶准确测定蒸馏液在20℃时的相对密度。具体测定方法为：先在已知质量的绝干附温密度瓶内装满被测样品（预先冷却至13～15℃），插上温度计，置入（20±0.1)℃恒温水浴中，待温度平衡至20℃后继续保持15～20min，取出密度瓶，用干绸布擦干瓶外壁水分，用滤纸吸去毛细管上端析出的多余水分，盖上瓶帽，至此被测样品的容积已确定。用电子天平（0.0001g）准确称量密度瓶与被测样品质量之和2～3次，两次之差应小于1mg，取其平均值。再用同样操作测得密度瓶与蒸馏水（预先煮沸后冷却至15～17℃）质量之和，按以下公式计算被测样品的相对密度。根据计算出的相对密度，查20℃时密度和酒精含量对照表，得到用质量分数表示的发酵液的酒精浓度。

$$\text{相对密度}=\frac{\text{密度瓶与被测样品质量}-\text{密度瓶质量}}{\text{密度瓶与蒸馏水质量}-\text{密度瓶质量}}=\frac{\text{被测样品质量}}{\text{蒸馏水质量}}$$

6. 实验后处理

发酵后的含有酒精的发酵液需集中回收，统一处理。

获得本实验成功的关键

发酵接种时的酒母质量是本实验成功的关键控制步骤。

【结果记录】

填写《技能训练工单》。

【思考题】

1. 若在有氧情况下进行酒精发酵，其产物是什么？
2. 当酒精发酵终了时，发酵液的pH值有何变化？说明原因。

技能训练二　固定化酵母发酵产啤酒

【训练要求】

啤酒是一种营养丰富的大众化饮料，有“液体面包”之美称。啤酒的生产与人类的文化和生活有着密切的关系，其具有悠久的历史。最早的啤酒就是利用大麦或小麦为原料，以肉桂为香料，利用原始的自然发酵酿制而成。随着生物工程技术的发展，固定化酵母细胞发酵生产啤酒是当前啤酒生产的重大改革和发展方向。

固定化细胞发酵产啤酒将酵母细胞固定在一定的基质上，从而提高酶或细胞的利用效率；具有生长快、可连续发酵、发酵后菌体与发酵液易于分离、后处理工艺简单、成本低、过程自动化等特点，从而越来越广泛地应用于发酵工业中。通过本任务的实施，同学们将具有固定化酵母细胞发酵产啤酒的能力，任务的重点是固定化酵母的制作，难点是严格控制各实验阶段所要求的温度。

利用固定化酵母完成啤酒的发酵，并对产啤酒进行品鉴。

【训练准备】

1. 菌种

啤酒酵母麦芽汁斜面试管。

2. 试剂与材料

(1) 培养基 麦芽汁培养基。

(2) 试剂

① 25g/L 海藻酸钠；

② 15g/L $CaCl_2$ 溶液；

③ 无菌生理盐水；

④ 酒花。

3. 仪器及其他用品

(1) 玻璃仪器 锥形瓶（250mL，配硅胶塞；150mL，配硅胶塞）、烧杯（500mL）、量筒（100mL）。

(2) 常规设备 恒温水浴锅、摇床培养箱、离心机。

(3) 其他用品 镊子、消毒酒精棉球、酒精灯、接种针、注射器。

【训练步骤】

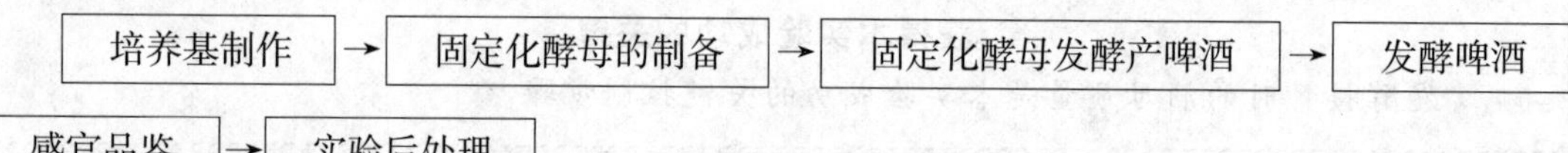

安全警示

在本实验中，加热升温的操作次数多，尤其是常常要升到高温或沸腾，而且保持一段时间，因此，要特别注意：加热物溢出或加热物被煮干；如人员离开实验室，不能忘记关闭热源，避免造成重大安全事故。

1. 培养基制作

(1) 麦芽汁培养基 麦芽汁分装于锥形瓶（150mL）2只，各装75mL，成分及制法见附录。

(2) 酒花麦芽汁 将麦芽汁总量的一半煮沸，添加酒花，其用量为麦芽汁的0.1%～0.2%，一般分3次加入，煮沸70 min，补水至糖度为18°Bx，用滤纸趁热过滤，滤液则为加了酒花的麦芽汁。

(3) 无菌生理盐水 分装于锥形瓶（250mL）2只，各装100mL，成分及制法见附录。

2. 固定化酵母的制备

(1) 酵母悬液的制备 将培养24h的新鲜斜面菌种，接种于30 mL麦芽汁的锥形瓶中，在28℃静置培养48h或28℃下在转速100r/min的摇床振荡培养24h后于4000r/min离心20min，沉淀物加入生理盐水混匀，其体积约为10mL，成为用于固定化的酵母悬液。

(2) 酵母细胞的固定化 在冷却至45℃的海藻酸钠溶液中，加入5mL预热至35℃的酵母培养液，混合均匀。用无菌滴管以缓慢而稳定的速度滴入15g/L $CaCl_2$溶液中，边滴入菌液边摇动锥形瓶，即可制得直径约为3mm的凝胶珠，然后在15g/L $CaCl_2$溶液中钙化30min，用无菌生理盐水洗涤2次，便制成固定化酵母。

3. 固定化酵母发酵产啤酒

① 取20g固定化酵母加到250mL的锥形瓶中，然后加入50mL糖度为18°Bx的麦芽汁，用无菌封口膜封好瓶口。28℃静置发酵48h，倒出发酵液，即完成了固定化酵母第一次发酵产啤酒。再将麦芽汁加入经发酵过的固定化酵母中，进行第二次同样的发酵，收集发酵液后，还可重复发酵几次。合并发酵液，即是固定化酵母发酵所产的啤酒。

② 用加了酒花的麦芽汁替换麦芽汁，加到盛有20g固定化酵母的锥形瓶中，其他发酵条件完全相同，也进行多次发酵，收集的发酵液同样是固定化酵母发酵所产的啤酒。

4. 发酵啤酒感官品鉴

品尝试验所得的两种啤酒，注意色泽和风味方面的差异。

5. 实验后处理

实验后的固定化酵母经高温蒸汽灭菌后，统一回收处理，不能倒入下水道造成堵塞。

获得本实验成功的关键

① 选择优良的大麦、酒花等原料，并采用符合生产要求的酵母菌种，是能够发酵产生风味和口感都为人们喜爱的啤酒的保证。麦芽汁中添加不同种类的酒花，是发酵产出不同品种啤酒的重要措施。

② 制作固定化酵母时一定要使酵母沉淀物与生理盐水混合均匀，然后与25g/L海藻酸钠液混匀。混合液滴加在15g/L $CaCl_2$溶液中，不仅要迅速，而且要摇动，避免形成的颗粒粘连。

③ 严格控制各实验阶段所要求的温度、时间等其他条件，使实验能顺利地进行。

④ 所用器具要清洁，保持制作环境清洁、空气少流动，制作过程严防污染。

⑤ 酒精密度计与糖密度计不同。由于酒精密度比水小，酒精含量越高，密度计上浮越多。

【结果记录】

填写《技能训练工单》。

【思考题】

1. 与一般啤酒发酵相比，固定化细胞发酵有何特点？

2. 制备麦芽汁时，糖化的温度和时间对啤酒的产量和质量有什么影响？在啤酒的生产过程中，还可能采用哪些糖化方法？

3. 试述如何改进固定化酵母发酵产啤酒，使其发挥更大效益，成为啤酒生产的重要工艺。

技能训练三　制作酸乳

【训练要求】

探究酸乳的历史可以追溯到2500年前，早在远古时代，就已经指出酸乳产品的神奇之处。在古老的传说里，酸乳在伊斯兰教国家被称为“先知的饮料”，而在法国，则被称为“长寿牛乳”，原因都只有一个——他们的先人因为长期食用含酸乳的食物，因此得享高寿。

新鲜酸乳里含有大量的乳酸菌（每毫升含40亿活菌以上），可以使肠胃中的有益菌增加，抑制有害菌生长，降低毒素产生的机会，有利于改善便秘现象，因此能强化肠胃消化吸收功能，预防老年性便秘及提高人体对钙、磷、铁等的吸收利用。酸乳还具有降血压、降胆固醇、增强心脏功能等作用。通过本任务的实施，同学们将具有利用鲜牛乳进行乳酸菌发酵制作酸乳的能力，任务的重点在制作酸乳操作流程，难点是发酵条件的控制。

以鲜牛乳为主要原料，经杀菌后接种乳酸菌发酵，完成酸乳的制作过程。

【训练准备】

1. 试剂与材料

(1) 菌种　市售酸乳或市售酸乳发酵剂。

(2) 试剂与溶液　鲜牛乳、白砂糖。

2. 仪器及其他用品

(1) 玻璃仪器　烧杯（500mL）或不锈钢锅。

(2) 常规设备　生物培养箱、恒温水浴锅、冰箱、电炉。

(3) 其他用品　酸乳纸杯（带盖）、小瓶或小罐。

【训练步骤】

配制牛乳 → 消毒 → 冷却接种 → 分装 → 前发酵 → 后发酵 → 品鉴

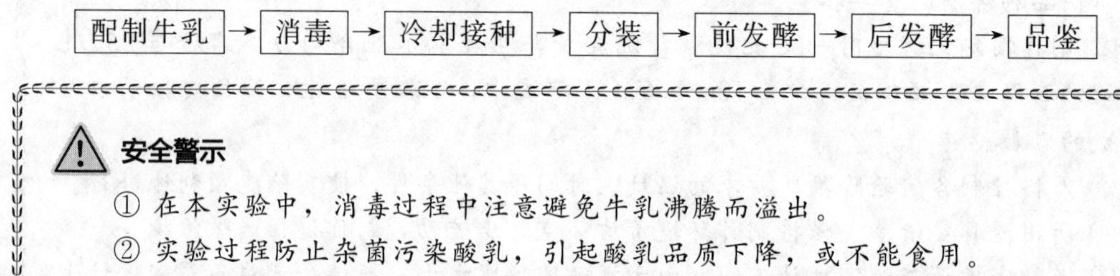

1. 配制牛乳

按市售鲜牛乳8%～10%加入白砂糖，搅拌调匀。也可用60g乳粉加到烧杯（500 mL）中，加入10g白砂糖和140mL蒸馏水，摇晃均匀。

2. 消毒

将盛有加糖鲜牛乳的容器，直接在火上加热至90～95 ℃，维持10～20min，加热时要充分搅拌，使温度均匀而不至沸腾。

3. 冷却接种

当消毒结束时，用冷水冲洗烧杯外壁，使巴氏消毒奶冷却至45℃；按1g/L加入市售酸乳发酵剂（或5%～10%加入市售酸乳），搅拌均匀。

4. 分装

接种后的杀菌乳尽快分装于已消毒的酸乳纸杯中，每杯容量不得超过容器的2/3，装好后立即加盖。

5. 前发酵

将加盖后的酸乳纸杯置于生物培养箱中40～42℃培养6～8h，培养时间视凝乳情况而定。即完成了前发酵。

6. 后发酵

将已凝固的酸乳置于4～7℃的冰箱中冷藏24h以上，即为后熟阶段。以获得酸乳的特有风味和较好的口感，此时发酵结束。

7. 品鉴

酸乳质量评定以品尝为标准，从色泽、组织状态、滋味和气味等方面，将发酵生产的酸乳与市售酸乳进行比较。品尝时若有异味就可判定酸乳污染了杂菌。

获得本实验成功的关键

① 选择优良的市售酸乳或酸乳发酵菌种接种，即保证采用的菌种是符合生产要求的，菌种不仅是安全无害的，而且发酵后的产品优质。

② 严格控制各操作阶段所要求的温度，尤其是接种温度、发酵温度，使乳酸菌发酵能在最佳条件下顺利地进行。

③ 所用器具要清洁，使用原料要优良，保持制作环境清洁，空气少流动，制作过程严防污染，这些都是制作一般微生物产品必须做到的。

④ 在发酵过程中应抽样检查，发现牛乳已完全凝固，就应立即停止发酵。

【结果记录】

填写《技能训练工单》。

【思考题】

1. 鲜牛乳没有冷藏时为什么会变得酸臭？如何能使鲜牛乳保存时间延长？
2. 酸乳生产工艺流程中的关键步骤是什么？
3. 影响酸乳成熟的主要因素是什么？

项目五

微生物与食品安全

微生物在自然界中分布广泛，空气、土壤、动植物以及人体都存在微生物。食品加工、贮藏、运输和销售等一系列环节都有可能受到微生物的污染，引起食品腐败变质，不仅降低食品的营养价值，而且危害人体健康。因此，了解污染食品的微生物来源及途径；掌握微生物引起食品腐败变质的基本条件及控制措施；熟悉微生物引起的食源性疾病特点、中毒机制、传染源及防治措施；学会食品中常见腐败微生物的检测方法，可有效防治有害微生物对人体的危害。

本项目的学习重点是微生物与食品安全的关系。掌握污染食品的微生物来源和途径，在食品生产过程中防止微生物的侵入；掌握引起食品腐败变质的因素及其控制措施。通过训练熟悉食品的原料、半成品、成品的食品安全指标中微生物指标的检测方法，即菌落总数、大肠菌群、霉菌和酵母菌的计数检测及产品中的致病菌检测。

知识目标

① 掌握微生物在自然界分布及与生物环境间的关系。
② 掌握污染食品的微生物来源和途径。
③ 掌握食品腐败变质的因素及其控制措施。
④ 掌握食品中常规微生物指标的检测方法及原理。
⑤ 认识食品中致病菌的检测方法及原理。

技能目标

① 熟练完成食品中菌落总数测定。
② 熟练进行菌落计数和数据处理。
③ 熟练完成食品中霉菌和酵母菌的计数。
④ 熟练完成食品中大肠菌群计数。
⑤ 熟练应用 MPN 法进行微生物计数。
⑥ 熟练进行致病菌（金黄色葡萄球菌）的鉴别和检验。
⑦ 熟练应用无菌操作、无菌制样、革兰氏染色、梯度稀释等操作技术。

素质目标

① 树立严谨认真的科学态度和主动思考的意识。
② 树立食品安全责任感。
③ 建立环境保护意识。
④ 建立实验室安全管理和安全操作设备常识。
⑤ 建立培养致病菌检测时的自我防护及安全意识。

思政小课堂

【事件】

2020 年 10 月 5 日黑龙江发生一起因家庭聚餐食用酸汤子引发的食物中毒事件，9 人食用后全部死亡。经调查，在玉米面中检出高浓度米酵菌酸，初步定性为由椰毒假单胞菌污染产生米酵菌酸引起的食物中毒事件，致病食物是被致病菌污染的酸汤子。北方酸汤子是用玉米水磨发酵后做的一种粗面条样的酵米面食品。夏秋季节制作发酵米面制品容易被椰毒假单胞菌污染，该菌能产生致命的米酵菌酸，高温煮沸不能破坏毒性，中毒后没有特效救治药物，病死率达 50%以上。

【启示】

微生物给人类带来福利的同时，也带来极大危害。食品的腐败变质，许多疾病的发生，都由微生物引起。人类的历史就是与微生物不断斗争的历史。老一辈的科学家们通过孜孜不倦的努力，在与微生物的斗争中取得了一次又一次的胜利。如：青霉素的发现、巴氏杀菌、疫苗的研制等。

“紧紧抓住人民最关心最直接最现实的利益问题”，食品安全关系着老百姓的健康与生命安全，是社会关注的一个焦点问题。二十大报告也强调要“强化食品药品安全监管，健全生物安全监管预警防控体系。”

时代呼唤我们要加强学习，强化技能，守牢食品安全底线，把高质量微生物检测工作扛在肩上，守护好人民群众“舌尖上的安全”，为推动卫生健康事业蓬勃发展，建成社会主义现代化强国、实现第二个百年奋斗目标不懈奋斗！

基础知识

一、微生物的生态

微生物种类繁多，代谢类型多样，繁殖迅速，适应环境的能力强，是自然界中分布最广的生物，土壤、水、空气、动植物体表及某些器官内部，甚至一些极端环境中都有微生物存在，因此微生物与外界环境的关系极为密切。一方面，微生物通过新陈代谢活动对外界环境产生影响；另一方面，外界环境中的多种因素，影响着微生物的生命活动。因此，了解微生物与外界环境之间的关系，有利于利用有益微生物，控制或杀灭有害微生物。

1. 微生物在自然界的分布

(1) 土壤中的微生物 土壤中微生物种类很多，有细菌、放线菌、真菌、螺旋体、噬菌体等。其中细菌最多，占土壤微生物总量的70%～90%，其次是放线菌和真菌类。土壤微生物通过其代谢活动改变土壤的理化性质，促进物质转化。因此，土壤微生物是构成土壤肥力的重要因素。

(2) 空气中的微生物 空气中的微生物分布不均匀，尘埃多的地区及人口稠密地区上空的微生物数量较多。海洋、高山、终年积雪的山脉和高纬度地带的空气中，微生物数量则比较少。空气中的微生物主要有各种球菌、芽孢杆菌、产色素细菌及对干燥和射线抵抗力较强的真菌孢子等。

(3) 水体中的微生物 水体中的微生物分为淡水微生物和海水微生物两大类。

① 淡水微生物。主要存在于陆地的江河湖海、池塘和水库等。清水型微生物主要以化能自养微生物和光能自养微生物为主，如硫细菌、铁细菌、衣细菌及含有光合色素的蓝细菌、绿硫细菌和紫细菌等。污水型微生物以细菌和原生动植物为主，数量最多的是无芽孢革兰氏阴性菌，如变形杆菌、产气肠杆菌和产碱杆菌等。

② 海水微生物。海水中含盐量为3.2%～4%，因此，海水中的微生物除来源于河水、雨水及污水等环境外，绝大多数是嗜盐菌，并耐高渗透压。

(4) 植物体表和体内微生物 植物本身与土壤接触，它们的表面甚至内部都可能含有微生物。植物表面存在的微生物可引起自然发酵，如黄瓜和白菜等多种蔬菜上附着的乳酸菌可引起乳酸发酵，用于生产泡菜；有的微生物引起果蔬腐败变质，如霉菌等。

(5) 正常人体及动物体上的微生物 正常人体和动物体上都存在数量较多、种类较稳定的正常菌群。如动物的皮毛上经常有葡萄球菌、链球菌等。肠道中存在大量的大肠杆菌和乳杆菌等。

(6) 食品中的微生物 食品从原料到加工成产品的过程中，随时都有被微生物污染的可能。污染途径主要包括：土壤、水、空气、植物与肥料、动物与饲料、人、加工设备、食品配料和包装材料等。这些微生物在适宜条件下生长繁殖，分解食品的成分，使食品失去原有的营养价值。

(7) 极端环境中的微生物 在自然界中，存在着一般微生物所不能生长的高温、低温、高酸、高碱、高盐、高压或高辐射强度等极端环境，在极端环境下生活的微生物被称为极端环境微生物或极端微生物。

① 嗜热菌。又称高温菌，它是一类生活在高温环境中的微生物，如火山口及其周围区域、温泉、工厂高温废水排放区等。

② 嗜冷菌。可以抵御极端的寒冷环境，主要分布在高山上、极地地区，以及大洋深处等，是导致低温保藏食品腐败的根源。

③ 嗜酸菌。分布在酸性矿水、酸性热泉等地区。如氧化硫杆菌在 pH 值低于 0.5 的环境中仍能存活，专性自养嗜酸的氧化亚铁硫杆菌能氧化硫和铁，并产生硫酸。

④ 嗜碱菌。最适生长 pH 值在 9～10 的微生物，称为嗜碱菌。在嗜碱菌中，有些菌在 pH 值中性或以下不能生长，称为专性嗜碱菌。而有些菌在 pH 值中性或以下可以生长，称为兼性嗜碱菌。嗜碱菌产生的碱性酶可被用于洗涤剂或其他用途。

⑤ 嗜盐菌。通常分布在晒盐场、盐湖和著名的死海等盐含量较高的地方。盐腌食品也是嗜盐菌理想的栖居之地。嗜盐菌生长的最适盐浓度高达 15%～20%。

⑥ 嗜压菌。分布在深海底部和深油井等少数地方。它们必须生活在高静水压环境中。

⑦ 抗辐射微生物。此类微生物能免受放射线的损伤，或能在损伤后加以修复，可作为生物抗辐射机制研究的极好材料。

2. 微生物与生物环境间的关系

在自然界，微生物很少单独存在，总是较多种群聚集在一起。微生物与微生物之间，微生物与其他生物之间相互依赖，相互影响。

(1) 互生 互生是指两种可以单独生活的生物生活在一起时，自身的代谢活动有利于对方，或偏利于一方的生活方式，这是一种“可分可合，合比分好”的相互关系。例如，在土壤中，当分解纤维素的细菌与好氧的自生固氮菌生活在一起时，后者可将固定的有机氮化合物供给前者需要，而前者产生的有机酸可作为后者的碳源和能源，从而促进各自的增殖和生长。

(2) 共生 共生是指两种生物共居在一起，相互分工合作，相依为命，分离就不能很好生活的极其紧密的一种相互关系。如菌藻共生或菌菌共生的地衣。前者是真菌与绿藻共生，后者是真菌与蓝细菌共生。在地衣中，藻类和蓝细菌进行光合作用合成有机物，作为真菌生长繁殖所需的有机养料，而真菌则起保护光合微生物的作用，真菌也可利用自身产生的有机酸分解岩石中的某些成分，为藻类或蓝细菌提供生长因子和无机营养。

(3) 拮抗 拮抗关系是指一种微生物在其生命活动中，产生某种代谢产物或改变环境条件，从而抑制其他生物生长繁殖，甚至将其他生物杀死的现象。如在制造泡菜时，乳酸杆菌产生大量乳酸，导致环境变酸，即 pH 值下降，抑制了其他微生物的生长。

(4) 寄生 寄生指的是小型生物生活在较大型生物的体内或体表，从后者夺取营养进行生长繁殖，并使后者受到损害甚至被杀死的一种相互关系。前者称为寄生物，后者称为宿主或寄主。

(5) 捕食 捕食是指一种大型的生物直接捕捉、吞食另一种小型生物，以满足其营养需要。

(6) 竞争 竞争关系是指生活在同一环境中的生物，在生长中为争夺共同需要的营养或空间而相互影响，结果使两者的生长均受到抑制。如杂草和农作物争夺养料和生存空间。

(7) 协同 协同是指生物之间相互选择、相互协调的现象或过程，是一种生物的生命活动需要另一种生物的协助才能完成或两种生物相互协同生存的一种生物关系。比如一些水生植物可以通过通气组织，把氧气自叶输送到根部，然后扩散到周围的水中，供水中微生物呼吸和分解污染物用，微生物可以分解部分污染物，为水生植物生存净化环境。

二、污染食品的微生物来源和途径

微生物在自然界中分布十分广泛，食品从原料、生产、加工、贮藏、运输、销售等各环节，常与环境发生接触，容易受到微生物污染。污染食品的微生物来源和途径可分为两大类。

1. 内源性污染

作为食品原料的动、植物体在生活过程中，由于本身带有的微生物而造成的污染称为内源性污染，也称第一次污染。如畜禽消化道、奶牛的乳腺和体表存在一定数量的微生物。

2. 外源性污染

食品在生产、加工、运输、贮藏、销售、食用过程中，通过水、空气、人、动物、机械设备及用具等而发生的微生物污染称外源性污染，也称第二次污染。

(1) 通过水污染 在食品生产过程中，水既是许多食品的原料或配料，也是清洗、冷却、冰冻不可缺少的物质。各种天然水源包括地表水和地下水，不仅是微生物的污染源，也是微生物污染食品的主要途径。比如在畜禽宰杀、除毛、开膛取内脏的工序中，皮毛或肠道中的微生物很容易通过水的散布而造成畜体之间的相互感染。此外，如果生产用水被生活污水或粪便等污染，就会使水中微生物数量增加，用这种水进行食品生产会造成食品污染。

(2) 通过空气污染 空气中的微生物可能来自土壤、水、人，以及动植物的脱落物和呼吸道、消化道的排泄物，它们可随着灰尘、水滴的飞扬或沉降而污染食品。例如人体的痰沫、鼻涕与唾液中含有微生物，当人讲话、咳嗽或打喷嚏时均可直接或间接污染食品。

(3) 通过人及动物接触污染 如果从事食品生产人员的身体、衣帽不清洁，就会有大量的微生物附着其上，通过手、皮肤、毛发、衣帽与食品接触而造成食品污染。此外，在食品的加工、运输、贮藏及销售过程中，如果与鼠、蝇、蟑螂等带菌动物直接或间接接触，同样会造成微生物污染。

(4) 通过加工设备及包装材料污染 在食品的生产、加工、运输、贮藏过程中会使用各种机械设备和包装材料。如果对机械设备及包装材料消毒灭菌不彻底，就会造成食品污染。

(5) 食品中微生物的消长 食品受到微生物污染后，其中的微生物种类和数量会随着食品所处环境和食品性质的变化而不断地变化，即称为食品微生物的消长。

三、食品的腐败变质

食品腐败变质是指食品受到各种内、外因素的影响，造成其原有化学组成成分和感官性状发生变化，使食品营养价值和商品价值降低或失去的过程。如油脂的酸败、果蔬的腐烂和粮食的霉变等。引起食品腐败变质的因素较多，有物理因素、化学因素和生物因素。生物因素主要包括微生物、昆虫、寄生虫等。其中由微生物污染所引起的食品腐败变质最为普遍。

1. 微生物引起食品变质的基本条件

(1) 食品的基质条件

① 食品的营养成分。食品含有蛋白质、糖类、脂肪、矿物质、维生素和水分等营养

成分，是微生物的良好培养基。但由于不同的食品中，上述各种成分的比例差异很大，而各种微生物分解各类营养物质的能力不同，这就导致引起不同食品腐败的微生物类群不同。

② 食品的pH值。各种食品都具有一定的氢离子浓度，各类微生物也都有其最适生长pH值范围，大多数细菌最适生长的pH值是7.0左右，多数酵母菌生长的最适pH值是4.0～4.5，霉菌生长的最适pH值是3.8～6.0。因此，多数细菌适宜在非酸性食品中生长，酵母菌和霉菌适宜在酸性食品中生长。而食品的pH值也会因微生物的生长繁殖而发生改变。

③ 食品的水分。水分是微生物生命活动的必要条件，在缺水的环境中，微生物的新陈代谢发生障碍，甚至死亡。食品中的水分以结合水和游离水两种形式存在。微生物在食品上生长繁殖，能利用的水是游离水，因而微生物在食品中生长繁殖所需水取决于水分活度(A_w)。表5-1列出了不同微生物类群生长的最低A_w范围，从表中可以看出，食品的A_w在0.60以下，则认为微生物不能生长。

表5-1 食品中主要微生物类群生长的最低A_w范围

微生物类群	最低A_w范围	微生物类群	最低A_w范围
大多数细菌	0.99～0.90	嗜盐性细菌	0.75
大多数酵母菌	0.94～0.88	耐高渗酵母	0.60
大多数霉菌	0.94～0.73	干性霉菌	0.65

④ 食品的渗透压。渗透压影响微生物的生命活动。如将微生物置于低渗溶液中，菌体吸收水分发生膨胀，甚至破裂；若置于高渗溶液中，菌体则发生脱水，甚至死亡。不同种类的微生物对渗透压的耐受能力不相同。绝大多数细菌不能在较高渗透压的食品中生长，而酵母菌和霉菌一般能耐受较高的渗透压，如鲁氏酵母等能耐受高糖，常引起糖浆、果汁、果酱等高糖食品变质。霉菌中的灰绿曲霉和青霉属等常引起腌制品、干果类、低水分的粮食霉变。通常为了防止食品腐败变质，常用盐腌和糖渍方法来较长时间地保存食品。

⑤ 食品的存在状态。完好无损的食品，一般不易发生腐败，如果食品组织溃破或细胞膜破裂，则很易受到微生物的污染而发生腐败变质。

(2) 微生物种类 能引起食品发生腐败变质的微生物种类很多，主要有细菌、酵母菌和霉菌。

① 分解蛋白质类食品的微生物。主要是细菌、霉菌和酵母菌，它们多数是通过分泌胞外蛋白酶来分解食品中的蛋白质。细菌中，芽孢杆菌属、梭状芽孢杆菌属、假单胞菌属、变形杆菌属、链球菌属等分解蛋白质能力较强。霉菌中，青霉属、毛霉属、曲霉属、木霉属和根霉属等分解蛋白质的能力较强。多数酵母菌对蛋白质的分解能力弱。

② 分解碳水化合物类食品的微生物。能分解淀粉的细菌较少，主要是芽孢杆菌属和梭状芽孢杆菌属的某些种，如马铃薯芽孢杆菌和淀粉梭状芽孢杆菌等，它们是引起米饭发酵、面包黏液化的主要菌株；能分解纤维素和半纤维素的细菌只有芽孢杆菌属、梭状芽孢杆菌属和八叠球菌属的一些种；绝大多数细菌都具有分解糖的能力；某些细菌能利用有机酸或醇类；部分芽孢杆菌属能分解果胶。多数霉菌都有分解碳水化合物的能力，能分解纤维素的霉菌有青霉属、曲霉属、木霉属等，其中绿色木霉、里氏木霉、康氏木霉分解纤维素的能力特别强；分解果胶质的霉菌主要有曲霉属、毛霉属、蜡叶芽枝霉等。绝大多数酵母菌不能使淀粉水解，少数酵母菌如拟内孢霉属能分解多糖，极少数酵母菌如脆壁酵母能分解果胶；大多

数酵母菌有利用有机酸的能力。

③ 分解脂肪类食品的微生物。此类微生物能生成脂肪酶，使脂肪水解为甘油和脂肪酸。一般来讲，对蛋白质分解能力强的需氧性细菌，大多也能分解脂肪。细菌中的假单胞菌属、无色杆菌属、黄色杆菌属、产碱杆菌属和芽孢杆菌属中的许多种，都具有分解脂肪的特性。能分解脂肪的霉菌较多，常见的有曲霉属和白地霉属等。酵母菌分解脂肪的菌种不多，主要是解脂假丝酵母，这种酵母菌对糖类不发酵，但分解脂肪和蛋白质的能力很强。

(3) 环境条件 食品中污染的微生物能否继续生长，也受环境条件的影响。例如，天热饭菜容易坏，潮湿粮食容易发霉。影响食品变质的重要环境因素有温度、气体和湿度等。

① 温度。低温对微生物生长极为不利，但微生物具有一定的适应性，在5℃左右或更低的温度（甚至－20℃以下）下仍有少数微生物能生长繁殖，使食品腐败变质。低温微生物是引起冷藏、冷冻食品变质的主要微生物。在低温下能生长的细菌主要有假单胞菌属、无色杆菌属、黄色杆菌属、小球菌属、乳杆菌属和梭状芽孢杆菌属。酵母菌主要有假丝酵母属和圆酵母属等；霉菌有青霉属、芽枝霉属和毛霉属等。高温对微生物生长十分不利。在高温条件下，微生物体内的酶、蛋白质、脂质体很容易发生变性失活，细胞膜也易受到破坏，从而加速微生物细胞死亡。然而，在高温条件下，仍有少数微生物能生长。凡能在45℃以上的条件下进行代谢活动的微生物，称为嗜热微生物。在食品中生长的嗜热微生物，主要是嗜热细菌，如芽孢杆菌属中的嗜热脂肪芽孢杆菌等，乳杆菌属和链球菌属中的嗜热链球菌、嗜热乳杆菌等。

② 气体。微生物与 O_2 有十分密切的关系。一般来讲，在有 O_2 的环境中，微生物进行有氧呼吸，生长、代谢速度快，食品变质速度也快；缺乏 O_2 的条件下，由厌氧性微生物引起的食品变质速度较慢。O_2 存在与否决定着兼性厌氧微生物是否生长和生长速度的快慢。

③ 湿度。环境湿度对微生物的生长影响较大，如长江流域梅雨季节，粮食、物品容易发霉，就是因为空气湿度太大（相对湿度70％以上）。

2. 食品腐败变质的化学过程

食品腐败变质的过程实质上是食品中蛋白质、碳水化合物、脂肪等成分被污染微生物或自身组织酶分解代谢的过程。

(1) 食品中蛋白质的分解 肉、鱼和禽蛋等富含蛋白质的食品主要是以蛋白质分解为腐败变质的主要特征。蛋白质在动、植物组织酶，以及微生物分泌的蛋白酶和肽链内切酶等的作用下，首先水解成多肽，进而裂解形成氨基酸。氨基酸通过脱羧基、脱氨基、脱硫等作用进一步分解成相应的氨、胺类、有机酸类和各种碳氢化合物。

(2) 食品中脂肪的分解 食品中脂肪发生变质的特征是产生酸和刺激的“哈喇”气味，也称为酸败。食品中油脂酸败的化学反应，主要是油脂自身氧化，其次是水解。油脂的自身氧化是一种自由基的氧化反应；而水解则是在微生物或动物组织中解脂酶的作用下，使食物中的中性脂肪分解成甘油和脂肪酸等。脂肪酸也可继续分解成具有不愉快味道的酮类或酮酸；脂肪酸也可再氧化分解成具有特臭味道的醛类和醛酸，即所谓的“哈喇”气味。

(3) 食品中碳水化合物的分解 食品中碳水化合物包括纤维素、半纤维素、淀粉、糖原以及双糖和单糖等。这些成分在微生物及动植物组织中的各种酶及其他因素作用下被分解成单糖、醇、醛、酮、羧酸、二氧化碳和水等低级产物。

3. 食品腐败变质的鉴定

食品受到微生物污染后，容易发生变质。一般从感官、物理、化学和微生物四个方面来对食品的腐败变质进行鉴定。

(1) 感官鉴定 感官鉴定是以人的视觉、嗅觉、触觉、味觉来鉴别食品腐败变质的一种简单而灵敏的方法。食品腐败时会产生腐败臭味，发生颜色变化，出现组织变软、变黏等现象。

① 色泽。食品本身呈现一定的色泽。有些微生物引起食品腐败变质时，会产生色素，造成食品原有色泽的改变。有些微生物的代谢产物会使食品发生化学变化引起食品色泽变化，例如由于乳酸菌增殖产生了过氧化氢，从而促使腊肠的肉色素褪色或绿变。

② 气味。食品本身有一定的气味，动、植物原料及其制品因微生物的繁殖而产生极轻微的变质时，人们的嗅觉就能敏感地觉察到有不正常的气味产生，如霉臭味、醋酸臭、胺臭、粪臭、硫化氢臭、酯臭等。

③ 口味。微生物引起食品腐败变质时也常引起食品口味的变化，而口味改变中比较容易分辨的是酸味和苦味。一般碳水化合物含量多的低酸食品，变质初期产酸是其主要特征。某些假单胞菌污染消毒乳后可产生苦味；蛋白质被大肠杆菌等微生物作用也会产生苦味。

④ 组织状态。固体食品变质时，因微生物酶的作用，可使组织细胞破坏，造成细胞内容物外溢，出现变形和软化。如鱼肉类食品变质时呈现肌肉松弛、弹性差，组织体表出现发黏等现象。液态食品变质后会出现沉淀、浑浊、变稠，表面出现浮膜等现象。

(2) 化学鉴定 微生物在食品中生长和繁殖，可引起食品化学组成变化，产生多种腐败性产物，因此，直接测定这些腐败产物就可作为判断食品质量的依据。蛋白质、氨基酸类等含氮高的食品，常以测定挥发性盐基氮含量作为评定腐败程度的化学指标；含碳水化合物丰富、含氮量少的食品，常通过测定有机酸的含量或 pH 值的变化来评价食品在缺氧条件下的腐败程度。

(3) 物理指标 主要是根据蛋白质分解时低分子物质增多这一现象，先后研究食品浸出物量、浸出液的电导度、折射率、冰点下降、黏度上升等指标。其中肉浸出液的黏度测定尤为敏感，能反映肉腐败变质的程度。

(4) 微生物检验 对食品进行微生物数量的测定，可以反映食品被微生物污染的程度，同时也是判定食品生产卫生状况以及食品卫生质量的一项重要依据。在食品安全国家标准中常用细菌总数和大肠菌群的近似值来评定食品卫生质量。

4. 腐败变质食品的危害及处理原则

腐败变质的食品带有使人难以接受的感官性状，如刺激气味、异常颜色、酸臭味道和组织溃烂、黏液污秽感等；腐败变质的食品营养价值严重降低；腐败变质食品微生物污染严重，菌相复杂、菌量增多，增加了致病菌和产毒霉菌等存在的机会，可引起人体的不良反应，甚至中毒。因此，对食品的腐败变质要及时准确鉴定，并严加控制。

5. 食品微生物检验的范围及指标

(1) 食品微生物检验的范围 食品微生物检验的范围主要包括：生产环境的检验，包括车间用水、空气、地面、墙壁等微生物学检验；原辅料的检验，包括主料、辅料、添加剂等一切原辅料的微生物学检验；食品加工贮藏销售环节的检验，包括生产工人的卫生状况、加工工具、运输车辆和包装材料等微生物学检验。食品的检验，重点是对出厂食品、可疑食品及引起食物中毒的检验。

(2) 食品微生物检验的指标 食品微生物检验的指标主要有：①菌落总数（细菌总数），通常是指每克（称重取样）或每毫升（体积取样）食品中的细菌数目，这是反映食品的新鲜度、被细菌污染的程度及在加工过程中细菌繁殖情况的一项指标，是判断食品卫生质量的重要依据之一。②大肠菌群，系指一群好氧及兼性厌氧细菌，在37℃经过24h能发酵乳糖、产酸产气的革兰氏阴性无芽孢杆菌，它主要包括肠杆菌科的埃希氏菌属、肠杆菌属、柠檬酸杆菌属和克雷伯菌属等。大肠菌群寄居于人及温血动物肠道内，因此测定大肠菌群数可反映食品受粪便污染的情况。③致病菌。致病菌种类多，特性不一。对食品进行致病菌检验时，不可能对各种致病菌都进行检验，而应根据不同食品或不同场合选择检测某一种或某几种致病菌。

6. 各类食品的腐败变质

食品从原料到加工成成品的过程中，随时都有被微生物污染的可能。这些污染的微生物在适宜条件下即可生长和繁殖，分解食品中的营养成分，产生有害物质。

(1) 乳及乳制品的腐败变质 乳含有丰富的营养成分，是微生物生长繁殖的良好培养基。一旦被微生物污染，在适宜条件下，就会迅速繁殖，从而引起腐败变质，甚至可能引起中毒或其他传染病。

① 乳的微生物种类及来源。牛乳在乳房内不是无菌状态，乳房中有小球菌属和链球菌属等正常菌群，这些微生物可通过乳房进入乳汁。此外，挤奶过程中和挤后食用前的一切环节都有可能受到环境微生物的污染。污染的微生物种类、数量直接受奶牛体表卫生状况、牛舍的空气、挤奶用具、容器，挤奶工人的个人卫生状况等影响。

② 乳液的变质过程。乳中含有溶菌酶等抑菌物质，使乳汁本身具有抗菌特性。当乳自身的抑菌作用消失后，则出现菌群交替现象，包括抑制期、乳链球菌期、乳杆菌期、真菌期和腐败期。抑制期，乳液中的抗菌物质对微生物具有抑制作用，当此种作用终止后，乳中各种细菌繁殖，由于营养物质丰富，暂时不发生互联或拮抗现象。乳链球菌期，鲜乳中的抗菌物质消失后，乳中的微生物迅速繁殖，尤其乳酸链球菌生长旺盛，分解乳中的乳糖产生乳酸，使乳的酸度增高，抑制其他菌的生长，随着产酸增多，乳酸链球菌的生长也受到抑制。乳杆菌期，乳液的pH值下降至4.5以下时，乳酸杆菌尚能继续繁殖并产酸，此时，乳中出现大量乳凝块，并有大量乳清析出。真菌期，当酸度升高至pH值3.0～3.5时，绝大多数细菌生长受到抑制，霉菌和酵母菌利用乳酸作为营养源大量生长繁殖，由于酸被利用，乳液的pH值回升。腐败期，乳中的乳糖被消耗掉，能分解蛋白质和脂肪的细菌开始活跃，乳的pH值不断上升，芽孢杆菌属、假单胞菌属等腐败细菌生长繁殖。菌群交替结束后，乳产生各种异色、苦味、恶臭味及有毒物质，外观上呈现黏滞的液体或清水。

③ 乳液的消毒和灭菌。鲜乳的消毒灭菌方法有多种，以巴氏消毒法最为常见。主要有以下几种。低温长时消毒法：60～65℃、加热保温30min。高温短时消毒法：将牛乳置于72～75℃加热4～6min，或80～85℃加热10～15s，可杀灭原有菌数99.9%。高温瞬时消毒法：85～95℃，2～3s加热杀菌，其消毒效果比前两者好，但对牛乳的质量有影响，如容易出现乳清蛋白凝固和褐变等现象。超高温瞬时灭菌法：温度设为135～150℃、加热时间为2～8s，加热后产品达到商业无菌要求，该方法生产的液态乳可保存很长的时间。

(2) 肉类的腐败变质

① 肉类中的微生物。参与肉类腐败过程的微生物多种多样，一般常见的有腐生微生物

和病原微生物。腐生微生物包括细菌、酵母菌和霉菌，它们污染肉品，使肉品发生腐败变质。参与肉类腐败的细菌主要是需氧的革兰氏阳性菌和革兰氏阴性菌；酵母菌主要包括假丝酵母菌属、丝孢酵母属等；霉菌主要有毛霉属、根霉属、曲霉属和芽枝霉属等。此外，病畜、禽肉类可能带有各种病原菌，如沙门菌、金黄色葡萄球菌、炭疽杆菌和布鲁氏菌等。它们对肉的主要影响并不在于使肉腐败变质，严重的是传播疾病，造成食物中毒。

② 肉类变质现象和原因。肉类腐败变质时，往往在肉的表面产生明显的感官变化。主要有：发黏，肉体表面有黏状物质产生。变色，肉的表面出现各种颜色变化，最常见的是绿色，这是由于蛋白质分解产生的硫化氢与肉质中的血红蛋白结合后形成的硫化氢血红蛋白造成的。霉斑，肉体表面有霉菌生长时，往往形成霉斑。变味，肉体腐烂变质通常还伴随一些不正常或难闻的气味，如微生物分解蛋白质产生恶臭味，在乳酸菌和酵母菌的作用下产生酸味。霉菌生长繁殖产生霉味等。

③ 鲜肉变质过程。通常鲜肉在0℃左右的低温环境中，可存放10d左右。当保藏温度上升，肉表面的微生物就能迅速繁殖，其中以细菌的繁殖速度最为显著。细菌由肉的表面逐渐向内部侵入，细菌的种类也发生变化，呈现菌群交替现象。这种菌群交替现象一般分为三个时期，即需氧菌期、兼性厌氧菌期和厌氧菌期。需氧菌繁殖期即为细菌分解前3～4d，细菌主要在表层蔓延，最初为球菌，继而出现大肠杆菌、变形杆菌和枯草杆菌等。兼性厌氧菌期在腐败分解3～4d后，细菌已在肉的中层出现，能见到产气荚膜杆菌等。厌氧菌期在腐败分解的7～8d以后，深层肉中已有细菌生长，主要是腐败杆菌。

(3) 鱼类的腐败变质

① 鱼类中的微生物。存在于鱼类中的微生物主要有：假单胞菌属、黄杆菌属、无色杆菌属、不动杆菌属和弧菌属等。淡水鱼体除有上述细菌外，还含有产碱杆菌、单胞杆菌和短杆菌属。

② 鱼类的腐败变质过程。一般情况下，鱼类比肉类更易腐败，因为通常鱼类在捕获后，不立即清洗和处理，而多数情况是带着容易腐败的内脏和鳃一道进行运输。其次，鱼体本身含水量高，组织脆弱，鱼鳞易脱落，细菌容易从受伤部位侵入，而鱼体表面的黏液又是细菌良好的培养基，使鱼类死后很快就发生腐败变质。

(4) 鲜蛋的腐败变质

① 鲜蛋中的微生物。通常新产的鲜蛋里没有微生物，新蛋壳表面有一层胶质层，具有防止水分蒸发，阻止外界微生物入侵的作用。其次，在蛋壳膜和蛋白中，存在一定的溶菌酶，可杀灭侵入壳内的微生物，故正常情况下鲜蛋可保存较长的时间而不发生变质。然而鲜蛋也易受微生物的污染，如当母禽不健康时，机体防御功能减弱，外界的细菌可侵入输卵管，甚至卵巢，污染蛋。此外，蛋产下后，蛋壳易受空气等环境中微生物的污染，如果胶质层被破坏，污染的微生物就可透过气孔进入蛋内，造成蛋的腐败。鲜蛋中常见的微生物有：大肠菌群、假单胞菌属、产碱杆菌属、变形杆菌属、青霉属等。另外，蛋中也可能存在病原菌，如沙门菌、金黄色葡萄球菌等。

② 鲜蛋的腐败变质过程。鲜蛋的腐败主要是由细菌引起。侵入到蛋中的细菌不断生长繁殖并形成各种酶，分解蛋内的各组成成分，使鲜蛋发生腐败，并产生难闻的气味。腐败初期蛋黄膜破裂，蛋黄流出与蛋白混合。如果进一步发生腐败，蛋黄中的核蛋白和卵磷脂也被分解，产生恶臭的硫化氢等气体，使整个内含物变为灰色或暗黑色。此外，霉菌菌丝也可经过蛋壳气孔侵入蛋内，在蛋壳膜上形成斑点菌落，造成蛋液黏壳，并有不愉快的霉变气味。

(5) 罐藏食品的腐败变质 一般来说，罐藏食品可保存较长时间而不发生腐败变质。但是，有时由于杀菌不彻底或密封不良，也会遭受微生物的污染而造成罐藏食品变质。

引起罐藏食品变质的微生物。引起罐藏食品变质的芽孢杆菌主要有嗜热脂肪芽孢杆菌、凝结芽孢杆菌、枯草芽孢杆菌、巨大芽孢杆菌和蜡样芽孢杆菌，它们常引起罐头产酸腐败（产酸不产气）。引起罐藏食品变质的非芽孢细菌主要有肠杆菌和球菌，它们能分解糖类产酸，并产生气体造成罐头胀罐。不产芽孢的细菌耐热性较弱，如果罐头中发现有不产芽孢的细菌，往往是由于罐头密封不良，漏气或杀菌温度过低造成的。引起罐藏食品变质的酵母菌主要是球拟酵母属、假丝酵母属、啤酒酵母属。由于罐头食品加热杀菌不充分，或罐头密封不良而导致酵母菌残存于罐内。霉菌具有耐酸、耐高渗透压的特性，常见于酸度高（pH值4.5以下）的罐头食品中。但霉菌多为好氧菌，且一般不耐热。若罐头食品中有霉菌出现，说明罐头食品真空度不够、漏气或杀菌不充分。

（6）果蔬及其制品的腐败变质 引起水果变质的微生物主要是酵母菌和霉菌。引起蔬菜变质的微生物主要是霉菌、酵母菌和少数细菌。果蔬的腐败过程如下：首先霉菌在果蔬表皮损伤处繁殖或者在果蔬表面有污染物黏附的区域繁殖，侵入果蔬组织后，组织壁的纤维素首先被破坏，进而分解果胶、蛋白质、淀粉、有机酸等。继而酵母菌和细菌开始繁殖，果蔬外观出现深色的斑点，组织变得松软、发绵、凹陷、变形，并逐渐变成浆液状甚至是水液状，并产生了各种味道，如酸味、芳香味、酒味等。

（7）糕点的腐败变质 引起糕点变质的微生物类群主要是细菌和霉菌，如沙门菌、金黄色葡萄球菌、大肠杆菌、粪肠球菌、变形杆菌、黄曲霉、毛霉、青霉、镰刀霉等。生产原料不符合质量标准、制作过程中灭菌不彻底、糕点包装贮藏不当等都会使糕点污染微生物，发生腐败。

四、食品腐败变质的因素及其控制措施

1. 引起食品腐败变质的因素

（1）由微生物引起的食品腐败变质 引起食品腐败变质的微生物主要是细菌和霉菌。引起腐败的细菌主要包括各种需氧性芽孢杆菌、厌氧性梭状芽孢杆菌和非芽孢杆菌。由于芽孢杆菌能产生芽孢，对热的抵抗力特别强，是一些加热后罐藏食品的主要腐败菌。非芽孢杆菌，如大肠杆菌、变形杆菌等不产生芽孢，热抵抗力弱，是新鲜食品、冷藏食品的常见腐败菌。引起食物腐败的霉菌主要有青霉属、芽枝霉属、念珠霉属、毛霉属等。酵母菌具有耐高浓度糖和盐的特性，通常易引起果汁、炼乳等高糖食品腐败。

（2）由食品中酶引起的食品腐败变质 多酚氧化酶以食品中酚类、黄酮类、单宁类为底物，催化形成醌类，再进一步氧化聚合形成黑色素，出现食品的褐变或黑变、异味和营养成分损失。脂氧合酶存在于多种植物种子中，该酶破坏亚油酸、亚麻酸等必需脂肪酸，损害某些维生素、蛋白质等成分，造成食品变质。脂肪酶可使脂肪分解为甘油和脂肪酸，使食品中游离脂肪酸含量增加，导致食品变质、变味、酸败。果胶酶分解果胶质变成水溶性物质，使果蔬软化。

2. 食品的防腐保鲜

食品腐败变质的控制就是要针对引起腐败变质的各种因素，采取不同的方法，杀死腐败微生物或抑制其在食品中的生长繁殖，抑制酶的活性，从而达到延长食品货架期的目的。

食品保藏就是围绕防止微生物污染、抑制微生物生长繁殖以及延缓食品自身组织酶的分解作用，采用物理学、化学和生物学方法，使食品在尽可能长的时间内保持其原有的营养价

值、色、香、味及良好的感官性状。常用的食品防腐、保藏技术主要有以下几种。

（1）低温保藏 食品在低温下，自身的酶活性降低，化学反应延缓，食品中残存微生物的生长繁殖速度减缓。因此，低温保藏可以防止或减缓食品腐败变质。低温保藏一般可分为冷藏和冷冻两种方式。冷藏是指在不冻结状态下的低温贮藏，新鲜果蔬类的贮藏常用此法。冷藏的温度一般设定在－1～10℃范围内，可延缓食品变质。但需注意的是，在最低生长温度时，微生物生长非常缓慢，但它们仍在进行生命活动。因此，食品在冰点以上时，只能做较短期的保藏。较长期保藏需在－18℃以下冷冻贮藏，当食品中的微生物处于冰冻时，细胞内游离水形成冰晶体，失去了可利用的水分，水分活性降低，渗透压提高，细胞内细胞质因浓缩而增大黏性，引起 pH 值和胶体状态的改变，从而使微生物的活动受到抑制，甚至死亡。

（2）食品的气调保藏 是利用阻气性材料将食品密封于一个改变了气体的环境中，从而抑制腐败微生物的生长繁殖及生化活性，达到延长食品货架期的目的。

（3）加热杀菌保藏 食品加热杀菌的方法很多。主要有常压杀菌（巴氏消毒法）、加压杀菌、超高温瞬时杀菌、微波杀菌、远红外线加热杀菌和欧姆杀菌等。常压杀菌即100℃以下的杀菌操作，只能杀死微生物的营养体（包括病原菌），不能完全灭菌。现在的常压杀菌更多采用水浴、蒸汽或热水喷淋式连续杀菌。加压杀菌的温度通常为100～121℃（绝对压力为0.2MPa），常用于肉类制品、中酸性、低酸性罐头食品的杀菌。超高温瞬时杀菌，是指在封闭系统中将产品加热至高温（如牛乳加热至135～150℃），并只持续几秒，然后迅速冷却至室温。该杀菌法既可达到一定的杀菌要求，又能最大程度地保持食品的品质。

① 微波杀菌保藏。微波是指频率在300～300000MHz的电磁波。微波杀菌的机制是基于热效应和非热生化效应两部分。热效应是微波作用于食品，食品表里同时吸收微波能，温度升高。污染的微生物细胞在微波场的作用下，其分子被极化并作高频振荡，产生热效应，温度的快速升高使其蛋白质结构发生变化，从而使菌体死亡。非热生化效应是微波使微生物产生大量的电子、离子，生理活性物质发生变化。电场使微生物细胞膜附近的电荷分布改变，导致膜功能障碍，使微生物细胞的生长受到抑制，甚至死亡。另外，微波还导致微生物细胞 DNA 和 RNA 分子结构中的氢键松弛、断裂和重新组合，诱发基因突变。微波杀菌能保留更多的活性物质和营养成分，适用于香菇、猴头菌、花粉的干燥和灭菌。

② 远红外线加热杀菌。远红外线是指波长为2.5～1000μm的电磁波。食品的很多成分对3～10μm的远红外线有强烈的吸收，因此，往往选择这一波段的远红外线加热食品。远红外线加热具有热辐射率高，热损失少，加热速度快，传热效率高，食品受热均匀，不会出现局部加热过度或夹生现象，食物营养成分损失少等特点。

③ 欧姆杀菌。欧姆加热是利用电极，将电流直接导入食品，由食品本身介电性质所产生热量，达到直接杀菌的目的。欧姆杀菌不需要传热面，热量在固体产品内部产生，适合于处理含大颗粒固体产品和高黏度的物料。

（4）辐照杀菌 指用放射线辐照食品，借以延长食品保藏期的技术。辐射线主要包括紫外线、X 射线和 γ 射线等，其中紫外线穿透力弱，只有表面杀菌作用。而 X 射线和 γ 射线是高能电磁波，能激发被辐照物质的分子，使之引起电离作用，进而影响生物的各种生命活动。微生物受电离放射线的辐照，细胞膜、细胞质分子引起电离，使细胞死亡。此外，微生物细胞中的脱氧核糖核酸（DNA）、核糖核酸（RNA）对放射线的作用尤为敏感，放射线的高能量导致DNA的较大损伤和突变，直接影响着细胞的遗传和蛋白质的合成。

(5) 超声波杀菌 声波在9～20kHz以上为超声波。超声对细菌的破坏作用主要是强烈的机械振荡，使细胞破裂、死亡。不同微生物对超声波的抵抗力是有差异的。伤寒沙门菌在频率为4.6MHz的超声中可全部杀死，但葡萄球菌和链球菌只能部分受到伤害，芽孢杆菌的芽孢不易被杀死。

(6) 高压放电杀菌 高压放电杀菌采用的电源一般为脉冲电压。脉冲放电杀菌是电化学效应、冲击波空化效应、电磁效应和热效应等综合作用的结果，并以电化学效应和冲击波空化效应为主要作用。由于放电杀菌的介质为液体，故只能用于液态食品的杀菌。

(7) 高压杀菌 将食品物料以某种方式包装以后，置于高压装置中加压，使微生物的形态、结构、生物化学反应、基因机制等多方面发生变化，进而使微生物的生理功能丧失或发生不可逆变化而致死，达到灭菌的目的。

(8) 食品的干燥和脱水保藏 通过降低食品的含水量，使微生物得不到充足的水分而不能生长。食品干燥、脱水方法主要有：日晒、阴干、喷雾干燥、减压蒸发和冷冻干燥等。

(9) 食品的化学保藏法 包括盐藏、糖藏、醋藏、酒藏和防腐剂保藏等。盐藏和糖藏都是通过提高食物的渗透压来抑制微生物的活动。醋和酒在食物中达到一定浓度时也能抑制微生物的生长繁殖。防腐剂能抑制微生物酶系的活性及破坏微生物细胞的膜结构。防腐剂按其来源和性质可分成有机防腐剂和无机防腐剂两类。有机防腐剂包括苯甲酸及其盐类、山梨酸及其盐类、脱氢醋酸及其盐类、对羟基苯甲酸酯类、丙酸盐类、双乙酸钠、邻苯基苯酚、联苯等。此外，还包括天然的细菌素、溶菌酶、海藻糖、甘露聚糖、壳聚糖等。无机防腐剂包括过氧化氢、硝酸盐和亚硝酸盐、二氧化碳、亚硫酸盐和食盐等。

五、微生物引起的食源性疾病

无论是食品原料还是食品，在它们的生产、加工、运输和贮藏过程中都可能污染微生物，污染的微生物不仅引起食品腐败变质，有的微生物还可引起食源性疾病。食源性疾病即指通过食物传播的方式和途径致使病原物质进入人体并引发的中毒性或感染性疾病。微生物引起的食物中毒分为细菌性食物中毒和真菌性食物中毒。

1. 细菌引起的食源性疾病

细菌引起的食源性疾病是人们吃了含有大量活的细菌或细菌毒素的食物而引起的食物中毒，在食物中毒中最为常见。一种是由于含有大量活菌的食物被摄入人体，引起人体消化道的感染而造成的中毒，称为感染型食物中毒。另一种是细菌在食物中繁殖产生毒素引起食物中毒，叫毒素型食物中毒。有的食物中毒既有感染型又有毒素型。细菌感染型食物中毒常由沙门菌、变形杆菌等引起，而金黄色葡萄球菌、肉毒梭菌常引起毒素型食物中毒。

(1) 沙门菌食物中毒

① 生物学特性。革兰氏阴性短杆菌，菌体四周有鞭毛，能运动，不产芽孢及荚膜；为需氧或兼性厌氧菌；生长温度为10～42℃，最适温度为37℃；对营养要求不高，普通培养基上即能生长。沙门菌在外界的生命力较强，在水中可生存2～3周，在冰或人的粪便中可生存1～2月。水经氯处理或煮沸5min可将其杀灭；5%苯酚（石炭酸）或0.2%升汞在5min内可将其杀灭。乳及乳制品中的沙门菌经巴氏消毒或煮沸后迅速死亡。

② 传染源和中毒机制。沙门菌污染食品有两种途径：一为内源性污染，即屠宰畜禽生前体内带菌；二为外源性污染，即在屠宰加工、运输、贮存、销售时受到环境中微生物的污染。沙门菌食物中毒主要属于感染型食物中毒，临床症状为发热、腹痛、腹泻、恶心、呕吐

等急性胃肠炎表现。活菌在肠内或血液内放出菌体内毒素，作用于中枢神经系统引起头痛，体温升高，有时还有痉挛等。沙门菌食物中毒潜伏期很短，一般12～48h发病，病程3～7d，中毒严重可造成死亡。

③ 防治措施。加强卫生管理，对从事食品加工的工作人员进行检查；采取积极措施控制感染沙门菌的病畜肉流入市场；低温贮藏食品，控制沙门菌繁殖；加热杀灭病原菌；生、熟食品分开贮存；剩余熟食在下次食用前，应充分加热。

④ 急救的原则。尽快彻底排除引起病因的食物，采取抗生素治疗，以氯霉素最为有效。亦可用四环素、青霉素、磺胺等。根据病症注意对症处理，失水严重的要输液，心力衰弱者要强心，腹痛严重者可使用颠茄酊等止痛止痉药物。

(2) 金黄色葡萄球菌食物中毒 金黄色葡萄球菌在自然界分布很广，空气、水、灰尘及人和动物的排泄物中都有金黄色葡萄球菌。人类食用被金黄色葡萄球菌污染的食品可引起毒素型食物中毒。

① 生物学特性。革兰氏阳性球菌，呈葡萄状排列。无芽孢、无鞭毛、无荚膜，不能运动，是兼性厌氧菌。金黄色葡萄球菌对营养要求不高，在普通培养基上生长良好，最适生长温度35～37℃，最适生长pH7.4。普通琼脂培养基上形成边缘整齐、光滑湿润、有光泽、圆形凸起，呈金黄色的不透明菌落。

金黄色葡萄球菌可产生溶血素、杀白细胞素、肠毒素、凝血浆酶等，它们均可增强金黄色葡萄球菌的毒力和侵袭力，但与食物中毒有密切关系的主要是肠毒素。肠毒素是金黄色葡萄球菌产生的一种毒性蛋白，抗热力很强，巴氏灭菌、烹调及其他热处理不能完全破坏金黄色葡萄球菌的肠毒素。

② 传染源和中毒机制。金黄色葡萄球菌引起的食物中毒是毒素型食物中毒。引起金黄色葡萄球菌食物中毒的食品以乳、肉及其制品最为常见，其次是淀粉类食品。主要污染来源包括原料和患病工作人员。金黄色葡萄球菌肠毒素的耐热性强，如污染的食品中产生了肠毒素，食用前重新加热处理并不能完全消除引起中毒的可能性。

③ 防治措施。定期对生产加工人员进行健康检查，患局部化脓性感染和上呼吸道感染的人员要暂时停止其工作或调换岗位；严格控制食品原料染菌，牛乳厂要定期检查奶牛的乳房，不能挤用患有化脓性乳腺炎的奶牛的乳；牛乳挤出后，要迅速冷却至－10℃以下，以防毒素生成；乳制品要以消毒牛乳为原料，注意低温保存；肉制品加工时，对患局部化脓感染的禽、畜应除去病变部位，经高温或其他方式处理后再进行加工生产；食品加工用具使用过后，进行彻底清洗、消毒，以防止污染食品；应在低温和通风良好的条件下贮藏食物，以防肠毒素形成，并且食用前要彻底加热。

(3) 致病性大肠杆菌食物中毒 大肠杆菌为埃希氏菌属的代表菌。一般多不致病，为人和动物肠道中的常见菌，在一定条件下可引起肠道感染。某些血清型菌株的致病性强，引起腹泻，统称致病性大肠杆菌。根据不同的生物学特性将致病性大肠杆菌分为：肠致病性大肠杆菌、肠产毒性大肠杆菌、肠侵袭性大肠杆菌、肠出血性大肠杆菌、肠黏附性大肠杆菌和弥散黏附性大肠杆菌。

① 生物学特性。革兰氏阴性短杆菌，长1～3μm，宽约0.5μm，多呈卵圆形，周生鞭毛，能运动，无芽孢，不产生荚膜，一般对碱性染料着色良好。能发酵多种糖类，产酸、产气。为需氧及兼性厌氧菌，对营养要求不高，在普通琼脂培养基上生长良好，培养24h，可形成圆形、凸起、光滑、湿润、半透明或接近无色的中等大菌落；最适生长温度为37℃，最适pH值为7.2～7.4。在肉汤中培养18～24h后呈均匀浑浊。

② 传染源和中毒机制。致病性大肠杆菌的传染源是人和动物的粪便。易被大肠杆菌污染的食品主要有肉类、水产品、豆制品、蔬菜及鲜乳等。食品中污染的致病性大肠杆菌经加热烹调基本都能被杀死，但熟食在存放过程中仍有可能被再度污染。因此，要注意熟食存放环境的卫生，尤其要避免熟食直接或间接与生食接触。

致病性大肠杆菌食物中毒的潜伏期较短，通常在摄入后4～10h发病。肠产毒性大肠杆菌可引起急性胃肠炎，潜伏期一般为10～24h，主要表现为食欲缺乏、腹泻（大便呈米汤水样，无脓血）、呕吐及发热，脱水严重可发生休克。肠致病性和侵袭性大肠杆菌可引起腹痛、腹泻（伴黏液脓血）、里急后重及发热等症状。最为严重的是肠出血性大肠杆菌引起的食物中毒，表现为腹痛、腹泻、呕吐、发热、大便呈水样，严重脱水，而且大便大量出血，还极易引发出血性尿毒症、肾衰竭等并发症，患者死亡率达3%～5%。

③ 防治措施。要注意熟食存放的环境卫生，尤其要避免熟食直接或间接地与生食接触；各种凉拌食品要充分洗净；食物煮熟后应尽快食用，剩菜剩饭食用前应彻底加热，不食用变质的食物。

(4) 肉毒梭状芽孢杆菌食物中毒

① 生物学特性。专性厌氧腐生菌，革兰氏阳性，菌体粗大，具有鞭毛、运动迟缓，没有荚膜，芽孢卵圆形，位于菌体近端，产生芽孢的细菌呈梭状。对营养要求不高，在普通琼脂培养基上生长良好，生长最适温度为28～37℃，生长最适pH值为6.8～7.6，产毒最适pH值为7.8～8.2。在血清琼脂上培养48～72h，形成中央隆起、边缘不整齐、灰白色、表面粗糙的绒球状菌落，菌落周围有溶血区；在普通琼脂上形成灰白色、半透明、边缘不整齐、呈绒毛网状、向外扩散的菌落。该菌繁殖体不耐热，一般80℃、30min或100℃、10min即可被杀死，但其芽孢耐热，一般煮沸需经1～6h杀死，在酒精中可以存活两个月。

② 传染源和中毒机制。肉毒杆菌广泛分布于自然界的土壤中，可直接或间接污染食品。食品如果加工和贮藏方法不当，就有可能使肉毒杆菌繁殖并产生肉毒素。引起中毒的食品因地区和饮食习惯不同而异。我国肉毒杆菌中毒主要是由于食用家庭自制的发酵食品，如酱类、腐乳等。其次是肉类、罐头、鱼制品和蜂蜜等。肉毒梭菌产生的肉毒素为神经毒素，摄入人体后经肠道吸收进入血液循环，输送到外围神经，阻止乙酰胆碱的释放，导致肌肉麻痹和神经功能不全。中毒早期症状为头痛、头晕，随之出现视力模糊，眼睑下垂、张目困难等眼肌麻痹症状，同时还有吞咽和咀嚼困难、口干、口齿不清、声音嘶哑、语言障碍等症状，继而出现呼吸困难，呼吸和心脏功能衰竭而导致死亡。

③ 防治措施。热处理是减少食品中肉毒梭菌繁殖体和芽孢数量最有效的方法。腌制肉品时使用亚硝酸盐也可抑制肉毒梭菌生长和毒素的产生。冷藏和冻藏也是控制肉毒梭菌生长和毒素产生的重要措施。低pH值以及降低水分活性可以抑制一些食品中肉毒梭菌的生长。

(5) 蜡状芽孢杆菌食物中毒 蜡状芽孢杆菌是食品中的常在菌，有产生和不产生肠毒素菌株之分。产生肠毒素的菌株中，又有产生致呕吐型胃肠炎和致腹泻型胃肠炎两类不同毒素。致呕吐型胃肠炎的毒素为耐热肠毒素，致腹泻型胃肠炎毒素为不耐热肠毒素。

① 生物学特性。革兰氏阳性需氧杆菌，菌体细胞杆状，宽为1.0～1.5μm，长为3.0～5.0μm，呈短链状排列，周生鞭毛，能运动，不形成荚膜，可形成椭圆形芽孢，位于菌体中央或稍偏一端。对营养要求不高，最适生长温度为28～35℃，在普通琼脂培养基上形成乳白色、表面较干燥、不透明、边缘整齐、周边呈扩散状的菌落。蜡状芽孢杆菌繁殖体不耐

热，大多数菌株50℃时不生长，芽孢经100℃、20min即可被杀死。在pH6～11范围内均可生长，pH值在5以下可抑制其生长繁殖。

② 传染源和中毒机制。主要污染源是灰尘和土壤，污染的食品种类较多，包括乳制品、肉制品、凉拌菜和米饭等。引起芽孢杆菌食物中毒的食品大多数感官性状正常，无腐败变质现象。蜡状芽孢杆菌食物中毒症状有两种：第一种是呕吐型，由耐热型肠毒素引起，中毒潜伏期为0.5～5h，病程为8～12h，表现为恶心、头昏、呕吐、四肢无力、寒战、口干、眼结膜充血。第二种是腹泻型，由不耐热型肠毒素引起，发病潜伏期较长，平均为10～12h，病程16～36h，主要表现为腹泻、腹痛、水样便，并伴有轻度恶心，不发热。

③ 防治措施。预防蜡样芽孢杆菌中毒主要是防止食物污染，不进食腐败变质的剩饭、剩菜，避免在16～50℃保藏食物；食物应充分加热，不宜放置于室温过久，如不立即食用，应尽快冷却、低温保存，食用前再加热处理。

(6) 志贺菌食物中毒 志贺菌属是人类细菌性痢疾最为常见的病原菌，食物中毒主要是由宋内氏志贺菌引起，其次是福氏志贺菌和痢疾志贺菌。

① 生物学特性。革兰氏阴性短杆菌，宽为0.5～0.7μm，长为2～3μm，无芽孢，无荚膜，无鞭毛，多数有菌毛，为好氧或兼性厌氧菌，最适生长温度为37℃，最适生长pH值为6.4～7.8。宋内氏志贺菌抵抗力强，在潮湿土壤中能生存34d，37℃水中可存活20d，水果、蔬菜上能生存10d。志贺菌在普通培养基上形成半透明的光滑型菌落。

② 传染源和中毒机制。传染源主要是患者，其次是带菌者。人摄入带志贺菌的食物后，菌体侵入空肠黏膜上皮细胞，释放出的毒素作用于肠壁、肠黏膜和肠壁植物性神经，突发剧烈腹痛，多次腹泻，初期为水样便，后带有血液和黏液，体温升高，可达40℃，少数患者发生痉挛，严重者出现休克症状。病程为10～14h，最短6h，最长达24h。

③ 防治措施。加强食品卫生管理，严格执行卫生制度，如生产食品的工作人员患细菌性痢疾或带菌者应予治疗，并暂时不从事接触食品的工作。

(7) 副溶血性弧菌食物中毒 副溶血性弧菌是一种嗜盐性弧菌，常存在于近海岸海水、海产品及盐渍食品中。它是我国沿海地区最常见的食物中毒病原菌。

① 生物学特性。革兰氏阴性菌，不形成芽孢，具有单端生鞭毛，能运动，呈多种形态，主要有杆状、弧状、棒状、球状或球杆状等，一般菌体呈两极浓染，中间较淡，甚至无色，大小0.6～1.0μm，有时可见丝状菌体。在不同培养基上形成的菌体形态差异很大，排列一般不规则，多为散在，偶有成对排列。该菌为需氧和兼性厌氧菌。对营养要求不高，在普通琼脂或蛋白胨水中均可生长，生长温度范围为8～44℃，最适生长温度为37℃。最适生长pH值为7.7～8.0。该菌在无盐培养基中不生长，培养基中含0.5%盐时可生长，但培养基中含盐的最适浓度为3.5%。在固体培养基上，通常形成圆形、隆起、表面光滑、湿润的菌落。该菌抵抗力不强，经75℃、5min或90℃、1min即可杀死，对酸敏感，在食醋中经5min死亡，在1%醋酸中1min可致死，对氯霉素、四环素、金霉素比较敏感。

② 传染源和中毒机制。该菌是一种嗜盐菌，在污染的海产品和肉类食品较为多见，其他食品也可因与海产品接触而受到污染。人和动物被该菌感染后也可成为病菌的传播者，其粪便和生活污水是重要的传染源。副溶血性弧菌致病力不强，但繁殖速度很快，一旦污染，在短时间内即可达到引起中毒的菌量。人体摄食染菌食物后，通常有几小时至十几小时的潜伏期，然后出现上腹部疼痛、恶心、呕吐、发热、腹泻等症状。少数患者出现意识不清、痉挛、脸色苍白、血压下降及休克等症状。

③ 防治措施。加强对海产品的卫生检查及管理。最好不吃凉拌菜，如吃，必须充分洗净，在沸水中烫浸后加醋拌。严格执行生、熟食分开制度，对剩余饭菜要回锅加热处理后再进食。

(8) 变形杆菌食物中毒 变形杆菌广泛分布在自然界，如土壤、水、垃圾、腐败有机物及人或动物的肠道内。变形杆菌主要有普通变形杆菌、奇异变形杆菌、摩氏变形杆菌、雷氏变形杆菌和无恒变形杆菌等，前三种菌为引起食物中毒的细菌。

① 生物学特性。革兰氏阴性菌，周生鞭毛，运动活泼，无荚膜，有菌毛，大小、形态不一，呈明显的多形性，需氧及兼性厌氧菌。营养要求不高，在普通琼脂上10～43℃均可生长，在固体培养基上，普通和奇异变形杆菌常扩散生长，形成一层波纹薄膜。如在培养基中加0.1%石炭酸或0.4%的硼酸，或将琼脂浓度提高至6%，或培养温度提高至40℃可抑制其扩散生长而得到单个菌落。该菌对巴氏杀菌及常用消毒药敏感。

② 传染源和中毒机制。变形杆菌在自然界分布很广，土壤、污水和人、畜肠道常带有该菌。变形杆菌食物中毒可分为三种不同的类型：侵染型，由于摄入大量不产毒的致病活菌，并在小肠内繁殖，引起感染所致。临床症状为骤起腹痛，继而腹泻，重症患者的水样便中伴有黏液和血液，体温一般在38～40℃，病程较短，通常1～3d内可痊愈。毒素型，有些变形杆菌菌株可产生肠毒素，使食用者发生急性胃肠炎。临床症状为恶心、呕吐、腹泻、头晕、头痛、全身无力、肌肉酸痛等。过敏型，摩氏变形杆菌和普通变形杆菌的某些菌株具有较强的脱羧活性，可使鱼肉中的组氨酸转变成组胺，人食用这种鱼肉后就会引起过敏性组胺中毒反应。症状主要是全身或上身皮肤潮红，引起荨麻疹，血压下降，心动过速。

③ 防治措施。注意熟食制作卫生，严格控制带菌者对食品进行污染；避免在较高的温度下存放熟食；对于存放过的熟食，在食用前要回锅加热处理。

2. 霉菌引起的食源性疾病与食物中毒

霉菌分布广泛，种类繁多，自然界无处不有。许多霉菌可引起食品霉变，部分霉菌可产生毒性物质，即霉菌毒素，根据其作用部位，分为肝脏毒、肾脏毒、神经毒和其他毒等四种类型。

(1) 黄曲霉毒素

① 生物学特性。黄曲霉毒素是一类化学结构类似的化合物，均为二氢呋喃香豆素的衍生物，共有10余种，其中以B_1毒性最大。当人摄入量大时，可发生急性中毒，出现肝出血性坏死、肝细胞变性和胆管增生。当微量持续摄入，可造成慢性中毒，生长障碍，引起纤维性病变，致使纤维组织增生。黄曲霉毒素耐热，一般烹调的温度不能将其破坏，食品加热至300℃才能被破坏。产生黄曲霉毒素的病原菌是黄曲霉和寄生曲霉，两者均属于黄曲霉群。黄曲霉的菌落生长较快，培养10～14d，直径达3～7cm，最初带黄色，然后变成黄绿色，后颜色变暗。黄曲霉的产毒条件：温度范围11～37℃，最适产毒温度为35℃，最适产毒pH值为4.7，最低产毒A_w为0.78，最适产毒A_w为0.93～0.98，1%～3%的NaCl、天冬氨酸和谷氨酸，以及Zn、Mn等无机离子可促进毒素产生，CO_2浓度达0.03%以上时，毒素产量逐渐降低。

② 传染源和中毒机制。黄曲霉产毒菌株主要在花生、玉米等谷物上生长产生黄曲霉毒素，也有在鱼粉、肉制品、咸干鱼和牛乳中发现该毒素。黄曲霉毒素中毒临床症状分

为三种类型：急性和亚急性中毒是短时间摄入量较大，从而迅速造成肝细胞变性、出血，肝脏组织病理学变化，在几天或几十天内死亡；慢性中毒是长期摄入小剂量的黄曲霉毒素造成的，出现生长发育迟缓、体重减轻，食物利用率下降，肝脏慢性损伤，病程可持续几周至几十周，最后死亡；致癌性，黄曲霉毒素是目前已知的最强烈的致癌物质之一，许多调查研究表明凡食物中黄曲霉毒素污染严重的国家和地区，人的肝癌发生率就高。

(2) 青霉毒素 青霉属的种类很多，许多菌能引起食物霉变，如谷类在贮藏时如含水量过高，就会被霉菌污染发生霉变，一些菌污染大米后引起米粒黄变，产生毒素，统称黄变米毒素。这种米由于被以下三种产毒青霉污染而呈现黄色。

① 岛青霉毒素类。其米粒呈黄褐色溃疡性病斑，含有岛青霉产生的两种毒素即黄天精和含氯肽。黄天精为黄色的六面体针状结晶，是一种脂溶性毒素。含氯肽包括化学结构极相似的两种化合物，即环肽和岛青霉素。含氯肽是白色针状结晶，是一种水溶性毒素。从岛青霉分离的黄天精和含氯肽都是肝脏毒。含氯肽比黄天精作用急剧。这两种毒素对动物的急性中毒作用均发生肝萎缩现象，慢性中毒发生肝纤维化、肝硬化或肝肿瘤。

② 橘青霉毒素。米粒呈黄绿色。精白米特易污染橘青霉形成黄变米。橘青霉素是由橘青霉、黄绿青霉、扩展青霉、暗蓝青霉、点青霉、变灰青霉、土曲霉等霉菌产生的一种真菌毒素，可致肾脏肿大，尿量增多，肾小管扩张和上皮细胞变性坏死。

③ 黄绿青霉毒素。它是一种神经毒素，中毒症状为中枢神经麻痹，继而导致心脏停搏至死亡。黄变米米粒上有淡黄色病斑，该毒素是一种橙黄色芒状集合柱状结晶，在紫外线照射下，可发出闪烁的金黄色荧光，紫外线照射 2h 毒素破坏，加热至 270℃ 毒素失去毒性。

(3) 镰刀菌毒素 镰刀菌又叫镰孢霉，是食品中经常分离出的一种真菌。目前已发现有多种镰刀菌产生对人畜健康威胁极大的镰刀菌毒素。镰刀菌毒素按其化学结构可分为以下三大类。

① 单端孢霉烯族化合物。它是由多种镰刀菌产生的一类毒素，毒性很强，人与动物接触此类毒素均可引起局部刺激、炎症甚至坏死。慢性中毒可引起白细胞减少，蛋白质合成受阻。

② 玉米赤霉烯酮。又称 F-2 毒素，是一种雌性发情毒素。它首先从有赤霉病的玉米中分离得到，为一种白色结晶，其产毒菌主要是镰刀菌属的菌株，如禾谷镰刀菌、三线镰刀菌和木贼镰刀菌等。

③ 丁烯酸内酯。棒形结晶，为血液毒素，它由三线镰刀菌、雪腐镰刀菌、拟枝孢镰刀菌和梨孢镰刀菌产生。牛饲喂带毒的牧草导致牛烂蹄病，症状为腿变瘸、蹄和皮肤联结处破裂。

(4) 杂色曲霉素 杂色曲霉素是杂色曲霉、构巢曲霉、焦曲霉等的代谢产物。杂色曲霉素具有急性、慢性毒性及致癌性，可导致实验动物肝癌、肾癌、皮肤癌和肺癌。

3. 防霉及去霉措施

(1) 防霉措施

① 物理防霉。主要包括干燥防霉、低温防霉和气调防霉。干燥防霉即控制水分和湿度，保持食品和贮藏场所干燥。低温防霉即把食品贮藏温度控制在霉菌生长的适宜温度以下，从而抑菌防霉。气调防毒即是控制气体成分，防止霉菌生长和毒素产生。

② 化学防霉。是采用化学药剂防霉。化学药剂有熏蒸剂和拌和剂。熏蒸剂主要有溴甲

烷、环氧乙烷、二氯乙烷等。拌合剂主要有有机酸、漂白粉等。

(2) 去毒措施

① 物理去毒法。主要包括人工或机械去毒、加热去毒、吸附去毒和射线去毒。人工或机械去毒是采用人工或机械去除食品中的发霉部分，一般用于颗粒较大、毒素较集中的花生等食品的去毒。加热去毒是通过加热除去部分毒素。吸附去毒是应用活性炭、酸性白土等吸附剂去除食品中的毒素。射线去毒是用紫外线照射去除食品中的部分毒素。

② 化学去毒法。主要包括酸碱处理、溶剂提取、氧化剂处理和醛类处理等。用氢氧化钠水洗含有黄曲霉毒素的油品可去毒；用80%的异丙醇和90%的丙酮可将花生中的黄曲霉毒素全部提取出来；用5%的次氯酸钠在几秒钟内便可破坏花生中的黄曲霉毒素，经24～72h可以去毒；用2%的甲醛处理含水量为30%的带毒粮食和食品，对黄曲霉毒素的去毒效果很好。

③ 生物去毒法。利用微生物发酵或降解去毒。如污染黄曲霉毒素的高水分玉米进行乳酸发酵，在酸催化下高毒性的黄曲霉毒素 B_1 可转变为黄曲霉毒素 B_2。假丝酵母可在20d内降解80%的黄曲霉毒素 B_1。

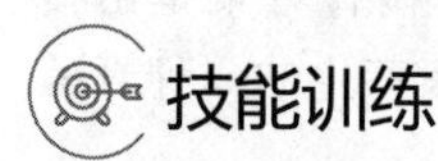

技能训练

技能训练一　测定生牛乳中的菌落总数

【训练要求】

菌落总数是食品检样经过处理，在一定条件下（如培养基、培养温度和培养时间等）培养后，所得1g(mL)检样中形成的微生物菌落总数。GB 4789.2—2022规定，菌落总数即在需氧情况下，37℃培养48h，能在普通营养琼脂平板上生长的细菌菌落总数。

菌落总数常用来判定食品被细菌污染的程度及卫生质量，它反映食品在生产过程中是否符合卫生要求，以便对被检样品做出适当的卫生学评价。菌落总数在一定程度上标志着食品卫生质量的优劣。生牛乳是指刚挤出的新鲜牛乳，富含营养成分，易受微生物污染。新鲜生牛乳质量管理规范（DB 440300/T 16—2001）规定生牛乳中菌落总数≤200000CFU/mL。

采用平板活菌计数法测定生牛乳中菌落总数。

【训练准备】

1. 样品

生牛乳。

2. 试剂与溶液

(1) 培养基　平板计数琼脂培养基。

(2) 无菌磷酸盐缓冲液或无菌生理盐水

3. 仪器及其他用品

(1) 玻璃仪器　无菌培养皿（90cm）10套、无菌移液管（10mL）1支+(1mL) 10支、试管（150×15，配硅胶塞）10支、锥形瓶（500mL，配硅胶塞）1只+(250mL，配硅胶塞）1只、烧杯（500mL）1只、量筒（100mL）1只等。

(2) 常规仪器　天平、高压蒸汽灭菌锅、电热干燥箱、生化培养箱、振荡器、放大镜或菌落计数器、pH 计或精密 pH 试纸。

(3) 其他用品 旧报纸（或牛皮纸）；棉绳；镊子；消毒酒精棉球；酒精灯；吸头。

【训练步骤】

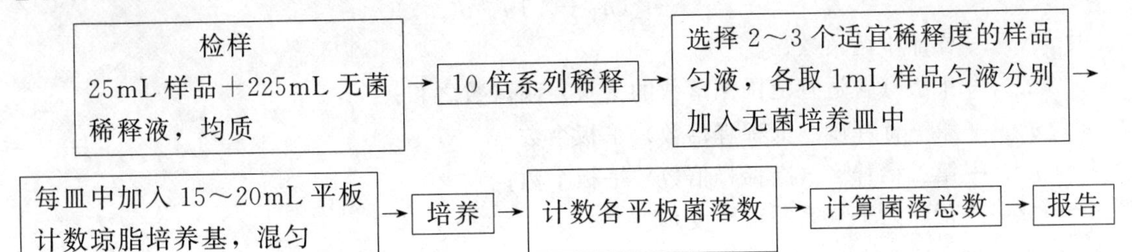

1. 样品取样

以无菌操作取有代表性的样品盛于灭菌容器内。如有包装，则用 75％乙醇在包装开口处擦拭后取样。

2. 样品稀释

以无菌吸管吸取 25mL 样品置于盛有 225mL 磷酸盐缓冲液或生理盐水的无菌锥形瓶（瓶内预置适当数量的无菌玻璃珠）中，充分混匀，制成 1∶10 的样品匀液。用 1mL 无菌移液管吸取 1∶10 样品匀液 1mL，沿管壁缓慢注于盛有 9mL 稀释液的无菌试管中（注意移液管或吸头尖端不要触及稀释液面），振摇试管或换用 1 支无菌移液管反复吹打使其混合均匀，制成 1∶100 的样品匀液。按同样的操作程序制备 10 倍系列稀释样品匀液。每递增稀释一次，换用 1 支 1mL 无菌移液管或吸头。

3. 平板接种

根据对样品污染状况的估计，选择 2～3 个适宜稀释度的样品匀液（液体样品可包括原液），吸取 1mL 样品匀液于无菌培养皿内，每个稀释度做两个平行。同时，分别吸取 1mL 空白稀释液加入两个无菌培养皿内作空白对照。然后将 15～20mL 冷却至 46℃的平板计数琼脂培养基倾注培养皿，并转动培养皿使其混合均匀。如果样品中可能含有在琼脂培养基表面弥漫生长的菌落时，可在凝固后的琼脂表面覆盖一薄层琼脂培养基（约 4mL）。

4. 培养

待琼脂凝固后，将平板翻转，(36±1)℃培养（48±2)h。

5. 菌落计数

可用肉眼观察，必要时用放大镜或菌落计数器，记录稀释倍数和相应的菌落数量。菌落计数以菌落形成单位 CFU 表示。

选取菌落数在 30～300CFU 之间、无蔓延菌落生长的平板计数菌落总数。低于 30CFU 的平板记录具体菌落数；大于 300CFU 的可记录为多不可计。每个稀释度的菌落数应采用两个平板的平均数。如其中一个平板有较大片状菌落生长时，则不宜采用，而应以无片状菌落生长的平板作为该稀释度的菌落数；若片状菌落不到平板的一半，而其余一半中菌落分布又很均匀，即可计算半个平板后乘以 2，代表一个平板菌落数。

当平板上出现菌落间无明显界线的链状生长时，则将每条单链作为一个菌落计数。

6. 结果与报告

若只有一个稀释度平板上的菌落数在适宜计数（30～300CFU）范围内，则计算两个平板菌落数的平均值，再将平均值乘以相应稀释倍数，作为1g(mL) 样品中菌落总数结果；若有两个连续稀释度的平板菌落数在适宜计数（30～300CFU）范围内时，按公式(5-1) 计算：

$$N=\frac{\sum C}{(n_1+0.1n_2)d} \tag{5-1}$$

式中 N——样品中菌落数；

$\sum$——平板（含适宜范围菌落数的平板）菌落数之和；

n_1——第一稀释度（低稀释倍数）平板个数；

n_2——第二稀释度（高稀释倍数）平板个数；

d——稀释因子（第一稀释度）。

例如：$10^{-2}=232，244 \quad 10^{-3}=33，35$

$$N=\frac{232+244+33+35}{(2+0.1\times 2)\times 10^{-2}}$$

$$N=\frac{544}{0.022}=24727=2.5\times 10^4$$

若所有稀释度的平板上菌落数均大于300CFU，则对稀释度最高的平板进行计数，其他平板可记录为多不可计，结果按平均菌落数乘以最高稀释倍数计算；若所有稀释度的平板菌落数均小于30CFU，则应按稀释度最低的平均菌落数乘以稀释倍数计算；若所有稀释度(包括液体样品原液）平板均无菌落生长，则以小于1乘以最低稀释倍数计算；若所有稀释度的平板菌落数均不在30～300CFU之间，其中一部分小于30CFU或大于300CFU时，则以最接近30CFU或300CFU的平均菌落数乘以稀释倍数计算。

7. 菌落总数的报告

菌落数小于100CFU时，按“四舍五入”原则修约，以整数报告；菌落数大于或等于100CFU时，第3位数字采用“四舍五入”原则修约后，取2位有效数字，后面用0代替位数，也可用10的指数形式来表示，按“四舍五入”原则修约后，采用两位有效数字；若空白对照上有菌落生长，则此次检测结果无效；称重取样以CFU/g为单位报告，体积取样以CFU/mL为单位报告。

获得本实验成功的关键

① 根据食品安全国家标准要求和对样品污染情况进行预估，选择2～3个稀释度进行实验。加入样品时要注意外来微生物的污染。

② 为防止细菌增殖及产生片状菌落，在加入样液后，应在15min内倾注培养基。检样与培养基混匀时，可先向一个方向旋转，然后再向相反方向旋转。旋转中应防止混合物溅到皿盖上。

③ 培养基倾注的温度与厚度影响实验结果。温度在（46±1)℃，温度过高会烫死样品中部分微生物，过低会导致琼脂发生轻微凝固。培养基厚度一般以直径9cm的培养皿倒入15～20mL培养基，若培养基太薄，在培养过程中可能因水分蒸发而影响细菌的生长。

④ 培养基凝固后，应尽快将培养皿翻转培养，保持琼脂表面干燥，尽量避免菌落蔓延生长，影响计数。

⑤ 检验过程中还应该用稀释液做空白对照，用以判定稀释液、培养基、培养皿或移液管可能存在的污染。同时，检验过程中应在工作台上打开一块空白的平板计数琼脂，其暴露时间应与检验时间相当，以了解检样在检验过程中有没有受到来自空气的污染。

⑥ 整个操作过程要无菌操作。

【结果记录】

填写《技能训练工单》。

【思考题】

1. 什么是菌落总数？影响菌落总数测定准确性的因素有哪些？

2. 平板计数法测定菌落总数的原理及方法？

3. 根据你的实验体会，谈谈做好此检测项目应注意些什么？

技能训练二 测定面粉中霉菌和酵母菌数

【训练要求】

霉菌和酵母菌广泛分布于自然界。长期以来，人们利用某些霉菌和酵母菌加工食品，如用霉菌加工干酪和肉，使其味道鲜美；利用霉菌和酵母菌酿酒、制酱等。但在某些情况下，霉菌和酵母菌也可造成食品腐败变质，影响食品食用品质。有的霉菌还可在食品中产生毒素，即霉菌毒素。因此，霉菌和酵母菌是评价食品卫生质量的指示菌。GB 4789.15—2016规定了食品中霉菌和酵母菌的平板计数法和直接镜检计数法。

霉菌和酵母菌总数是指食品检样经过处理，在一定条件下（如培养基、培养温度和培养时间、pH、需氧性质等）培养后，所得1g或1mL检样中所含的霉菌和酵母菌菌落数。霉菌的菌落是由分枝状菌丝组成，因菌丝较粗长，呈绒毛状、絮状、蛛网状，质地疏松，外观干燥，不透明，菌落和培养基间的连接紧密，不易挑取。菌落正面与反面的颜色、构造，以及边缘与中心的颜色、构造常不一致。酵母菌的菌落形态一般呈圆形、光滑、湿润，易挑起，多数不透明。

采用平板计数法测定面粉中的霉菌和酵母菌的数量。

【训练准备】

1. 样品

面粉。

2. 试剂与溶液

(1) 培养基 马铃薯葡萄糖琼脂；孟加拉红琼脂。

(2) 无菌磷酸盐缓冲液或无菌生理盐水

3. 仪器及其他用品

(1) 玻璃仪器 无菌培养皿（90cm）10套、无菌吸管（10mL）1支+（1mL）10支、试管（150×15，配硅胶塞）10支、锥形瓶（500mL，配硅胶塞）1只+（250mL，配硅胶塞）1只、烧杯（500mL）1只、量筒（100mL）1只等。

(2) 常规仪器 天平、高压蒸汽灭菌锅、电热干燥箱、恒温培养箱、振荡器、放大镜或菌落计数器、pH 计或精密 pH 试纸。

(3) 其他用品 旧报纸（或牛皮纸）；棉绳；镊子；消毒酒精棉球；酒精灯；吸头。

【训练步骤】

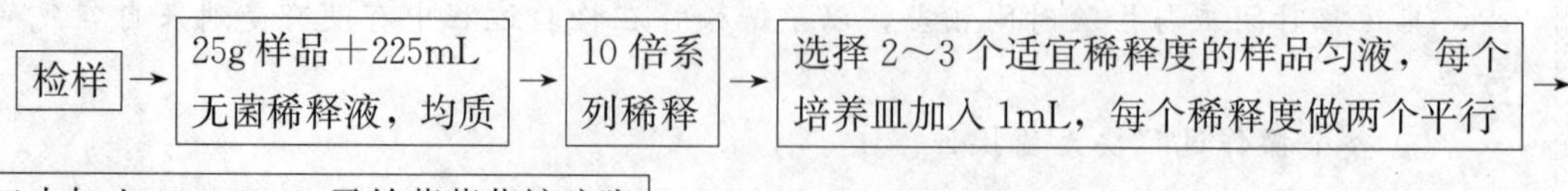

1. 取样

为了准确测定霉菌和酵母菌数，真实反映被检食品的卫生质量，首先应注意取样的代表性。要从不同部位无菌取样，再混合均匀。

2. 样品稀释

称取 25g 样品，加入盛有 225mL 的无菌稀释液（蒸馏水或生理盐水或磷酸盐缓冲液）的适宜容器内（可在瓶内预置适宜数量的无菌玻璃珠）或无菌均质袋中，充分振摇，或用拍击式均质器拍打 1～2min 制成 1∶10 的样品匀液。用 1mL 无菌吸管吸取1∶10样品匀液 1mL，沿管壁缓慢注入盛有 9mL 稀释液的无菌试管中（注意吸管或吸头尖端不要触及稀释液面），振摇试管或换用 1 支无菌吸管反复吹打使其混合均匀，制成 1∶100 的样品匀液。按同样的操作程序制备 10 倍系列稀释样品匀液。每递增稀释一次，换用 1 次 1mL 无菌吸管或吸头。

拍打式均质机使用操作

3. 平板接种

根据对样品污染状况的预估，选择 2～3 个适宜稀释度的样品匀液（液体样品可包括原液），吸取 1mL 样品匀液于无菌培养皿内，每个稀释度做两个平行。同时，分别吸取 1mL 空白稀释液加入两个无菌培养皿内作空白对照。然后将 20～25mL 冷却至 46℃的马铃薯葡萄糖琼脂或孟加拉红琼脂培养基倾注培养皿，并转动培养皿使其混合均匀，置水平台面待培养基完全凝固。

4. 培养

待琼脂凝固后，正置平板，置 (28±1)℃培养箱中培养，观察并记录培养至第 5 天的结果。

5. 菌落计数

用肉眼观察，必要时可用放大镜或低倍镜，记录稀释倍数和相应的霉菌和酵母菌落数。菌落计数以菌落形成单位（CFU）表示。选取菌落数在 10～150CFU 的平板，根据菌落形态分别计数霉菌和酵母菌的菌落数。霉菌蔓延生长覆盖整个平板的可记录为菌落蔓延。

6. 结果

计算同一稀释度的两个平板菌落数的平均值，再将平均值乘以相应稀释倍数。

若有两个稀释度平板上菌落数均在 10～150 之间，则按公式(5-1) 计算；若所有平板上菌落数均大于 150CFU，则对稀释度最高的平板进行计数，其他平板可记录为多不可计，结果按平均菌落数乘以最高稀释倍数计算；若所有平板上菌落数均小于10CFU，则应按稀释度最低的平均菌落数乘以稀释倍数计算；若所有稀释度（包括液体样品原液）平板均无菌落生长，则以小于1乘以最低稀释倍数计算；若所有稀释度的平板菌落数均不在10～150CFU之间，其中一部分小于10CFU，一部分大于150CFU时，则以最接近10CFU或150CFU的平均菌落数乘以稀释倍数计算。

7. 报告

菌落数按“四舍五入”原则修约。菌落数在10以内时，采用一位有效数字报告；菌落数在10～100之间时，采用两位有效数字报告；菌落数大于或等于100时，前第3位数字采用“四舍五入”原则修约后，取前2位数字，后面用0代替位数来表示结果，也可用10的指数形式来表示，此时也按“四舍五入”原则修约，采用两位有效数字；若空白对照平板上有菌落出现，则此次检测结果无效。以CFU/g为单位报告菌落数。

获得本实验成功的关键

① 整个操作过程要注意无菌操作。

② 样品稀释时，每递增稀释1次，都要换用1支1mL无菌吸管或吸头。

③ 要将马铃薯葡萄糖琼脂或孟加拉红琼脂培养基冷却至46℃再倾注培养皿，并转动培养皿使其混合均匀。

④ 正确计数及计算。尤其注意当有两个稀释度平板上菌落数均在10～150CFU之间，按公式计算时，n_1和n_2分别为第一稀释度（低稀释倍数）和第二稀释度（高稀释倍数）的平板个数。

【结果记录】

填写《技能训练工单》。

【思考题】

1. 霉菌和酵母菌菌落特征？
2. 平板计数法测定霉菌和酵母菌的原理及方法？
3. 根据你的实验体会，谈谈做好此检测项目应注意些什么？

技能训练三　测定生产用水中大肠菌群数

【训练要求】

大肠菌群是指在37℃培养24～48h能发酵乳糖产酸产气的需氧及兼性厌氧的革兰氏阴性无芽孢杆菌。大肠菌群主要存在于人畜肠道中，通过排泄物污染食品或水源。因此，大肠菌群数作为粪便污染指标来评价食品和饮用水的卫生质量。《生活饮用水卫生标准》（GB 5749—2022）规定：生活饮用水总大肠菌群数MPN/100mL或CFU/100mL不应检出。食品生产用水必须符合生活饮用水卫生标准。GB 4789.3—2016规定了食品中大肠菌群数的测定方法，最可能数（MPN）法和平板计数法。其中MPN法适用于大肠菌群含量较低的食品中大肠菌群的计数，平板计数法适用于大肠菌群含量较高的食品中大肠菌群的计数。MPN法是利用大肠菌群能发酵乳糖产酸产气的特性而设计的多管发酵法，即将待测样品系列稀释后接种于乳糖发酵管，37℃培养24h后，确定阳性管数后，在MPN检索表中查出大肠菌群的近似值。

采用MPN法测定生产用水中的大肠菌群数。

【训练准备】

1. 样品

生产用水。

2. 试剂与溶液

(1) 培养基 月桂基硫酸盐胰蛋白胨（LST）肉汤；煌绿乳糖胆盐（BGLB）肉汤。

(2) 无菌磷酸盐缓冲液或无菌生理盐水

3. 仪器及其他用品

杜氏小管安装操作

(1) 玻璃仪器 无菌吸管（10mL）1支+（1mL）10支、试管（200×20，配硅胶塞、杜氏小管）20支+（150×15，配硅胶塞）10支、锥形瓶（500mL，配硅胶塞）1只、烧杯（500mL）2只、量筒（100mL）1只等。

(2) 常规仪器 高压蒸汽灭菌锅、电热干燥箱、生化培养箱、振荡器、pH计或精密pH试纸。

(3) 其他用品 旧报纸（或牛皮纸）；棉绳；镊子；消毒酒精棉球；酒精灯；接种环；吸头。

【训练步骤】

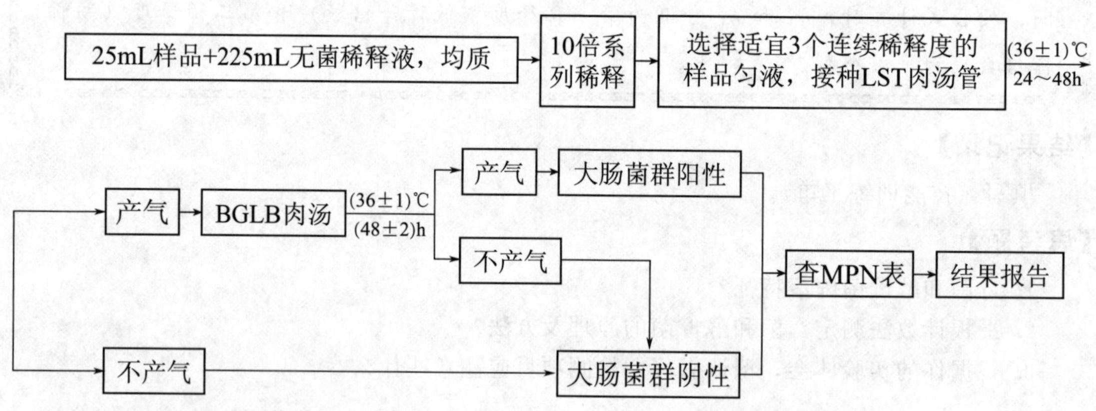

1. 样品采集

将水龙头用火焰灼烧3min灭菌，然后再放水5～10min，最后用无菌容器接取水样。

2. 样品稀释

以无菌吸管吸取25mL样品置于盛有225mL磷酸盐缓冲液或生理盐水的无菌锥形瓶（瓶内预置适当数量的无菌玻璃珠）中充分振摇或置于机械振荡器中振摇，充分混匀，制成1∶10的样品匀液。用1mol/L的NaOH或1mol/L的HCl调节样品匀液的pH值在6.5～7.5之间。用1mL无菌吸管或微量移液器吸取1∶10的样品匀液1mL，沿管壁缓缓注入9mL磷酸盐缓冲液或生理盐水的无菌试管中（注意吸管或吸头尖端不要触及稀释液面），振摇试管或换用1支1mL无菌吸管反复吹打，使其混合均匀，制成1∶100的样品匀液。根据对样品污染状况的预估，按上述操作，依次制成十倍递增系列稀释样品匀液。每递增稀释1次，换用1支1mL无菌吸管或吸头。从制备样品匀液至样品接种完毕，全过程不得超过15min。

3. 初发酵实验

每个样品选择 3 个适宜的连续稀释度的样品匀液（液体样品可以选择原液），每个稀释度接种 3 管月桂基硫酸盐胰蛋白胨（LST）肉汤，每管接种 1mL。如果接种量超过 1mL，则用双料 LST 肉汤，(36±1)℃培养（24±2）h，观察倒管内是否有气泡产生，(24±2)h 产气者进行复发酵试验（证实试验），如未产气则继续培养至（48±2)h，产气者进行复发酵试验。未产气者为大肠菌群阴性。

4. 复发酵试验（证实试验）

用接种环从产气的 LST 肉汤管中分别取培养物 1 环，移种于煌绿乳糖胆盐肉汤（BGLB）管中，(36±1)℃培养（48±2)h，观察产气情况。产气者计为大肠菌群阳性管。

5. 大肠菌群最大概率数（MPN）的报告

检索 MPN 表（表 5-2），报告每 mL 样品中大肠菌群的 MPN 值。

表 5-2 最可能数（MPN）检索表

阳性管数			MPN	95%可信限		阳性管数			MPN	95%可信限	
0.10	0.01	0.001		下限	上限	0.10	0.01	0.001		下限	上限
0	0	0	<3.0	—	9.5	2	2	0	21	4.5	42
0	0	1	3.0	0.15	9.6	2	2	1	28	8.7	94
0	1	0	3.0	0.15	11	2	2	2	35	8.7	94
0	1	1	6.1	1.2	18	2	3	0	29	8.7	94
0	2	0	6.2	1.2	18	2	3	1	36	8.7	94
0	3	0	9.4	3.6	38	3	0	0	23	4.6	94
1	0	0	3.6	0.17	18	3	0	1	38	8.7	110
1	0	1	7.2	1.3	18	3	0	2	64	17	180
1	0	2	11	3.6	38	3	1	0	43	9	180
1	1	0	7.4	1.3	20	3	1	1	75	17	200
1	1	1	11	3.6	38	3	1	2	120	37	420
1	2	0	11	3.6	42	3	1	3	160	40	420
1	2	1	15	4.5	42	3	2	0	93	18	420
1	3	0	16	4.5	42	3	2	1	150	37	420
2	0	0	9.2	1.4	38	3	2	2	210	40	430
2	0	1	14	3.6	42	3	2	3	290	90	1000
2	0	2	20	4.5	42	3	3	0	240	42	1000
2	1	0	15	3.7	42	3	3	1	460	90	2000
2	1	1	20	4.5	42	3	3	2	1100	180	4100
2	1	2	27	8.7	94	3	3	3	>1100	420	—

注：1. 本表采用 3 个稀释度［0.1g(mL)、0.01g(mL)、0.001g(mL)］，每个稀释度接种 3 管。

2. 表内所列检样量如改用 1g(mL)、0.1g（mL）和 0.01g（mL）时，表内数字应相应降低至 1/10；如改用 0.01g（mL)、0.001g（mL）和 0.0001g（mL）时，则表内数字应相应增高 10 倍，其余类推。

获得本实验成功的关键

① 整个操作过程要无菌操作，否则容易造成假阳性结果。

② 样品稀释至关重要。要根据样品污染状况，预估样品的稀释度，依次制成十倍递增系列稀释样品匀液。每递增稀释1次，换用1支1mL无菌吸管或吸头。

③ 月桂基硫酸盐胰蛋白胨（LST）肉汤培养基和煌绿乳糖胆盐（BGLB）肉汤培养基分装到有玻璃小倒管的试管中，灭菌后，若小倒管内有气泡，则趁热置于凉水中，排出小倒管内的气泡，否则影响对结果的判断。

【结果记录】

填写《技能训练工单》。

【思考题】

1. 控制食品中大肠菌群指标值的意义？
2. MPN法测定大肠菌群的原理及方法？
3. 根据你的实验体会，谈谈做好此检测项目应注意些什么？

技能训练四　果汁饮料中金黄色葡萄球菌的检验

【训练要求】

GB 4789.10—2016规定了食品中金黄色葡萄球菌的检验方法。第一法适用于食品中金黄色葡萄球菌的定性检验。主要利用金黄色葡萄球菌可产生溶血素，其血平板菌落周围形成透明的溶血环；金黄色葡萄球菌有高度的耐盐性，可在10%～15%NaCl肉汤中生长；金黄色葡萄球菌可产生两种凝固酶。一种是结合凝固酶，结合在细菌的细胞壁上，能直接作用于血浆中的纤维蛋白原，使之变成纤维蛋白而附着于细菌表面，发生凝集，可用玻片法测出。另一种是分泌至菌体外的游离凝固酶，作为类似凝血酶原物质，可被血浆中的协同因子激活变为凝血酶样物质，使纤维蛋白原变成纤维蛋白，从而使血浆凝固，可用试管法测出。第二法适用于金黄色葡萄球菌含量较高的食品中金黄色葡萄球菌的计数；第三法适用于金黄色葡萄球菌含量较低的食品中金黄色葡萄球菌的计数。

① 采用Baird-Parker平板、血平板和血浆凝固酶试验鉴定金黄色葡萄球菌。

② 采用平板计数法测定果汁中的金黄色葡萄球菌数量。

③ 采用MPN法测定果汁中的金黄色葡萄球菌数量。

【训练准备】

1. 样品

果汁饮料。

2. 试剂与溶液

（1）培养基　7.5%氯化钠肉汤、Baird-Parker琼脂平板、脑心浸出液肉汤（BHI）、营养琼脂小斜面。

（2）血琼脂平板

（3）兔血浆

（4）无菌磷酸盐缓冲液或无菌生理盐水

(5) 革兰氏染色液

3. 仪器及其他用品

(1) 玻璃仪器 无菌培养皿（直径为90mm）10套、无菌吸管（10mL）1支+(1mL) 10支、试管（200×20，配硅胶塞、杜氏小管）20支+(150×15，配硅胶塞) 10支、锥形瓶（500mL，配硅胶塞）1只、烧杯（500mL）2只、量筒（100mL）1只等。

(2) 常规仪器 高压蒸汽灭菌锅、电热干燥箱、生化培养箱、振荡器、pH计或精密pH试纸、光学显微镜。

(3) 其他用品 旧报纸（或牛皮纸）、棉绳、镊子、消毒酒精棉球、酒精灯、吸头、涂布器、接种环、载玻片。

【训练步骤】

安全警示

① 实验要做好安全防护，必须穿工作服，戴口罩、帽子、手套。

② 染菌物品一定先灭菌，再清洗或丢弃。

③ 实验室内禁止饮食、吸烟及存放食品。

④ 实验完毕，要对手进行消毒。

1. 金黄色葡萄球菌的鉴别

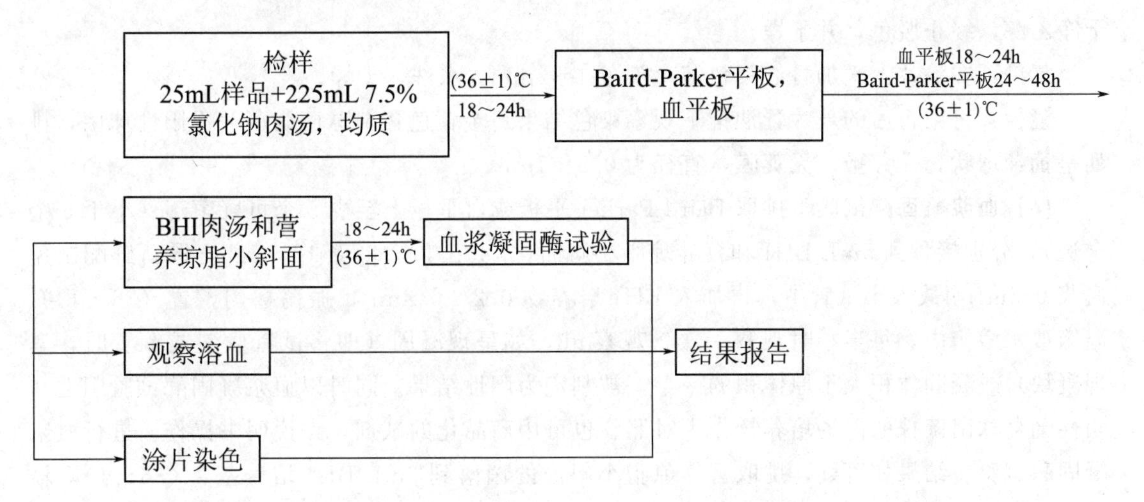

(1) 样品处理 吸取25mL样品至盛有225mL的7.5%氯化钠肉汤的无菌锥形瓶（瓶内可预置适当数量的无菌玻璃珠）中，振荡混匀。

(2) 增菌 将样品匀液于(36±1)℃培养18～24h。金黄色葡萄球菌在7.5%氯化钠肉汤中呈浑浊生长。

(3) 分离 将增菌后的培养物，分别划线接种到Baird-Parker平板和血平板，血平板(36±1)℃培养18～24h。Baird-Parker平板(36±1)℃培养24～48h。

(4) 初步鉴定 金黄色葡萄球菌在Baird-Parker平板上呈圆形，表面光滑、凸起、湿润，菌落直径为2～3mm，颜色呈灰黑色至黑色，有光泽，常有浅色（非白色）的边缘，周围绕以不透明圈（沉淀），其外常有一清晰带。当用接种针触及菌落时具有黄油样黏稠感。

有时可见到不分解脂肪的菌株，除没有不透明圈和清晰带外，其他外观基本相同。在血平板上，形成菌落较大，圆形、光滑凸起、湿润、金黄色（有时为白色），菌落周围可见完全透明溶血圈。挑取上述可疑菌落进行革兰氏染色镜检及血浆凝固酶试验。

(5) 革兰氏染色 包括制片、初染、媒染、脱色、复染和镜检。

制片：在消毒后的载玻片上滴一滴蒸馏水或生理盐水，用无菌接种环通过无菌操作挑取少许可疑菌，置载玻片水滴中，用接种环涂成直径约1cm的近圆形薄层菌斑。

干燥：室温自然干燥，也可将菌面朝上在酒精灯上方稍微加热使其干燥，但切勿离火焰太近，因温度太高会破坏菌体形态。

固定：如果使用加热干燥，固定与干燥可合为一步，方法同干燥。

初染：将载玻片平放于玻片搁架上，菌面朝上，滴加结晶紫染色液，使染色液覆盖菌面，染色1min。

水洗：用水冲洗掉多余的染色液。注意水流不可过大，不可直接冲洗涂菌面，以免菌膜脱落。可将载玻片倾斜，使水流从载玻片上端顺着载玻片斜面流经涂菌面洗掉多余的染色液，直至载玻片下端流出的水为无色。

干燥：甩去玻片上的水珠，自然干燥、电吹风吹干或用吸水纸吸干均可以，注意切勿擦去菌体。

媒染：滴加卢戈氏碘液覆盖菌膜染色约1min，倾斜后缓慢冲洗掉多余碘液，干燥。

脱色：将玻片倾斜，在白色背景下用滴管流加95%的乙醇脱色20～30s，立即用水冲洗干净乙醇，终止脱色，并干燥。

复染：在涂片上滴加番红染色液，染色1～2min，水洗，干燥。

镜检：将染色后的玻片置油镜下观察染色结果。金黄色葡萄球菌为革兰氏阳性球菌，排列呈葡萄球状，无芽孢，无荚膜，直径为0.5～1μm。

(6) 血浆凝固酶试验 挑取Baird-Parker平板或血平板上至少5个可疑菌落（小于5个全选），分别接种到5mL BHI和营养琼脂小斜面，(36±1)℃培养18～24h。取新鲜配制兔血浆0.5mL，放入小试管中，再加入BHI培养物0.2～0.3mL，振荡摇匀，置(36±1)℃温箱或水浴箱内，每半小时观察一次，观察6h，如呈现凝固（即将试管倾斜或倒置时，呈现凝块）或凝固体积大于原体积的一半，被判定为阳性结果。同时以血浆凝固酶试验阳性和阴性葡萄球菌菌株的肉汤培养物作为对照。也可用商品化的试剂，按说明书操作，进行血浆凝固酶试验。结果如可疑，挑取营养琼脂小斜面的菌落到5mL BHI培养基，(36±1)℃培养18～48h，重复试验。

(7) 结果与报告 符合(4)(5)(6)结果的，可判定为金黄色葡萄球菌。结果可报告为在25mL样品中检出金黄色葡萄球菌。否则报告为未检出。

2. 金黄色葡萄球菌平板计数法

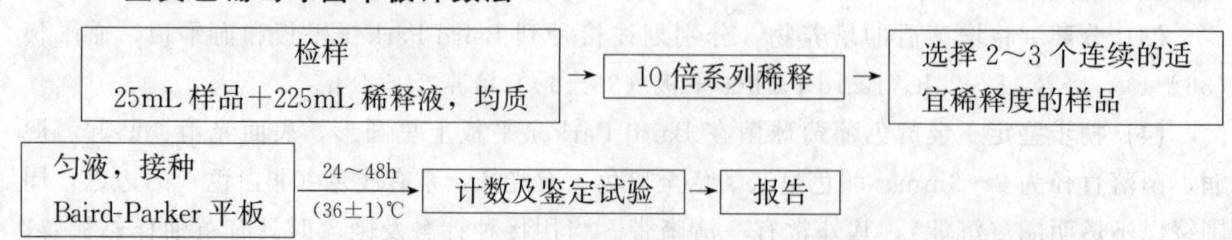

(1) 样品处理 以无菌吸管吸取 25mL 样品置于盛有 225mL 磷酸盐缓冲液或生理盐水的无菌锥形瓶（瓶内预置适当数量的无菌玻璃珠）中，充分混匀，制成 1∶10 的样品匀液。用 1mL 无菌吸管或微量移液器吸取 1∶10 样品匀液 1mL，沿管壁缓慢注于盛有 9mL 磷酸盐缓冲液或生理盐水的无菌试管中（注意吸管或吸头尖端不要触及稀释液面），振摇试管或换用 1 支 1mL 无菌吸管反复吹打使其混合均匀，制成 1∶100 的样品匀液。采用以上方法制备 10 倍系列稀释样品匀液。每递增稀释一次，换用 1 次 1mL 无菌吸管或吸头。

(2) 样品的接种 根据对样品污染状况的估计，选择 2～3 个适宜稀释度的样品匀液（液体样品可包括原液），在进行 10 倍递增稀释的同时，每个稀释度分别吸取 1mL 样品匀液以 0.3mL、0.3mL、0.4mL 接种量分别加入 3 个 Baird-Parker 平板，然后用无菌涂布棒涂布整个平板，注意不要触及平板边缘。使用前，如 Baird-Parker 平板表面有水珠，可放在 25～50℃的培养箱里干燥，直到平板表面的水珠消失。

(3) 培养 涂布后，将平板静置 10min，如样液不易吸收，可将平板放在培养箱（36±1)℃培养 1h。等样品匀液吸收后翻转平板，倒置后于（36±1)℃培养 24～48h。

(4) 典型菌落计数和确认 金黄色葡萄球菌在 Baird-Parker 平板上呈圆形，表面光滑、凸起、湿润，菌落直径为 2～3mm，颜色呈灰黑色至黑色，有光泽，常有浅色（非白色）的边缘，周围绕以不透明圈（沉淀），其外常有一清晰带。当用接种针触及菌落时具有黄油样。

选择有典型的金黄色葡萄球菌菌落的平板，且同一稀释度 3 个平板所有菌落数合计在 20～200CFU 之间的平板，计数典型菌落数。

从典型菌落中至少选 5 个可疑菌落（小于 5 个全选）进行鉴定试验。分别做染色镜检，血浆凝固酶试验；同时划线接种到血平板（36±1)℃培养 18～24h 后观察菌落形态，金黄色葡萄球菌菌落较大，圆形、光滑凸起、湿润、金黄色（有时为白色），菌落周围可见完全透明溶血圈。

(5) 结果计算 若只有一个稀释度平板的典型菌落数在 20～200CFU，计数该稀释度平板上的典型菌落数。按公式(5-2) 计算；若最低稀释度平板的典型菌落数小于 20CFU，计数该稀释度平板上的典型菌落，按公式(5-2) 计算；若某一稀释度平板的典型菌落数大于200CFU，但下一稀释度平板上没有典型菌落，计数该稀释度平板上的典型菌落，按公式(5-2) 计算；若某一稀释度平板的典型菌落数大于 200CFU，而下一稀释度平板上虽有典型菌落，但不在 20CFU～200CFU 范围内，应计数该稀释度平板上的典型菌落，按公式(5-2) 计算；若 2 个连续稀释度的平板典型菌落数均在 20～200CFU 之间，按公式(5-3)计算。

$$X=\frac{AB}{Cd} \tag{5-2}$$

式中 X——样品中金黄色葡萄球菌菌落数；

A——某一稀释度典型菌落的总数；

B——某一稀释度鉴定为阳性的菌落数；

C——某一稀释度用于鉴定试验的菌落数；

d——稀释因子。

$$T=\frac{A_1B_1/C_1+A_2B_2/C_2}{1.1d} \tag{5-3}$$

式中 T——样品中金黄色葡萄球菌菌落数；

A_1——第一稀释度（低稀释倍数）典型菌落的总数；

B_1——第一稀释度（低稀释倍数）鉴定为阳性的菌落数；

C_1——第一稀释度（低稀释倍数）用于鉴定试验的菌落数；

A_2——第二稀释度（高稀释倍数）典型菌落的总数；

B_2——第二稀释度（高稀释倍数）鉴定为阳性的菌落数；

C_2——第二稀释度（高稀释倍数）用于鉴定试验的菌落数；

1.1——计算系数；

d——稀释因子（第一稀释度）。

(6) 报告 根据计算结果，报告每 mL 样品中金黄色葡萄球菌数，以 CFU/mL 表示；如 T 值为 0，则以小于 1 乘以最低稀释倍数报告。

3. 金黄色葡萄球菌 MPN 计数

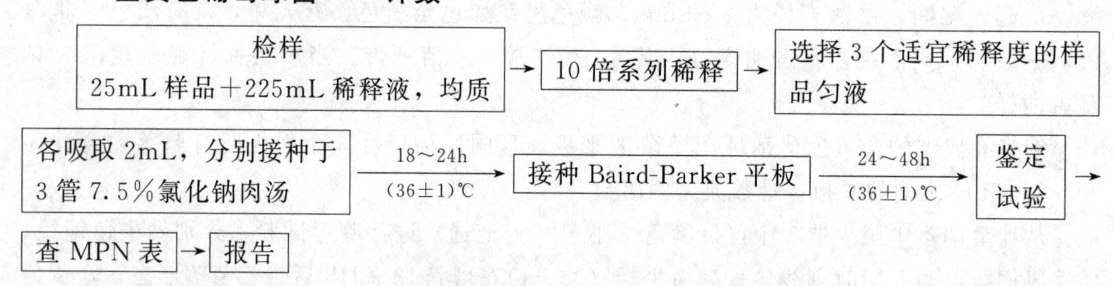

(1) 样品的稀释 同"平板计数法测定金黄色葡萄球菌"。

(2) 接种和培养 根据对样品污染状况的预估，选择 3 个适宜稀释度的样品匀液（液体样品可包括原液），在进行 10 倍递增稀释的同时，每个稀释度分别接种 1mL 样品匀液至 7.5％的氯化钠肉汤管（如接种量超过 1mL，则用双料 7.5％氯化钠肉汤），每个稀释度接种 3 管，将上述接种物 (36±1)℃培养 18～24h。用接种环从培养后的 7.5％氯化钠肉汤管中分别取培养物 1 环，移种于 Baird-Parker 平板，于 (36±1)℃培养 24～48h。根据金黄色葡萄球菌的典型菌落特点，确定金黄色葡萄球菌的阳性试管数，查 MPN 检索表（表 5-2），报告每 mL 样品中金黄色葡萄球菌的最可能数，以 MPN/mL 表示。

获得本实验成功的关键

① 整个操作过程要无菌操作，做好安全防护。

② 革兰氏染色时脱色是关键，脱色时间过长，会使脱色剂渗透进阳性菌的细胞壁中，使染上的结晶紫脱去颜色，最后出现假阴性结果；而脱色时间太短，会使阴性菌脱色不彻底，出现假阳性结果。

③ 用水冲洗玻片上多余的染色液时，水流不可过大，不可直接冲洗涂菌面，以免菌膜脱落。

【结果记录】

填写《技能训练工单》。

【思考题】

1. 为何金黄色葡萄球菌在血平板上会产生溶血圈？
2. Baird-Parker 琼脂平板中加入亚碲酸钾的作用是什么？
3. 为什么采用血浆凝固酶试验可以判定葡萄球菌致病和不致病？

附录

I 染色液及其配制

1. 革兰氏染液

① 革兰氏A液（草酸铵结晶紫染液）

成分：结晶紫1.0g，95%乙醇20mL，1%草酸铵水溶液80mL。

制法：将结晶紫在研钵中研细，逐渐加入95%乙醇，继续研磨使其溶解，然后与草酸铵溶液混合，静置24～48h过滤备用。此液不易保存，如有沉淀，需重新配制。

② 革兰氏B液（卢戈氏碘液）

成分：碘片1.0g，碘化钾2.0g，蒸馏水300mL。

制法：先将碘化钾溶解于3～5mL蒸馏水中，再将碘片溶解于碘化钾溶液中，待碘全溶后，加足水分即成。配成后贮于棕色瓶内备用，如变为浅黄色即不能使用。为了防止碘液挥发失效和增强媒染效果，更易分辨G^+菌和G^-菌，可在碘液中加少量的聚乙烯吡咯烷酮（简称PVP）。

③ 革兰氏C液（95%乙醇溶液）

成分：95%乙醇或丙酮。

制法：95%乙醇溶液或丙酮-乙醇溶液（95%的乙醇70mL，丙酮30mL）。

④ 革兰氏D液［番红（沙黄）复染液］

成分：番红（沙黄）2.5g，95%乙醇100mL，蒸馏水80mL。

制法：将番红（沙黄）溶解于95%乙醇中，作为母液保存于密闭的棕色瓶中，临用时吸取20mL母液与80mL蒸馏水混匀，即为0.5%番红（沙黄）复染液。

2. 吕氏碱性亚甲蓝染色液

成分：亚甲蓝0.3g，95%乙醇溶液30mL，KOH 0.01g，蒸馏水100mL。

制法：A液——称取亚甲蓝0.3g溶解于30mL 95%乙醇溶液；

B液——称取KOH 0.01g溶解于100mL蒸馏水中；

将A、B液混合即可。

3. 孔雀绿芽孢染色液

成分：孔雀绿5.0g，蒸馏水100mL。

制法：称取孔雀绿5.0g溶解于100mL蒸馏水中。

4. 乳酸石炭酸棉蓝染色液

成分：石炭酸10.0g，乳酸10.0mL，甘油20.0mL，蒸馏水10mL，棉蓝0.02g。

制法：将石炭酸加入蒸馏水中加热溶解，然后加入乳酸和甘油，最后加入棉蓝，使其溶解即成。

Ⅱ 培养基及其配制

1. 豆芽汁蔗糖培养基（用于酵母菌、霉菌培养）

成分：豆芽 200g、蔗糖 30g、水 1000mL；pH 值 7.2。

豆芽汁的制备：将黄豆用水浸泡一夜，置于室温（20℃左右）下，上覆盖湿布，每天冲洗 1～2 次，弃去腐烂不发芽者，待发芽至 3～4cm 即可。将黄豆芽 200g 洗净，在 1000mL 水中煮沸 30min，纱布过滤得豆芽汁，补足水分至 1000mL，即为 20%的豆芽汁。

制法：称取蔗糖 30g 加入豆芽汁中加热溶解，于 20～25℃条件下以 1mol/L NaOH 溶液（或 1mol/L HCl 溶液）校正 pH 值 7.2，分装锥形瓶或试管。121℃灭菌 15～20min。

2. 牛肉膏蛋白胨（NB）培养基（又称营养肉汤，用于细菌培养）

成分：牛肉膏 3.0g、蛋白胨 10.0g、NaCl 5.0g、水 1000mL；pH 值 7.4～7.6。

制法：将各成分溶解于水中，于 20～25℃条件下以 1mol/L NaOH 溶液（或 1mol/L HCl 溶液）校正 pH 值 7.4～7.6，分装于锥形瓶或试管中，121℃灭菌 15～20min。

固体牛肉膏蛋白胨（NA）培养基：上述牛肉膏蛋白胨培养基中加琼脂 2%；

半固体牛肉膏蛋白胨（NSA）培养基：上述牛肉膏蛋白胨培养基中加琼脂 0.6%～0.8%。

3. 胰胨豆胨培养基

成分：胰蛋白胨 17.0g、大豆蛋白胨 3.0g、NaCl 5.0g、葡萄糖 2.5g、K_2PO_4 2.5g、水 1000mL；pH 值根据需要调。

制法：将各成分溶解于水中，于 20～25℃条件下以 1mol/L NaOH 溶液（或 1mol/L HCl 溶液）校正 pH 值按需要调节，分装于试管中，121℃灭菌 15～20min。

4. 淀粉琼脂培养基

成分：淀粉 10.0g、蛋白胨 10.0g、NaCl 5.0g、琼脂 20.0g、水 1000mL；pH 值 7.2～7.6。

制法：将淀粉先溶于水中，煮沸溶解，再加入上述其他成分，调节 pH 值，分装于试管和锥形瓶中，121℃灭菌 15～20min。

5. MRS 培养基

成分：葡萄糖 20.0g、蛋白胨 10.0g、牛肉膏 10.0g、酵母膏 5.0g、柠檬酸二铵 2.0g、磷酸氢二钾 2.0g、乙酸钠 5.0g、$MgSO_4 \cdot 7H_2O$ 0.58g、$MnSO_4 \cdot 4H_2O$ 0.25g、吐温-80 1mL、琼脂 20.0g、水 1000mL；pH 值 6.2～6.5（培养乳杆菌）或 pH 值 6.8～7.0（培养乳酸球菌）。

制法：将 $MgSO_4$、$MnSO_4$、葡萄糖、吐温-80 以外的各成分溶解，冷却至 50℃，调节 pH 值 6.2～6.5 或 pH 值 6.8～7.0，而后加入 $MgSO_4$、$MnSO_4$，最后加入葡萄糖和吐温-80，分装锥形瓶中，按量加入 2.0%琼脂。121℃灭菌 15～20min。

6. 酸化 MRS 培养基

成分：同 MRS 培养基。

制法：将各成分按顺序煮沸溶解后，冷却至 50℃，用醋酸调节 pH 值 5.4，冷却至室温（25℃），用酸度计检查 pH 值，分装锥形瓶中，按量加入 2.0% 琼脂。121℃灭菌 15～20min。

7. 番茄汁琼脂培养基

成分：番茄汁原液 30mL、蒸馏水 970mL、蛋白胨 5.0g、酵母膏 2.5g、葡萄糖 1.0g、乳酪蛋白水解物 5.0g、琼脂 20g，pH 值 6.5～6.8。若分离、计数乳酸菌可在培养基中加入 1.6%溴甲酚紫乙醇溶液 1mL。若分离样品污染真菌还应加入 0.15%纳他霉素（事先用 2mL 0.1mol/L NaOH 溶解）。

番茄汁制法：将番茄洗净，切块，放于锅内煮沸（不加水）至熟出汁，经纱布过滤后，用滤纸过滤，分装于锥形瓶中。121℃灭菌 15～20min。

制法：将除琼脂以外的各成分溶于稀释的番茄汁中（番茄汁先调 pH 值 6.5～6.8），分装锥形瓶中，按量加入 2.0%琼脂，121℃灭菌 15～20min。

8. 细菌糖或醇发酵培养基

成分：蛋白胨 10.0g、NaCl 5.0g、磷酸氢二钾（K_2HPO_4）0.2g，蒸馏水 1000mL，pH 值 7.4，1.6%溴甲酚紫乙醇溶液（简称 BCP）1～2mL，葡萄糖（或其他糖、醇）10.0g。

制法：将蛋白胨、NaCl 和磷酸氢二钾溶于蒸馏水中，校正 pH 值，加入 1.6%溴甲酚紫乙醇溶液，待呈紫色，再加入葡萄糖（或其他糖），使之溶解，分装于试管中，最后将杜氏小倒管放入试管中，使管内充满培养液。如制备半固体培养基，需加琼脂 5～6g，分装试管高度 4～5cm，115℃灭菌 20min。常用的糖或醇类，如葡萄糖、麦芽糖、蔗糖、甘露糖、甘露醇、乳糖、半乳糖等（后两种糖的用量常加大至 15g）。注意：试管必须清洗干净，避免结果混乱。

9. 蛋白胨水培养基

成分：蛋白胨（或胰蛋白胨）20g、NaCl 5g，蒸馏水 1000 mL，pH 值为 7.4±0.2。

制法：将上述成分加入蒸馏水中，煮沸溶解，调节 pH 值，分装小试管，121℃灭菌 15～20min。

10. 葡萄糖蛋白胨水培养基

成分：蛋白胨 7.0g、葡萄糖 5.0g、磷酸氢二钾（K_2HPO_4）5.0g，蒸馏水 1000mL，pH 值 7.0～7.2。

制法：将上述各成分溶于蒸馏水中，调 pH 值为 7.0～7.2，过滤。分装试管 4～5mL，115℃灭菌 20min。

11. 西蒙氏柠檬酸盐培养基

成分：磷酸二氢铵（$NH_4H_2PO_4$）1.0g、磷酸氢二钾（K_2HPO_4）1.0g、氯化钠（NaCl）5.0g、硫酸镁（$MgSO_4 \cdot 7H_2O$）0.2g、柠檬酸钠 5.0g、琼脂 15～20g，蒸馏水 1000mL，1%溴麝香草酚蓝乙醇溶液（简称 BTB）10mL 或 0.2%溴麝香草酚蓝水溶液 40mL，pH 值 6.8。

制法：先将盐类溶解于蒸馏水中，校正 pH 值，再加琼脂加热熔化，然后加入 BTB 指示剂，摇匀，分装试管，121℃灭菌 15～20min。制成斜面。培养基的 pH 值不要偏高，制成后以浅绿色为宜。

12. 醋酸铅半固体培养基

成分：pH 值 7.4 的牛肉膏蛋白胨半固体琼脂 100mL，硫代硫酸钠 0.25g，10%醋酸铅水溶液 1mL。

制法：将牛肉膏蛋白胨半固体琼脂培养基 100mL 加热熔化，待冷至 60℃时加入硫代硫酸钠0.25g，调pH值7.2，分装于锥形瓶中，115℃灭菌20min。待冷至55～60℃，加入1mL无菌的10%醋酸铅水溶液，混匀后，倒入灭菌试管中。

13. 硫酸亚铁半固体培养基

成分：牛肉膏3.0g、酵母浸膏3.0g、蛋白胨10.0g、硫酸亚铁0.2g、硫代硫酸钠0.3g、氯化钠5.0g、琼脂12.0g，蒸馏水1000mL，pH值7.4。

制法：将各成分加热溶解，校正pH值，分装试管，115℃灭菌20min。取出直立，待其凝固。

14. 10°Bx或12°Bx麦芽汁培养基

成分：干麦芽250g、水1000～1200mL，pH值5.5～6.0。

麦芽制法：取新鲜大麦（或小麦）若干，用水洗净，浸水6～12h后，置于15℃阴暗处发芽，上盖纱布一块，每日早、晚淋水各一次，麦根伸长至麦粒的2倍时，即停止发芽，摊开晒干或烘干，贮存备用。

制法：将一定量的干麦芽粉碎，加4倍于麦芽质量的60℃热水，在55～65℃水浴锅中保温糖化3～4h，糖化时要不断搅拌，并每隔一定时间取样于白瓷板上加碘液1～2滴检查糖化程度，如显蓝色，说明糖化尚未彻底，直至碘液无蓝色反应为止。糖化完毕，用4～6层纱布过滤，除去残渣（如滤液浑浊不清，可用鸡蛋清澄清。其方法是：将一个鸡蛋清加水约20mL，调匀至生泡沫，倒入糖化液中搅拌煮沸后再用纱布和脱脂棉过滤，即得澄清的麦芽汁。）。每1000g麦芽粉能制得15～18°Bx的麦芽汁3500～4000mL，再加水稀释成10°Bx或12°Bx的麦芽汁，用糖度计检测糖化液浓度。调节pH值5.5～6.0用于培养酵母菌。分装试管或锥形瓶中，如制备固体培养基，分装锥形瓶后，按麦芽汁量加入1.5%～2.0%琼脂。115℃灭菌20min。

15. 种子麦芽汁培养基

成分：酵母膏3g、10°Bx或12°Bx麦芽汁1000mL，pH值5.5。

制法：称取酵母膏溶解于麦芽汁中，校正pH值，分装试管或锥形瓶中，115℃灭菌20min。

16. 红糖发酵培养基

成分：红糖100.0g、$(NH_4)_2SO_4$ 2.0g、KH_2PO_4 1.0g，自来水1000mL，pH值5.5。

制法：将各成分溶解于水中，校正pH值，用250mL锥形瓶分装150mL，以大试管（预先放入杜氏小倒管）分装10mL，115℃灭菌20min。

17. 平板计数琼脂（PCA）培养基

成分：胰蛋白胨5.0g、酵母浸膏2.5g、葡萄糖1.0g、琼脂15.0g、蒸馏水1000mL。

制法：将上述成分加于蒸馏水中，煮沸溶解，调节pH值至7.0±0.2，分装试管或锥形瓶，121℃高压灭菌15min。

18. 马铃薯葡萄糖琼脂（PDA）培养基

成分：马铃薯（去皮切块）300g、葡萄糖20.0g、琼脂20.0g、氯霉素0.1g、蒸馏水1000mL。

制法：将马铃薯去皮切块，加入1000mL蒸馏水，煮沸10～20min，用纱布过滤，补加蒸馏水至1000mL。加入葡萄糖和琼脂，加热溶解，分装后，121℃灭菌15min，备用。

19. 孟加拉红琼脂培养基

成分：蛋白胨 5.0g、葡萄糖 10.0g、磷酸二氢钾 1.0g、$MgSO_4$（无水）0.5g、琼脂 20.0g、孟加拉红 0.033g、氯霉素 0.1g、蒸馏水 1000mL。

制法：上述各成分加入蒸馏水中，加热溶解，补足蒸馏水至 1000mL，分装后，121℃灭菌 15min，避光保存备用。

20. 月桂基硫酸盐胰蛋白胨（LST）肉汤培养基

成分：胰蛋白胨或胰酪胨 20.0g、氯化钠 5.0g、乳糖 5.0g、磷酸氢二钾（K_2HPO_4）2.75g、磷酸二氢钾（KH_2PO_4）2.75g、月桂基硫酸钠 0.1g，蒸馏水 1000mL。

制法：将上述成分溶解于蒸馏水中，调节 pH 值至 6.8±0.2，分装到有玻璃小倒管的试管中，每管 10mL。121℃高压灭菌 15min。

注：双料 LST 肉汤除蒸馏水外，其他成分按 2 倍用量配制。灭菌后，若小倒管内有气泡，则趁热置于凉水中，以便排出小倒管内的气泡。

21. 煌绿乳糖胆盐（BGLB）肉汤培养基

成分：蛋白胨 10.0g、乳糖 10.0g、牛胆粉（oxgall 或 oxbile）溶液 200mL、0.1%煌绿水溶液 13.3mL、蒸馏水 800mL。

制法：将蛋白胨、乳糖溶于约 500mL 蒸馏水中，加入牛胆粉溶液 200mL（将 20.0g 脱水牛胆粉溶于 200mL 蒸馏水中，调节 pH 值至 7.0～7.5），用蒸馏水稀释至 975mL，调节 pH 值至 7.2±0.1，再加入 0.1%煌绿水溶液 13.3mL，用蒸馏水补足至 1000mL，用棉花过滤后，分装到有玻璃小倒管的试管中，每管 10mL，121℃高压灭菌 15min。

22. 7.5%氯化钠肉汤

成分：蛋白胨 10.0g、牛肉膏 5.0g、氯化钠 75g、蒸馏水 1000mL。

制法：将上述成分加热溶解，调节 pH 值至 7.4±0.2，分装，每瓶 225mL，121℃高压灭菌 15min。

23. 血琼脂平板

成分：豆粉琼脂（pH 值 7.5±0.2）100mL、脱纤维羊血（或兔血）5～10mL。

制法：加热熔化琼脂，冷却至 50℃，以无菌操作加入脱纤维羊血，摇匀，倾注平板。

24. Baird-Parker 琼脂平板

成分：胰蛋白胨 10.0g、牛肉膏 5.0g、酵母膏 1.0g、丙酮酸钠 10.0g、甘氨酸 12.0g、氯化锂（$LiCl \cdot 6H_2O$）5.0g、琼脂 20.0g、蒸馏水 950mL。

增菌剂的配法：30%卵黄盐水 50mL 与通过 0.22μm 孔径滤膜进行过滤除菌的 1%亚碲酸钾溶液 10mL 混合，保存于冰箱内。

制法：将各成分加到蒸馏水中，加热煮沸至完全溶解，调节 pH 值至 7.0±0.2。分装每瓶 95mL，121℃高压灭菌 15min。临用时加热熔化琼脂，冷至 50℃，每 95mL 加入预热至 50℃的卵黄亚碲酸钾增菌剂 5mL，摇匀后倾注平板。培养基应是致密不透明的。使用前在冰箱储存不得超过 48h。

25. 脑心浸出液肉汤（BHI）

成分：胰蛋白质胨 10.0g、氯化钠 5.0g、磷酸氢二钠（$12H_2O$）2.5g、葡萄糖 2.0g、牛心浸出液 500mL。

制法：加热溶解，调节 pH 值至 7.4±0.2，分装 16mm×160mm 试管，每管 5mL，置 121℃、15min 灭菌。

26. 兔血浆

取柠檬酸钠 3.8g，加蒸馏水 100mL，溶解后过滤，装瓶，121℃高压灭菌 15min，制备成 3.8%柠檬酸钠溶液。

制法：取 3.8%柠檬酸钠溶液 1 份，加兔全血 4 份，混合静置（或以 3000r/min 离心 30min），使血液细胞下降，即可得血浆。

27. 营养琼脂小斜面

成分：蛋白胨 10.0g、牛肉膏 3.0g、氯化钠 5.0g、琼脂 15.0～20.0g、蒸馏水 1000mL。

制法：将除琼脂以外的各成分溶解于蒸馏水内，加入 15%氢氧化钠溶液约 2mL，调节 pH 值至 7.3±0.2。加入琼脂，加热煮沸，使琼脂熔化，分装 13mm×130mm 试管，121℃高压灭菌 15min。

Ⅲ　常用试剂及指示剂

1. 1mol/L NaOH 溶液

成分：NaOH 40.0g、蒸馏水 1000mL。

制法：称取 40.0g NaOH 溶于 1000mL 蒸馏水中。

2. 1mol/L HCl 溶液

成分：HCl（36%）86.0mL、蒸馏水 1000mL。

制法：量取浓盐酸（36%）86.0mL，用蒸馏水稀释至 1000mL。

3. 无菌生理盐水

成分：NaCl 8.5g、蒸馏水 1000mL。

制法：NaCl 加入 1000mL 蒸馏水中，搅拌至完全溶解，分装于试管或锥形瓶中，121℃灭菌 15min，备用。

4. 磷酸盐缓冲液

成分：磷酸二氢钾 34.0g、蒸馏水 500mL。

制法：

贮存液：称取 34g 磷酸二氢钾溶于 500mL 蒸馏水中，用大约 175mL 的 1mol/L NaOH 溶液调节 pH 值至 7.2，用蒸馏水稀释至 1000mL 后贮存于冰箱中。

稀释液：取贮存液 1.25mL，用蒸馏水稀释至 1000mL，分装于试管和锥形瓶中，121℃灭菌 15min。

5. 吲哚（靛基质）试剂：柯凡克试剂或欧-波试剂

① 柯凡克试剂

成分：对二甲基氨基苯甲醛 5.0g，戊醇（正、异戊醇）75mL，浓盐酸 25mL。

制法：将对二甲基氨基苯甲醛溶解于戊醇中，缓慢加入浓盐酸，溶液呈土黄色。

② 欧-波试剂

成分：对二甲基氨基苯甲醛 1.0g，95%乙醇 95mL，浓盐酸 20mL。

制法：将对二甲基氨基苯甲醛溶解于乙醇中，而后缓慢加入盐酸 20mL。

6. 甲基红试剂

成分：甲基红 10mg，95%乙醇 30mL，蒸馏水 20mL。

制法：称取甲基红溶解于乙醇中，而后加入蒸馏水混匀即可。变色范围 pH 值 4.2～6.3，由红变黄。

7. 5% α-奈酚无水乙醇溶液

成分：α-奈酚 5.0g、无水乙醇 100mL。

制法：称取 α-奈酚溶解于无水乙醇中，贮存于棕色瓶中。该试剂易氧化，临用时现配。

8. 40% KOH 溶液

成分：氢氧化钾（KOH）40.0g、蒸馏水 100mL。

制法：称取 KOH 溶解于蒸馏水中。

9. 10% NaOH 溶液

成分：氢氧化钠（NaOH）10.0g、蒸馏水 100mL。

制法：称取 NaOH 溶解于蒸馏水中。

10. 10% H_2SO_4 溶液

成分：浓硫酸（H_2SO_4，98%）10.2mL、蒸馏水 100mL。

制法：在烧杯中加入 60mL 蒸馏水，将 10.2mL 浓硫酸缓慢倒入水中并保持搅拌，冷却到室温后，加蒸馏水至 100mL，混匀。

11. 1% $K_2Cr_2O_7$ 溶液

成分：重铬酸钾（$K_2Cr_2O_7$）1.0g、蒸馏水 100mL。

制法：称取 $K_2Cr_2O_7$ 溶解于蒸馏水中。

12. 25g/L 海藻酸钠溶液

成分：海藻酸钠 2.5g、蒸馏水 100mL。

制法：称取海藻酸钠，加入蒸馏水，加热溶解。

13. 15g/L $CaCl_2$ 溶液

成分：$CaCl_2$ 1.5g、蒸馏水 100mL。

制法：称取 $CaCl_2$，溶解于蒸馏水中。

14. 0.025mol/L 碘液

成分：碘 6.35g、蒸馏水 1000mL。

制法：称取碘，用少量蒸馏水溶解，转入 1000mL 容量瓶，用蒸馏水定容。

参 考 文 献

[1] 沈萍，陈向东．微生物学［M］.8版．北京：高等教育出版社，2016.

[2] 沈萍，陈向东．微生物学实验［M］.5版．北京：高等教育出版社，2018.

[3] 周德庆．微生物学教程［M］.4版．北京：高等教育出版社，2020.

[4] 桑亚新，李秀婷．食品微生物学［M］. 北京：中国轻工业出版社，2016.

[5] 何国庆，贾英民，丁立孝．食品微生物学［M］.3版．北京：中国农业大学出版社，2016.

[6] 郝林，孔庆学，方祥．食品微生物学实验技术［M］.3版．北京：中国农业大学出版社，2016.

[7] 路福平，李玉．微生物学［M］.2版．北京：中国轻工业出版社，2020.

[8] 杨玉红．食品微生物学［M］.2版．北京：中国轻工业出版社，2018.

[9] 贾洪信，李彦坡．食品微生物基础［M］. 北京：清华大学出版社，2018.

[10] 周桃英，王福红．食品微生物［M］.2版．北京：中国农业大学出版社，2020.

[11] 杨玉红，陈淑范．食品微生物［M］.3版．武汉：武汉理工大学出版社，2018.

[12] 刘秀梅，曹敏，毛雪丹．食品加工过程的微生物控制原理与实践［M］.8版．北京：中国轻工业出版社，2017.

[13] 刘慧．现代食品微生物学［M］.2版．北京：中国轻工业出版社，2011.

[14] 刘慧．现代食品微生物学实验技术［M］. 北京：中国轻工业出版社，2006.

[15] 陈玮，叶素丹．微生物学及实验实训技术［M］.2版．北京：化学工业出版社，2017.

[16] 姚勇芳．食品微生物检验技术［M］. 北京：科学出版社，2011.

[17] 罗红霞，王建．食品微生物检验技术［M］. 北京：中国轻工业出版社，2018.

[18] 朱乐敏．食品微生物学［M］.2版．北京：化学工业出版社，2020.

[19]［英］B. 贾维斯．食品微生物学检测统计学［M］.3版．北京：化学工业出版社，2019.

[20] 雅梅．食品微生物检验技术［M］. 北京：化学工业出版社，2015.

[21] 周建新．食品微生物学检验［M］. 北京：化学工业出版社，2011.

[22] 张敬慧，郭云霞．酿酒微生物［M］.2版．北京：中国轻工业出版社，2021.

[23] 张刚．乳酸细菌——基础、技术和应用［M］. 北京：化学工业出版社，2007.

[24] 凌代文，东秀珠．乳酸细菌分类鉴定及实验方法［M］. 北京：中国轻工业出版社，1999.

[25] R. E. 布坎南，N. E. 吉本斯，等．伯杰细菌鉴定手册［M］. 北京：科学出版社，1984.

[26] 潘春梅，张晓静．微生物技术［M］.2版．北京：化学工业出版社，2017.

[27] 孙勇民，张新红．微生物技术及应用［M］.3版．武汉：华中科技大学出版社，2020.

[28] 于淑萍．应用微生物技术［M］.3版．北京：化学工业出版社，2015.

[29] 牛天贵．食品微生物学实验技术［M］.2版．北京：中国农业大学出版社，2011.

[30] 刘素纯，吕嘉枥，蒋立文．食品微生物学实验［M］. 北京：化学工业出版社，2020.

[31] 李平兰，贺稚非．食品微生物学原理与技术［M］.3版．北京：中国农业大学出版社，2021.

[32] 王远亮，宁喜斌．食品微生物学实验指导［M］. 北京：中国轻工业出版社，2020.

[33] 雷质文．食品微生物实验室质量管理手册［M］.2版．北京：中国标准出版社，2018.

[34] 中华人民共和国国家标准．食品安全国家标准．食品微生物学检验（GB 4789—2010～2022）.

[35] 中华人民共和国国家标准．食品安全国家标准．预包装食品中致病菌限量（GB 29921—2021）.

[36] 中华人民共和国国家标准．食品安全国家标准．散装即食食品中致病菌限量（GB 31607—2021）.

项目一　认识微生物

技能训练一　使用显微镜观察微生物

班级： ____________　　**姓名：** ____________　　**学号：** ____________

成绩： ____________　　**教师签字：** ____________

【结果与记录】

绘制观察到的微生物的形态，按观察到的最大放大倍数绘制。

菌种名称：____________________

目镜倍数：____　物镜倍数：____

菌种名称：____________________

目镜倍数：____　物镜倍数：____

菌种名称：____________________

目镜倍数：____　物镜倍数：____

菌种名称：____________________

目镜倍数：____　物镜倍数：____

【总结与讨论】

项目一　认识微生物

技能训练二　观察细菌及革兰氏染色

班级：＿＿＿＿＿＿　　姓名：＿＿＿＿＿＿　　学号：＿＿＿＿＿＿

成绩：＿＿＿＿＿＿　　教师签字：＿＿＿＿＿＿

【结果与记录】

（1）分别绘出油镜下观察的大肠杆菌和金黄色葡萄球菌图像

菌种名称：大肠杆菌

目镜倍数：＿＿　物镜倍数：＿＿

菌种名称：金黄色葡萄球菌

目镜倍数：＿＿　物镜倍数：＿＿

（2）绘出油镜下观察的大肠杆菌和金黄色葡萄球菌混合培养物图像

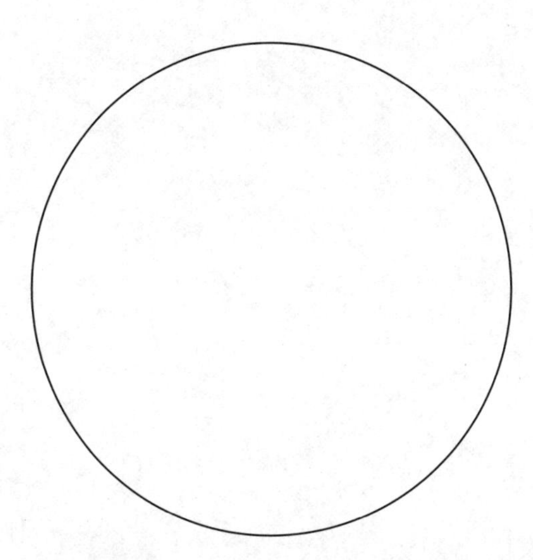

菌种名称：大肠杆菌和金黄色葡萄球菌的混合培养物

目镜倍数：＿＿　物镜倍数：＿＿

(3) 革兰氏染色记录表

菌种名称	染色菌体颜色	菌种个体形态	结果(G^+、G^-)
大肠杆菌			
金黄色葡萄球菌			

【总结与讨论】

项目一　认识微生物

技能训练三　放线菌制片及染色观察

班级：__________　**姓名：**__________　**学号：**__________

成绩：__________　**教师签字：**__________

【结果与记录】

绘制显微镜下观察到放线菌的个体形态特征，绘制不同生长期的放线菌形态特征。

菌种名称：__________　菌种名称：__________

生长时期：__________　生长时期：__________

标本制备方法：__________　标本制备方法：__________

菌种名称：__________　菌种名称：__________

生长时期：__________　生长时期：__________

标本制备方法：__________　标本制备方法：__________

【总结与讨论】

项目一　认识微生物

技能训练四　测量酵母菌的大小

班级：__________　　姓名：__________　　学号：__________

成绩：__________　　教师签字：__________

【结果与记录】

(1) 目镜测微尺校正

目镜测微目尺校正记录及结果表

物镜	目镜测微尺格数	物镜测微尺格数	目镜测微尺校正值/μm
40×			
100×			

(2) 酵母菌大小测定

酵母菌大小测定记录及结果表

序号	长/格数	宽/格数	长/μm	宽/μm	体积/μm^3
1					
2					
3					
4					
5					
6					
7					
8					
9					
10					
酵母菌平均体积/μm^3					

注：长(μm)＝长格数×校正值；宽(μm)＝宽格数×校正值。

【总结与讨论】

项目一 认识微生物

技能训练五 小室培养霉菌及形态观察

班级：＿＿＿＿＿＿ 姓名：＿＿＿＿＿＿ 学号：＿＿＿＿＿＿

成绩：＿＿＿＿＿＿ 教师签字：＿＿＿＿＿＿

【结果与记录】

（1）霉菌形态特征观察

霉菌形态特征记录表

形态特征	毛霉菌	根霉菌	曲霉菌	青霉菌
菌落形状				
菌落大小				
菌丝颜色				
菌丝形态				
匍匐枝				
假根				
孢囊柄				
孢子囊形状				
孢子囊颜色				
囊轴				
囊托				
囊领				
无性孢子				
有性孢子				
梗有无横隔				
顶囊				
足细胞				
其他				

（2）霉菌个体形态图

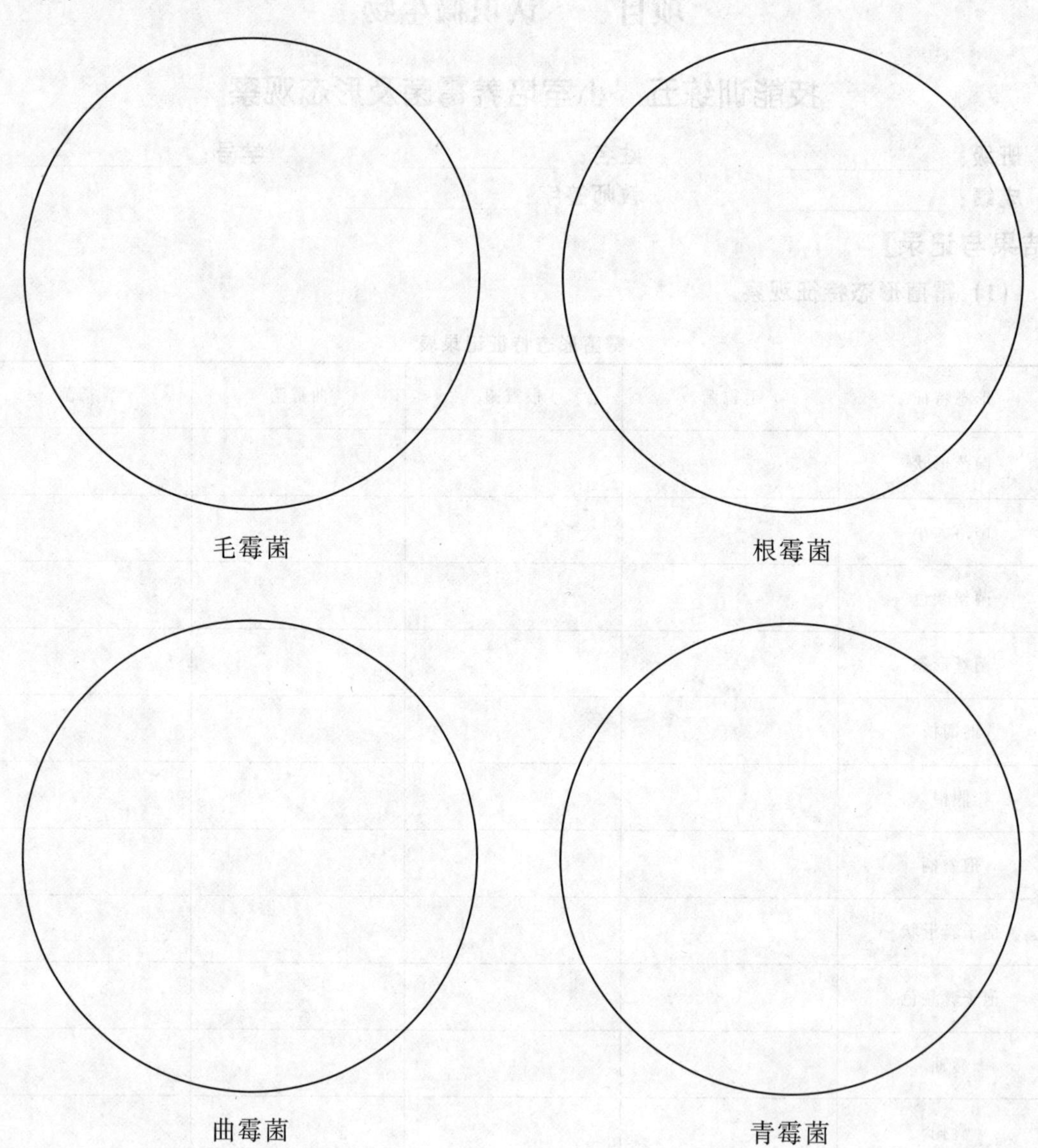

【总结与讨论】

项目二 培养微生物

技能训练一 培养液体酵母菌及生长曲线制作

班级：＿＿＿＿＿＿ 姓名：＿＿＿＿＿＿ 学号：＿＿＿＿＿＿

成绩：＿＿＿＿＿＿ 教师签字：＿＿＿＿＿＿

【结果与记录】

(1) 酵母细胞总数测定记录表

记录序号	记录时间	稀释倍数	各大格中的细胞数										酵母菌细胞数/mL
			上半区					下半区					
			左上	右上	右下	左下	中间	左上	右上	右下	左下	中间	
1													
2													
3													
4													
5													
6													
7													
8													
9													
10													
11													
12													
13													
14													
15													
16													

（2）酵母菌生长曲线

【总结与讨论】

项目二　培养微生物

技能训练二　制作固体培养基并接种细菌

班级：____________　　姓名：____________　　学号：____________

成绩：____________　　教师签字：____________

【结果与记录】

细菌菌落特征观察记录表

序号	菌落特征	大肠杆菌	枯草杆菌	金黄色葡萄球菌
1	大小			
2	形态			
3	表面状态			
4	隆起形状			
5	边缘状况			
6	表面光泽			
7	质地			
8	颜色			
9	透明度			
10	其他			

【总结与讨论】

项目二 培养微生物

技能训练三 测定物理和化学因素对微生物生长的影响

班级：__________ 姓名：__________ 学号：__________

成绩：__________ 教师签字：__________

【结果与记录】

(1) 温度对微生物生长的影响

不同温度下微生物的生长结果记录表

温度	枯草杆菌	金黄色葡萄球菌	大肠杆菌	嗜热脂肪芽孢杆菌
4℃				
20℃				
37℃				
60℃				

注："—"不生长，"+"生长较差，"++"生长一般，"+++"生长良好。

(2) 渗透压对微生物生长的影响

不同 NaCl 浓度下微生物生长结果记录表

NaCl 质量浓度	枯草杆菌	金黄色葡萄球菌	大肠杆菌
0.85%			
5%			
10%			
15%			
25%			

注："—"不生长，"+"生长较差，"++"生长一般，"+++"生长良好。

(3) pH 对微生物生长的影响

不同 pH 下微生物生长结果记录表

pH	大肠杆菌	干酪乳杆菌	酿酒酵母菌
3			
5			
7			
9			

结论：____

____

____

(4) 抗生素对微生物生长的影响

根据你所观察到的结果，绘图表示并说明青霉素和氨苄青霉素对枯草杆菌、金黄色葡萄球菌和大肠杆菌的抑（杀）菌效能，并解释其原因。

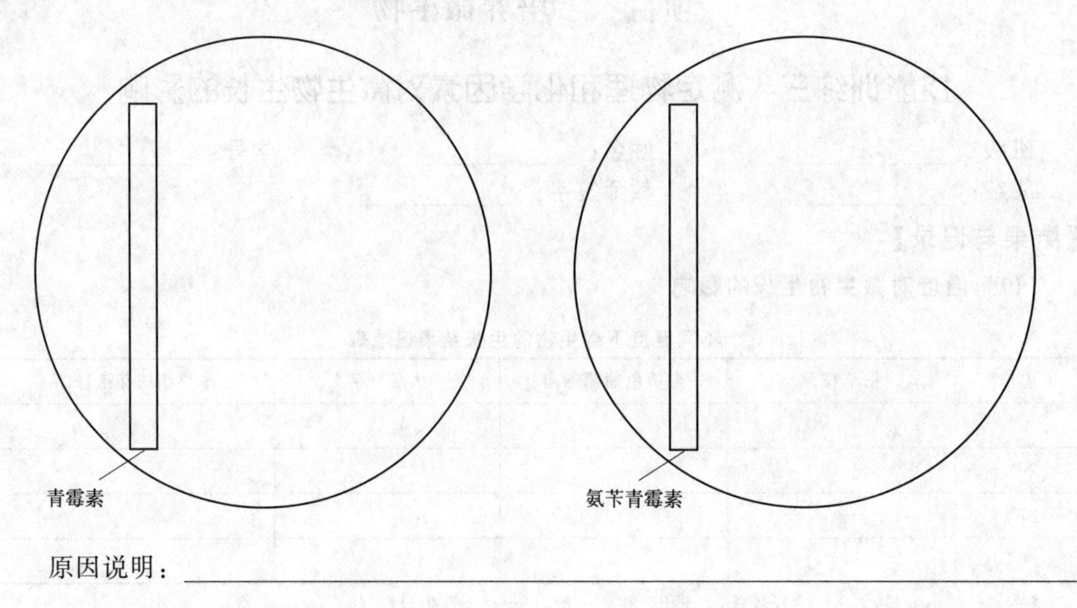

原因说明：

(5) 化学消毒剂对微生物生长的影响

化学消毒剂对金黄色葡萄球菌作用结果记录表

消毒剂	抑(杀)菌圈直径/mm	消毒剂	抑(杀)菌圈直径/mm
2.5%碘酒		1%来苏尔	
0.1%升汞		0.25%新洁尔灭	
5%石炭酸		0.005%龙胆紫	
75%乙醇		0.05%龙胆紫	
100%乙醇			

消毒剂抑（杀菌）力排序：

【总结与讨论】

项目三 识别微生物

技能训练一 从酒醅中分离纯化产淀粉酶的芽孢细菌

班级：________ 姓名：________ 学号：________

成绩：________ 教师签字：________

【结果与记录】

(1) 初步鉴定结果记录

稀释倍数	10^{-4}	10^{-5}	10^{-6}
同梯度平板分离出产淀粉酶细菌菌落数			
典型菌落1特征描述			
典型菌落2特征描述			
典型菌落3特征描述			
用于纯化的菌落编号			

(2) 纯化结果记录

纯化菌落编号						
典型菌落特征描述						
镜检结果记录	是否单菌种					
	个体特征描述					

【总结与讨论】

项目三 识别微生物

技能训练二 从酸乳中分离纯化乳酸菌

班级：__________ 姓名：__________ 学号：__________

成绩：__________ 教师签字：__________

【结果与记录】

（1）乳酸菌菌落特征结果记录

菌种名称	菌落特征描述				
	1#	2#	3#	4#	5#
植物乳杆菌					
	1#	2#	3#	4#	5#
乳酸球菌					

（2）镜检形态结果记录

项目名称	植物乳杆菌	乳酸球菌
革兰氏染色		
3% H_2O_2 试验		
个体形态描述		

【总结与讨论】

项目三 识别微生物

技能训练三 细菌的生理生化鉴定

班级：＿＿＿＿＿＿ 姓名：＿＿＿＿＿＿ 学号：＿＿＿＿＿＿

成绩：＿＿＿＿＿＿ 教师签字：＿＿＿＿＿＿

【结果与记录】

（1）糖（醇）类发酵试验结果记录

糖类发酵项目	大肠杆菌	沙门菌	产气肠杆菌	普通变形杆菌	对照
葡萄糖发酵					
乳糖发酵					
麦芽糖发酵					
蔗糖发酵					
甘露糖发酵					

注："—"表示不产酸或不产气，培养基仍为紫色；"+"表示只产酸而不产气，培养基变黄色；"⊕"表示产酸又产气，培养基变黄，并有气泡。

（2）IMViC与硫化氢试验结果记录

试验项目	大肠杆菌	沙门菌	产气肠杆菌	普通变形杆菌	对照
吲哚试验					
V-P试验					
甲基红试验					
柠檬酸盐试验					
硫化氢试验					

注："+"表示阳性反应，"—"表示阴性反应。

【总结与讨论】

项目四 微生物与食品制造

技能训练一 酒曲液态发酵及二氧化碳和酒精的生成检验

班级：______ 姓名：______ 学号：______

成绩：______ 教师签字：______

【结果与记录】

(1) 酵母质量检查

项目	结果记录	结论
酵母生长状态		
细胞数		
出芽率		
死亡率		

(2) CO_2 生成的检查

项目	结果记录	结论
锥形瓶中泡沫或气泡现象		
试管里杜氏小管中的气体聚集现象		
加入10%NaOH后的现象		
发酵前锥形瓶重量(m_1)		
发酵后锥形瓶重量(m_2)		
CO_2 重量		

(3) 酒精生成检查

项目		结果记录	结论
嗅闻有无酒精气味			
加入 $K_2Cr_2O_7$ 溶液后颜色			
粗略测定	酒精密度计读数		
	测量温度		
	发酵液的酒精度		
精确测定	密度瓶重量		
	密度瓶与被测样品重量		
	密度瓶与蒸馏水重量		
	相对密度		
	发酵液的酒精浓度		

【总结与讨论】

项目四　微生物与食品制造

技能训练二　固定化酵母发酵产啤酒

班级：＿＿＿＿＿＿　姓名：＿＿＿＿＿＿　学号：＿＿＿＿＿＿

成绩：＿＿＿＿＿＿　教师签字：＿＿＿＿＿＿

【结果与记录】

（1）固定化酵母的制作

固定化酵母重量/g		
颗粒大小/mm		
颗粒形态		
是否粘连		

（2）固定化酵母发酵产啤酒

项目	结果记录	结论
麦芽汁啤酒重量/g		
麦芽汁啤酒感官记录	色泽： 气味： 口感：	

续表

项目	结果记录	结论
酒花麦芽汁啤酒重量/g		
酒花麦芽汁啤酒感官记录	色泽： 气味： 口感：	
两种啤酒感官比较	色泽： 气味： 口感：	

【总结与讨论】

项目四 微生物与食品制造

技能训练三 制作酸乳

班级：＿＿＿＿＿＿ 姓名：＿＿＿＿＿＿ 学号：＿＿＿＿＿＿

成绩：＿＿＿＿＿＿ 教师签字：＿＿＿＿＿＿

【结果与记录】

产品编号	色	香	味	形	品质总评
1					
2					
3					
常用评语	纯白色； 乳白色； 淡黄色； 米黄色； 深黄色； 粉红色； 浅绿色 ……	芬香酸气； 清香酸气； 浓香酸气； 略带酒气； 略带霉味 ……	纯净酸味； 清香酸味； 浓烈酸味； 酒精发酵味； 霉变酸味； 略有甜味 ……	凝块：均匀细腻； 粗糙；颗粒感； 未凝块、呈流质状。 质地：有弹性； 较硬；不紧密。 气泡：有；无。 有少量乳清析出。 表面乳清分离 ……	

【总结与讨论】

项目五 微生物与食品安全

技能训练一 测定生牛乳中的菌落总数

班级：__________ 姓名：__________ 学号：__________

成绩：__________ 教师签字：__________

【结果与记录】

生牛乳中的菌落总数测定原始记录

<table>
<tr><td>样品名称</td><td colspan="2"></td><td>检验日期</td><td></td></tr>
<tr><td>检验标准</td><td colspan="4"></td></tr>
<tr><td>培养条件</td><td colspan="4"></td></tr>
<tr><td>稀释度</td><td>管号</td><td>接种量/mL</td><td>菌落数量</td><td>平均菌落数/(CFU/mL)</td></tr>
<tr><td rowspan="2">空白</td><td>1</td><td></td><td></td><td rowspan="2"></td></tr>
<tr><td>2</td><td></td><td></td></tr>
<tr><td rowspan="2"></td><td>1</td><td></td><td></td><td rowspan="2"></td></tr>
<tr><td>2</td><td></td><td></td></tr>
<tr><td rowspan="2"></td><td>1</td><td></td><td></td><td rowspan="2"></td></tr>
<tr><td>2</td><td></td><td></td></tr>
<tr><td rowspan="2"></td><td>1</td><td></td><td></td><td rowspan="2"></td></tr>
<tr><td>2</td><td></td><td></td></tr>
<tr><td>结论</td><td colspan="4"></td></tr>
</table>

【总结与讨论】

项目五　微生物与食品安全

技能训练二　测定面粉中霉菌和酵母菌数

班级：＿＿＿＿＿＿　　姓名：＿＿＿＿＿＿　　学号：＿＿＿＿＿＿

成绩：＿＿＿＿＿＿　　教师签字：＿＿＿＿＿＿

【结果与记录】

面粉中霉菌和酵母菌数测定原始记录

样品名称			检验日期	
检验标准				
培养条件				
稀释度	管号	接种量/mL	菌落数量	平均菌落数/(CFU/mL)
空白	1			
	2			
	1			
	2			
	1			
	2			
	1			
	2			
结论				

【总结与讨论】

项目五　微生物与食品安全

技能训练三　测定生产用水中大肠菌群数

班级：＿＿＿＿＿＿　　姓名：＿＿＿＿＿＿　　学号：＿＿＿＿＿＿

成绩：＿＿＿＿＿＿　　教师签字：＿＿＿＿＿＿

【结果与记录】

生产用水中大肠菌群数测定原始记录

样品名称			检验日期			
检验标准						
培养条件						
稀释度	管号	接种量/mL	初发酵结果		复发酵结果	大肠菌群最可能数/(MPN/mL)
			24h	48h		
	1					
	2					
	3					
	1					
	2					
	3					
	1					
	2					
	3					
结论						

注：初发酵和复发酵结果：产气用“＋”，不产气用“－”表示。

【总结与讨论】

项目五 微生物与食品安全

技能训练四 果汁饮料中金黄色葡萄球菌的检验

班级：＿＿＿＿＿＿ 姓名：＿＿＿＿＿＿ 学号：＿＿＿＿＿＿

成绩：＿＿＿＿＿＿ 教师签字：＿＿＿＿＿＿

【结果与记录】

果汁饮料中金黄色葡萄球菌的检验原始记录

样品名称			检验日期			
检验标准						
培养条件						
鉴别实验	菌落编号	7.5%氯化钠肉汤	Baird-Parker 平板	血平板	染色	凝固酶
	结论					

果汁饮料中金黄色葡萄球菌的检验原始记录（平板计数法）

样品名称			检验日期		
检验标准					
培养条件					
平板计数法	稀释度	管号	接种量/mL	菌落数	平均数
		1			
		2			
		3			
		1			
		2			
		3			
		1			
		2			
		3			
	结论				

果汁饮料中金黄色葡萄球菌的检验原始记录（MPN 法）

样品名称			检验日期		
检验标准					
培养条件					
	稀释度	管号	接种量/mL	结果判断	MPN 数
MPN 法		1			
		2			
		3			
		1			
		2			
		3			
		1			
		2			
		3			
结论					

【总结与讨论】